高等职业教育智能制造·机器人工程专业产教融合重点推优系列

数控编程项目化教程

主　编 ◎　陈德航　　郑有良　　蒋　毅

副主编 ◎　罗鹏程　　唐　东

　　　　　蒋安成　　黄荣坤

参　编 ◎　郑　浩　　蒋俊飞

西南交通大学出版社

·成　都·

图书在版编目（CIP）数据

数控编程项目化教程 / 陈德航，郑有良，蒋毅主编.
成都：西南交通大学出版社，2025. 3. --（高等职业
教育智能制造·机器人工程专业产教融合重点推优系列）.
ISBN 978-7-5774-0347-2

Ⅰ. TG659

中国国家版本馆 CIP 数据核字第 20252BJ918 号

高等职业教育智能制造·机器人工程专业产教融合重点推优系列

Shukong Biancheng Xiangmuhua Jiaocheng

数控编程项目化教程

	责任编辑／梁志敏
主　编／陈德航　郑有良　蒋　毅	责任校对／左凌涛
	封面设计／吴　兵

西南交通大学出版社出版发行

（四川省成都市金牛区二环路北一段 111 号西南交通大学创新大厦 21 楼　610031）
营销部电话：028-87600564　　028-87600533
网址：https://www.xnjdcbs.com
印刷：四川玖艺呈现印刷有限公司

成品尺寸　185 mm×260 mm
印张　20.25　字数　517 千
版次　2025 年 3 月第 1 版　　印次　2025 年 3 月第 1 次

书号　ISBN 978-7-5774-0347-2
定价　59.00 元

前　言

制造业是国民经济的主体，是立国之本、兴国之器、强国之基。党的二十大报告强调："加快建设国家战略人才力量，努力培养造就更多大师、战略科学家、一流科技领军人才和创新团队、青年科技人才、卓越工程师、大国工匠、高技能人才。"培养造就更多高技能人才，对增强科技创新能力、促进产业基础高级化和产业链现代化、推动高质量发展具有重要意义。数控机床是一个国家装备制造的根本，也是现代工业发展的重要基石，高端数控机床更是战略资源。然而，随着数控机床在加工生产中的普及，企业急需大量具备综合知识技能（即加工编程与操作技能），能解决实际工程问题的高素质技术技能人才。

本书坚持以习近平新时代中国特色社会主义思想为指导，全面贯彻落实党的二十大精神，深化教育领域综合改革，充分体现高职教育的职业性、实践性和开放性特点，满足高级技能型数控人才的培养需求而编写。全书紧密围绕职业技能等级认定标准和企业用人需求，注重技能的实际应用，突出了实用性、综合性和先进性的特点，培养数控技术应用型人才。

本书内容翔实、形式新颖，具有以下特点：

（1）采用项目教学法，将理论知识与数控编程、机床操作有机地融为一体，数控编程与加工操作能力的培养更接近于工作实际。

（2）系统典型，本书主要以 FANUC 和 SIEMENS 两种不同系统的编程与操作进行介绍，以扩展学习者的知识面和应用能力。

（3）围绕数控车、数控铣和加工中心，以知识准备、典型零件和技能鉴定为主要内容，细化为多个具体任务。每个任务都涵盖了必要的理论知识、相应标准，以及生产实际中的操作方法和技巧，内容完整，便于学习者系统学习。

（4）基于数控加工的工作过程，综合案例依次按工艺分析、程序编制、机床操作、零件加工的顺序来选取和组织教材内容。

（5）在编写过程中理论联系实际，内容由浅入深、循序渐进，通俗易懂，具有较强的实践性和可操作性。

（6）全书内容丰富、图文并茂、重点突出、主次分明、易于自学，每个项目后均附有同步训练，以便于巩固所学知识，掌握基本内容与要点。

　　全书由四川职业技术学院与广西制造工程职业技术学院联合编写，由陈德航、郑有良主编并统稿。本书的第一篇中项目一、三由四川职业技术学院陈德航、蒋毅共同编写，项目二由四川职业技术学院陈德航、蒋安成共同编写，项目四由四川职业技术学院蒋毅编写，第二篇中项目五由四川职业技术学院罗鹏程和广西制造工程职业技术学院郑有良共同编写，项目六由四川职业技术学院陈德航和郑有良共同编写，项目七由四川职业技术学院罗鹏程和唐东共同编写，项目八由广西制造工程职业技术学院黄荣坤编写。在编写过程中还得到了四川省劳动模范夏宝林老师、全国技术能手龙吉业老师的大力支持，在此向两位老师表示衷心感谢！

　　由于编者水平有限，加之数控技术发展迅速，书中难免有不足欠缺之处，敬请读者批评指正。

编　者
2024 年 8 月

数字资源目录

序号	资源名称	资源类型	页码	资源位置
1	数控车床-对刀1	微课视频	9	项目一任务二
2	数控车床-对刀2	微课视频	9	
3	数控车床-对刀3	微课视频	9	
4	数控车床-操作示范1	微课视频	9	
5	数控车床-操作示范2	微课视频	9	
6	数控车床-工件及刀具安装	微课视频	16	项目一任务三
7	机床开机与面板介绍	微课视频	181	项目五任务一
8	数控铣-对刀	微课视频	190	项目五任务二
9	数控铣-刀具的安装	微课视频	196	
10	数控铣-虎钳的安装和找正	微课视频	201	项目五任务三

目　录

第一篇　数控车床的编程与操作

第二篇　数控铣床/加工中心的编程与操作

第一篇 数控车床的编程与操作

数控车床是目前使用最广泛的数控机床之一，主要用于轴类和盘类回转体零件的内外圆柱面、锥面、圆弧、螺纹面的车削加工，并能进行切槽、钻、扩、铰孔等工作，特别适合于形状复杂的零件加工。随着控制系统性能不断提高和机械结构不断完善，数控车床已成为一种高自动化、高柔性的加工设备。

本篇主要讲解数控车削（FANUC 系统）编程及加工的相关知识。重点对数控车床的坐标系建立、程序编制、刀具补偿、刀具切削路线及相关参数等方面进行了详细介绍。

【思政目标】

通过数控车床操作的知识讲解，培养学生的安全生产意识和文明生产素养，提升学生应对突发状况的能力；同时结合国内外机床的发展历史向学生传递家国情怀，培养学生的民族自豪感。

【学习目标】

（1）掌握数控车床的安全操作规程。
（2）能完成数控车床的基本操作。
（3）能完成数控车床的对刀及坐标设置。
（4）熟悉数控车床常用附件，并能正确使用。
（5）能根据工件的结构特点和加工要求，选用合理的装夹方式。
（6）熟悉数控车床的常用刀具。
（7）能根据工件的加工要求、生产批量合理选择数控车床常用刀具。
（8）能根据工件的加工要求、工艺系统的刚性选择合理的切削用量和切削液。
（9）学习弘扬工匠精神，争做能工巧匠。

任务一　数控车床安全操作与规程

【任务描述】

"安全生产，质量第一"是数控机床操作工应遵循的宗旨。全面掌握数控车床的安全操作规程，是人身及财产安全的重要保障。本任务的训练将让学生牢记数控车床安全操作规程，为正确操作数控车床进行工件加工打好基础。

【相关知识】

一、加工前的基本注意事项

（1）按要求穿戴好劳动保护用品，不允许穿拖鞋、凉鞋、高跟鞋，严禁戴手套、围巾、戒指、项链等饰物进行机床操作，加工铁屑较多的工序应戴好防护镜。

（2）不要在机床周围放置障碍物，保持工作空间畅通。

二、加工前的准备工作

（1）开始工作前先对机床进行预热，使机床达到热平衡状态，检查机床的各部分是否完好，润滑系统工作是否正常。

（2）装夹工件后，及时取下夹头扳手，并检查卡爪夹紧工件的状态是否正常。

（3）选择与机床规格相符的刀具，检查刀具是否完好，安装刀具后应进行试切。

（4）加工程序输入机床后，必须先进行图形模拟，再进行机床试运行，并将刀具离开工件端面 200 mm 以上。

（5）手动或手轮方式移动机床时，应注意机床 X 轴、Z 轴的"+、-"方向，由慢到快移动机床。

（6）手动回参考点时，应使机床各轴距参考点 100 mm 以上，应先 X 轴，然后是 Z 轴。

（7）对刀时，应选择合理的进给速度，并保证刀架与工件之间有足够的转位空间，避免发生碰撞。

（8）严禁随意更改数控系统内部制造厂设定的参数。

三、加工过程中的安全规则

（1）开动机床加工前，必须关好机床的防护门，加工过程中一般不要打开防护门

（2）铁屑必须要用铁钩或毛刷来清理，严禁用手触摸刀尖和清理铁屑。

（3）严禁用手或其他方式接触正在旋转的卡盘、工件及其他运动部件。

（4）严禁在机床正常运转时打开电气控制柜门。

（5）严禁在机床旋转过程中测量工件，更不能用棉纱擦拭工件与打扫机床。

（6）加工过程中，操作者不得离开工作岗位，密切观察切削状态，确保机床、刀具的正常运行状况和工件质量，如遇异常情况，应及时按下"急停"按钮，以保人身与机床安全。

（7）严禁两人同时操作一台机床，如果某项工作需要两人及其以上共同完成时，应注意相互协调一致。

（8)在加工过程中需暂停测量工件尺寸时,应在机床完全停止且主轴停转后方可进行测量。

四、工作任务结束后的相关工作

（1）打扫场地清洁卫生，清除切屑，擦拭机床、工量具，严禁用压缩空气清洁机床电气柜与 NC 单元。

（2）整理并清点工、量、刀具等，并按要求摆放。

（3）为机床运动部件上润滑油。

（4）依次关掉数控系统电源和机床电源。

任务二　数控车床的基本操作

【任务描述】

正确的对刀是保证零件加工质量的前提，通过本任务的训练，使操作者熟练掌握 FANUC 0i Mate TC、SINUMERIK 802D 两种系统的对刀方法。

【相关知识】

FANUC 0i Mate TC 数控机床有三种建立坐标系的方法：刀补法直接建立加工坐标系、G50 建立加工坐标系、G54～G59 建立加工坐标系。其中刀补法直接建立加工坐标系在实际操作过程中，由于操作方法简单、无直接数据的计算，因此使用频率最高；G54～G59 建立加工坐标系的方法在数控铣床或加工中心上使用较多，在数控车床上的较少使用；G50 建立加工坐标系目前很少使用。

一、数控机床坐标系统

数控机床依靠刀具与工件的相对运动完成加工过程。刀具与工件的相对位置必须在相应的坐标系下才能确定。数控机床的坐标系统包括坐标系、坐标原点和运动方向。为了便于描述机床运动，简化程序编制及保证程序的通用性，国际上已经形成了两种标准，即国际标准化组织（ISO）标准和美国电子工业协会（EIA）标准。我国根据 ISO 标准制定了 JB 3051—1982 《数字控制机床坐标和运动方向的命名》标准（现已更新为 JB 3051—1999）。

（一）数控机床的坐标系

数控机床坐标系是为了确定工件在机床中的位置、机床运动部件位置及运动范围，即描述机床运动，产生数据信息而建立的几何坐标系。通过机床坐标系的建立，可确定工件与机床的位置关系，获得所需的相关数据。

1. 标准坐标系

标准坐标系采用右手直角笛卡儿坐标系，也称右手直角坐标系，如图 1.1 所示。基本坐标轴 X、Y、Z 的关系及其正方向用右手直角定则判定。大拇指为 X 轴，食指为 Y 轴，中指为 Z 轴，指尖方向为正方向。围绕 X、Y、Z 轴的回转运动分别用 A、B、C 表示，其正方向 $+A$、$+B$、$+C$ 分别用右手螺旋定则判定。大拇指为 X、Y、Z 的正向，右手抓握 X、Y、Z 轴，四指弯曲的方向为对应的 A、B、C 的正向。与 $+X$、$+Y$、$+Z$、$+A$、$+B$、$+C$ 相反的方向用带 "′" 的 $+X'$、$+Y'$、$+Z'$、$+A'$、$+B'$、$+C'$ 表示。

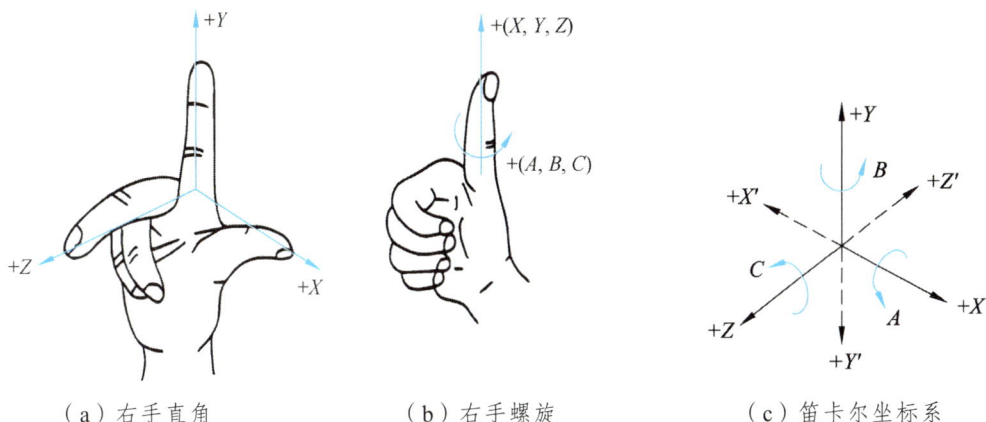

（a）右手直角　　　　　　（b）右手螺旋　　　　　（c）笛卡尔坐标系

图 1.1　数控机床标准坐标系

2. 遵循的原则

1）刀具相对静止工件运动的原则

由于数控机床各坐标轴既可以是刀具相对工件运动，也可以是工件相对刀具运动，所以 ISO 标准和我国 JB 3051—1999 标准都规定：不论机床的结构是工件静止、刀具运动，或是工件运动、刀具静止，在确定坐标系时，一律看成是刀具相对静止的工件运动。这样编程人员在编程时不必考虑机床具体运动情况，直接依据零件图样，确定机床加工过程及编程。

2）直线坐标轴正方向的规定

规定增大刀具与工件距离的方向为坐标轴正方向。

3）旋转正向的规定

旋转正向按右手螺旋定则进行判定，大拇指指向直线坐标轴正向，四指包绕方向为旋转正向。

另外，坐标轴（X、Y、Z、A、B、C）不带"'"的表示刀具运动；带"'"的表示工件运动。

3. 坐标轴的判定方法和步骤

1）Z 轴

Z 坐标轴的运动由传递切削力的主轴决定，与主轴轴线平行的坐标轴为 Z 轴。其正方向为刀具远离工件的方向。对于有多个主轴的机床，选一个垂直于工件装夹平面的主轴为 Z 轴，如龙门轮廓铣床；当机床没有主轴时（如刨床），规定与工件装夹平面垂直的方向为 Z 轴；对于能摆动的主轴，若在摆动范围内仅有一个坐标轴平行主轴轴线，则该轴即为 Z 轴；若在摆动范围内有多个坐标轴平行主轴轴线，则规定其中一个垂直于工件装夹面的坐标轴为 Z 轴。机床 Z 坐标轴如图 1.2 所示。

2）X 轴

X 轴一般位于平行工件装夹面的水平面内。对于工件旋转的机床（如车床、磨床），X 轴的方向是在工件的径向，且平行于横向滑座，刀具离开工件旋转中心的方向为 X 轴正方向；对于刀具旋转的机床（如铣床、镗床），当 Z 轴竖直（立式）时，规定水平方向为 X 轴方向，且当从刀具主轴向立柱看时，向右为 X 轴正方向；当 Z 轴水平（卧式）时，规定水平方向仍为 X 轴方向，且从刀具（主轴）尾端向工件看时，向右为 X 轴正方向。机床 X 坐标轴如图 1.3 所示。

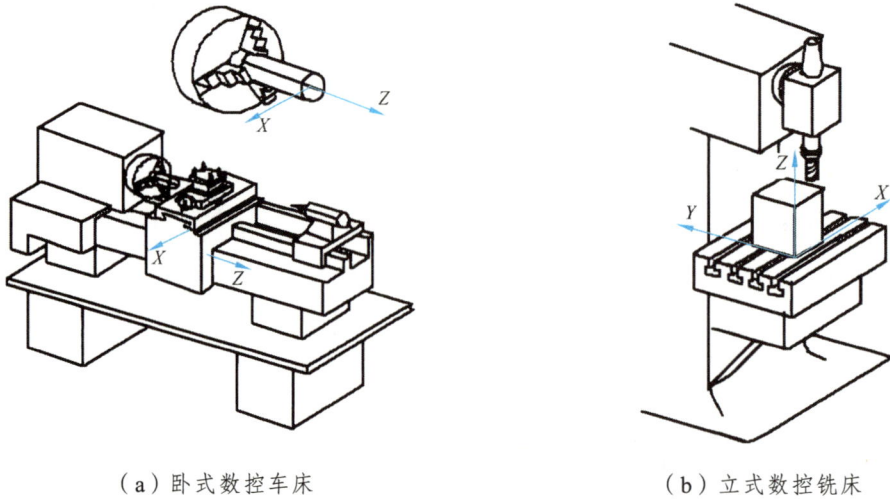

（a）卧式数控车床 　　　　　　　　　　　（b）立式数控铣床

图 1.2　数控机床的坐标系

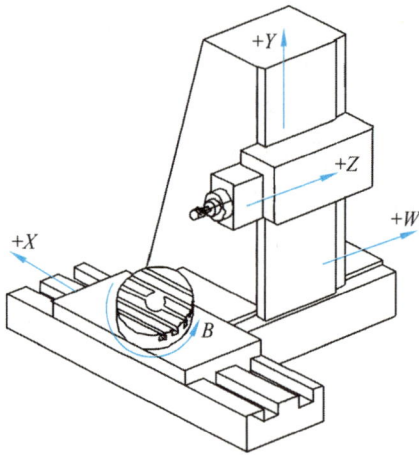

图 1.3　卧式数控铣床的坐标系

3）Y 轴

Y 轴垂直于 X、Z 轴。Y 轴正方向根据 X 和 Z 轴的正方向按照右手笛卡尔定则来判断。

4）A、B、C 旋转轴

A、B、C 轴为回转进给运动坐标。根据已确定的 X、Y、Z 轴正方向，可用右手螺旋定则相应确定 A、B、C 轴的正方向。

5）附加坐标系

一般称 X、Y、Z 为第一坐标系，如果在 X、Y、Z 坐标以外，还有平行于它们的坐标，可分别指定为 U、V、W，若还有第三组运动，则分别指定为 P、Q、R。

6）主轴正转方向与 C 轴旋转方向

主轴正转方向是从主轴尾端向前端（装刀具或工件端）看，顺时针旋转方向为主轴正转方向。对于普通卧式数控车床，主轴的正旋转方向与 C 轴正方向相同。对于钻、镗、铣加工中心机床，主轴的正旋转方向为右旋螺纹进入工件的方向，与 C 轴正方向相反。

（二）机床坐标系与工件坐标系

数控机床常用坐标系包括：机床坐标系和工件坐标系。

1. 机床坐标系、机床原点与参考点

1）机床坐标系

机床坐标系又称为机械坐标系，是机床上固有的坐标系。它是确定工件坐标系的基准，是确定刀具（刀架）或工件（工作台）位置的参考系，并建立在机床原点上。

机床坐标系通过开机后执行各坐标轴返回参考点的操作来建立。

2）机床原点

机床原点又称为机械原点或机床零点，是机床坐标系的原点。它是数控机床进行加工运动的基准参考点。该点是生产厂家在机床装配、调试时设置在机床上的一个固定点。一般情况下，不允许用户随意变动。机床正常运行时，屏幕显示的"机械坐标"就是刀具在这个坐标系中的坐标值。

如图 1.4 所示，数控车床的机床原点一般位于卡盘前端面或后端面与主轴中心的交点处。数控铣床的机床原点，各生产厂家设置不一致，有的设在机床工作台的中心，有的设在 X、Y、Z 轴的正方向极限位置上。

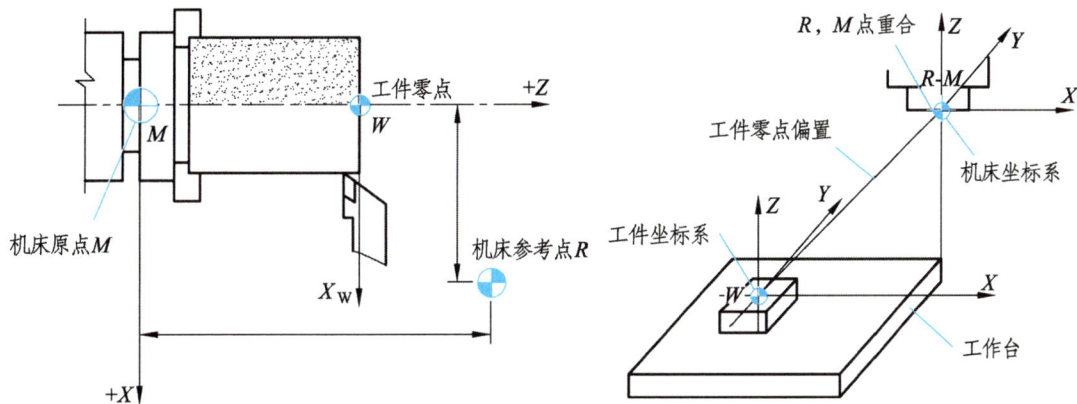

图 1.4　典型数控车床与立式数控机床坐标系

3）参考点

参考点是机床坐标系中一个固定不变的位置点，通常设置在机床各轴靠近正向极限的位置，通过减速行程开关粗定位再由零位点脉冲精确定位。在机床开机后，通常都要进行"回参"操作，使刀具或工作台回到机床参考点位置。机床各轴返回参考点后，显示器即显示出机床参考点在机床坐标系中的坐标值，表明机床坐标系已自动建立。可以说"回参"操作是对基准的重新核定，可消除由于种种原因产生的基准偏差。如图 1.4 所示，数控车床的机床参考点设置在机床 X、Z 轴靠近正向极限的位置；立式数控机床参考点设在 X、Y、Z 轴的正向行程极限点

并与机床原点重合。

2. 工件坐标系与工件原点

1）工件坐标系

工件坐标系是编程人员在编程时设定的坐标系，也称为编程坐标系。编程人员以零件上某一基准点为原点建立工件坐标系，使零件上的所有几何元素都有确定的位置，同时也决定了数控加工时零件在机床上的安放方向。工件坐标系坐标轴的方向与机床坐标系坐标轴的方向一致。编程尺寸均按工件坐标系中的尺寸给定。

2）工件原点（W 点）

工件坐标系的原点称为工件原点、工件零点或编程原点、编程零点，一般用 G50 或 G54 ～ G59 指令指定。

工件原点在工件上的位置可以任意选择，但为了利于编程，一般遵循以下原则：

（1）尽量选择在工件的设计尺寸基准上。

（2）尽量选择在尺寸精度高、粗糙度值低的工件表面上。

（3）对称零件应选择在工件对称中心处。

（4）非对称零件应选在轮廓的基准角上。

（5）Z 方向的零点一般设在工件表面。

如图 1.4 所示，在数控车床上加工工件时，工件原点一般设在主轴中心线与工件右端面或左端面的交点处；在数控铣床上加工工件时，工件原点一般设在工件的某个角上或对称中心上。

3. 机床坐标系与工件坐标系的关系

机床坐标系是机床上固有的坐标系，工件坐标系是编程人员人为设定的。如图 1.4 所示，工件坐标系在机床中的位置是任意的，要让数控机床按程序控制刀具在机床坐标系中进行加工，就要让工件坐标系与机床坐标系之间建立一定的关系，也就是说要让机床"知道"工件坐标系在机床中的哪个位置。加工时工件随夹具安装在机床上，通过测量工件原点 W 与机床原点 M 之间的距离（工件零点偏置值），即可建立它们之间的关系，该操作过程称为"对刀"。工件零点偏置值可预存到数控系统中，在加工时执行 G54 ～ G59 零点偏置指令，可将工件零点偏置值自动加到工件坐标系上，使机床实现准确的坐标运动。

实际上，工件坐标系只是机床坐标系的一个平移。

二、建立机床坐标系

将操作模式切换为回参考点模式，按住+X 移动按钮，工作台会自动回到 X 轴参考点；再按住+Z 移动按钮，即可回到 Z 轴参考点。

回参考点操作时必须注意以下两点：

（1）在数控车床中先回 X 方向，再回 Z 方向，以保证安全。

（2）回参考点后屏幕上显示的坐标一般为固定值，表示参考点相对机床原点的位置坐标，一般厂家设定为（0，0），表示参考点与机床原点重合；当然也有机床设置为不重合的。

图 1.5 表示机床回参考点后坐标显示状况。

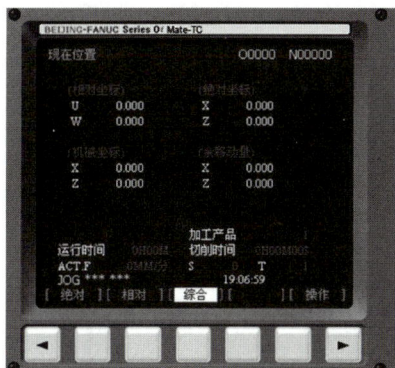

（a）FANUC 0i Mate-TC

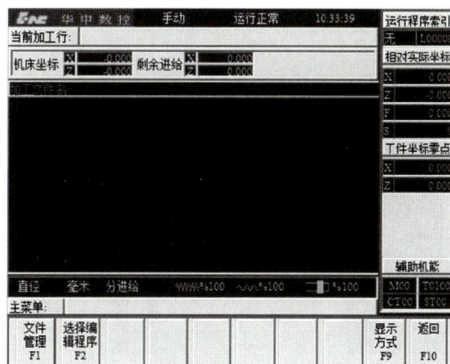

（b）HNC-21T

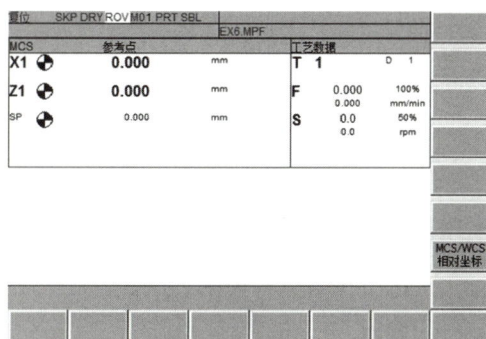

（c）SINUMERIK 802D

图 1.5　回参考点后坐标显示

微课：数控车床-对刀 1

微课：数控车床-对刀 2

微课：数控车床-对刀 3

微课：数控车床-操作示范 1

微课：数控车床-操作示范 2

三、建立工件坐标系

（一）Z 轴对刀

（1）选择 1 号刀，利用手轮进行车端面操作。

（2）端面车到中心以后，保持 Z 轴不动，刀具直接沿 X 轴退至工件外。具体操作如图 1.6 所示。

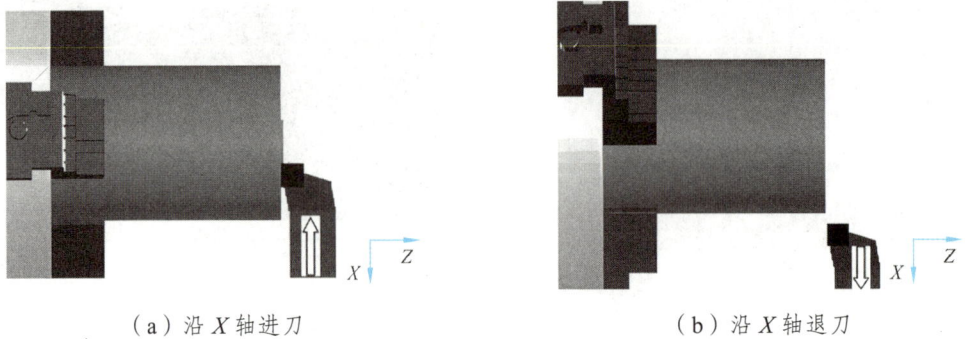

（a）沿 X 轴进刀 　　　　　　　　　　　　　（b）沿 X 轴退刀

图 1.6　试切端面

（3）将当前坐标输入刀具补偿界面。

FANUC 0i Mate TC、SINUMERIK 802D 两种系统的设置如表 1.1 所示。

表 1.1　坐标系设置

系统型号	操作界面	说　明
FANUC 0i Mate TC		依次选择 [DFS/SET] → [补正] → [形状]，光标移动到番号 G001，输入数据 Z0，点击 [测量]，完成 Z 轴对刀
SINUMER IK 802D		依次选择软键 [测量刀具] → [手动测量] → [长度2]，确定刀具号 T1，刀补（刀沿）号 D1，移动光标至 Z0，输入数据 0，点击软键 [设置长度2]，完成 Z 轴对刀

（二）X 轴对刀

（1）利用手轮沿 Z 轴试切工件外圆，切削长度、厚度应在保证测量的前提下尽量少切。

（2）外圆车削到位后，保持 X 轴不动，刀具直接沿 Z 轴退至工件外。具体操作如图 1.7 所示。

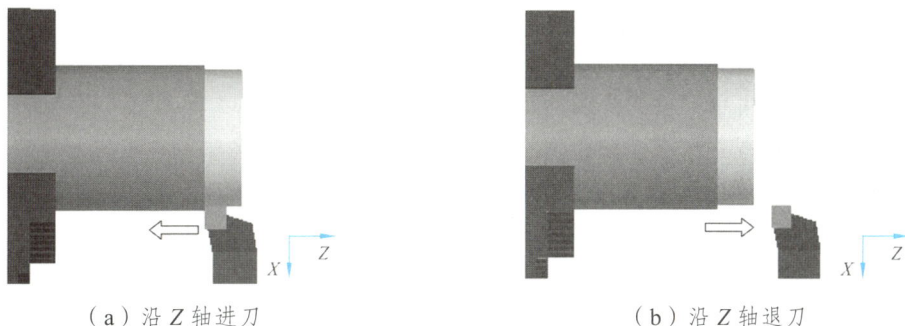

<table>
<tr><td>（a）沿 Z 轴进刀</td><td>（b）沿 Z 轴退刀</td></tr>
</table>

图 1.7　试切外圆

（3）将当前坐标输入到刀具补偿界面。

FANUC 0i Mate TC、SINUMERIK 802D 两种系统的输入界面见表 1.2 所示。

表 1.2　坐标系设置

系统型号	操作界面	说　明
FANUC 0i Mate TC		依次选择 [OFS/SET] → [补正] → [形状]，光标移动到番号 G001，输入数据 X48，点击 [测量]，完成 X 轴对刀。 用户可以选择 [磨耗] 输入磨耗值
SINUMERIK 802D		依次选择软键 [测量刀具] → [手动测量] → [长度1]，确定刀具号 T1，刀补（刀沿）号 D1，移动光标至φ，输入数据 48，点击软键 [设置长度1]，完成 X 轴对刀。 用户可以选择 [刀具表] 或者 [OFFSET PARAM] 进行刀补的设置，也包括设置磨耗和刀尖半径值

【专家提醒】

在实际使用中，应注意以下几点：

（1）如果程序中有车端面操作，在输入数据时可视情况输入一定的偏移值（如 Z0.5），则设定的加工坐标系在试切端面左侧 0.5 mm 处。

（2）通过对刀得到的 X、Z 轴的补偿值，实际满足以下公式，用户也可以自己计算直接输入。

$$X_{补偿}=X_{机床}+X_{测量}$$

$$Z_{补偿}=Z_{机床}+Z_{偏移}$$

（3）磨损值一般用于修正对刀值（可带符号），用户可以直接输入。

（4）R 值表示刀尖圆角半径，用户根据选择刀片情况进行输入。

（5）其余刀具也可参照上述步骤，在对刀设置中可参照图 1.8 中所示的刀位点（小黑点位置）。

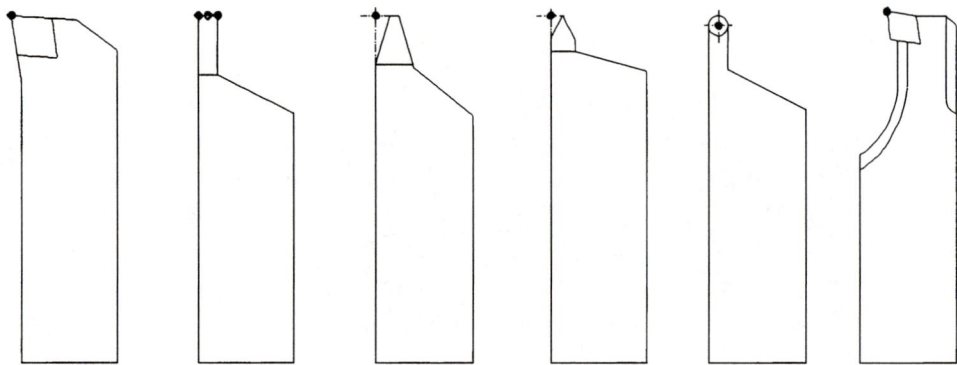

图 1.8　常见刀具的刀位点

【知识拓展】

随着科技与生产的发展，机械产品日益精密复杂，更新换代日趋频繁，要求加工设备具有更高的精度和效率。另外，在产品加工过程中，单件小批量生产的零件约占机械加工总量的 80%以上，加工品种多、批量小、形状复杂的零件时应采用通用性和灵活性较高的加工设备。数控机床就是一种灵活、通用、高精度、高效率的"柔性"自动化生产设备。

一、数控机床的发展历程

数控机床是为了解决复杂型面零件加工自动化而研制的。1948 年，美国 PARSONS 公司在研制加工直升机叶片轮廓用检查样板的机床时，首先提出了数控机床的设想，在麻省理工学院的协助下，于 1952 年试制成功世界上第一台数控机床样机。此后，数控机床进入实用阶段，市场上出现了商品化数控机床。1958 年，美国 KEANEY&TRECKER 公司在世界上首先研制成功了带有自动换刀装置的加工中心。

随着电子技术、计算机技术、自动控制和精密测量等相关技术的发展，数控机床也在迅速地发展，通常分为两个阶段六个时代。

第一个阶段为普通 NC 阶段，即逻辑数字控制阶段，其数控功能全部由硬件实现，故称为硬件数控，其可靠性不高，这个阶段数控系统的发展经历了三代。

第一代数控：1952—1959 年，采用电子管、继电器构成的专用数控装置。

第二代数控：从 1959 年开始，采用晶体管分立元件电路的专用数控装置。

第三代数控：从 1965 年开始，采用中、小规模集成电路的专用数控装置。

第二个阶段为 CNC 阶段，其数控功能部分由硬件实现，部分由软件实现，故称为软、硬件数控，这个阶段数控系统的发展经历了三代。

第四代数控：从 1970 年开始，采用大规模集成电路的小型通用计算机控制的数控系统。

第五代数控：从 1974 年开始，采用微处理器的微型计算机控制的数控系统。

第六代数控：自 20 世纪 90 年代起，基于个人计算机（Personal Computer，PC）平台的数控系统（称为 PC 数控系统）应运而生，数控系统的发展进入第六代。与前几代数控系统相比，第六代数控系统有不可比拟的先进性：一是具有很强的通用性；二是数控系统的存储量大幅度提高；三是在使用上具有很强的灵活性，可以广泛使用图形和数据库技术，为软件技术的广泛使用提供了支撑；四是第六代数控系统使机械加工的网络化设想成为可能。

二、数控机床的技术现状

目前，在数控技术研究应用领域主要有两大阵营：一个是以法拉克（FANUC）、西门子（SIEMENS）为代表的专业数控系统厂商；另一个是以山崎马扎克（MAZAK）、德玛吉（DMG）为代表，自主开发数控系统的大型机床制造商。

我国于 1958 年开始研制数控机床，直到 20 世纪 70 年代，由于国外的技术封锁和我国基础条件的限制，数控技术发展较为缓慢。在生产中广泛使用简易的数控机床，它们以单片机作为微处理器，多以数码管作为显示器，用步进电动机作为执行元件。20 世纪 80 年代初，由于引进了国外先进的数控技术，我国数控机床在质量和性能上都有了很大提高，有了完备的手动操作面板和友好的人机界面，可以配直流或交流伺服驱动，实现半闭环或全闭环控制，能实现 2~4 轴联动控制，具有刀库管理功能和丰富的逻辑控制功能。20 世纪 90 年代起，我国向高档数控机床方向发展，一些高档数控攻关项目通过国家鉴定并陆续在工程上得到应用，比较典型的有航天 I 型、华中 I 型、华中-2000 型等。这些数控系统实现了高速、高精度和高效加工，能完成高度复杂的五坐标曲面实时插补控制，可加工出高复杂度的整体叶轮及复杂刀具。近几年来，我国数控产业发展迅速，现有 20 多家数控系统骨干企业，其中以华中数控、广州数控、航天数控等为代表。我国目前已能生产 100 多种数控机床，数控产品达数千种。一部分普及型数控机床的生产已形成一定规模，产品技术性能指标较为成熟，价格合理，在国际市场上具有一定的竞争力。目前，我国已进入高速、高精度数控机床生产国行列，成功开发出 9 轴联动、可控 16 轴的高档数控系统，打破了发达国家对我国的技术封锁和价格垄断，国产数控机床的分辨率已经提高到 0.001 mm。

三、数控机床的发展趋势

数控机床总的发展趋势是高速高效、高精度、高可靠性、复合化、开放式、智能化、网络化、云服务和云制造。

（1）"高速高效"是指数控机床可以极大地提高加工效率、降低生产成本，提高产品的表面加工质量。"高速"要求计算机系统读入加工指令数据后，能高速处理并计算出伺服系统的移动量，伺服系统做出高速反应；要求在极短空程内达到高速度，在高行程速度下保持高定位精度；要求数控机床具有良好的加（减）速度控制策略，以及高精度的位置检测装置和伺服系统；要求主轴转速、进给率、刀具交换、托盘交换等各种关键部分实现高速化。在机床开发和设计过程中，需统筹考虑设备的全部技术特征。

（2）"高精度"要求采取自动间隙补偿、自动监视和自动补偿伺服系统漂移等技术措施，以此获得精密加工和超精密加工，精度等级从微米级拓展到亚微米级，乃至纳米级。

（3）"高可靠性"得益于数控系统采用了大规模专用集成电路和高速微处理器，通过制造过程中的严格筛选和校验，极大地提高了电路的可靠性。随着数字化技术的快速发展，未来数控机床的可靠性已经成为衡量数控系统质量的重要指标。

（4）"复合化"包括功能复合化和工序复合化。为了尽可能地缩短机床辅助时间，满足柔性化需要，可以整合不同加工功能于同一台机床上，获得多功能数控机床。工件在一台设备上一次装夹后，采取自动换刀和多轴联动等技术措施，完成多种工序和表面的加工。多轴联动数控机床（如加工中心）一次装夹可完成零件表面各种曲面的加工，显著改善了表面加工精度，大幅度提高了加工效率。

（5）"开放式"是指数控系统建立在统一运行平台上，通过改变增加或裁减数控功能，便捷地满足用户的特殊需求，可以将用户的技术诀窍快速地集成到系统中，能够快速地推出多品种、多档次的数控系统。

（6）"智能化"是指随着人工智能技术的不断发展，人工智能技术在数控系统中获得了日益广泛的应用，包括基于神经网络控制、模糊控制、加工过程自适应控制、加工参数自主优化、故障智能诊断与自修复、故障回放和故障仿真、智能化交流伺服驱动等。

（7）"网络化"是指数控机床实现了联网，可以接入车间和工厂的网络系统，能够满足生产线、制造系统和制造企业对信息集成的需求。例如，数控机床网络化后，可以实现 CAD、CAM、CAPP（Computer Aided Process Planning，计算机辅助工艺规划或设计）、MES 的便捷联结，以及制造过程的信息集成，催生新的制造模式和生产方式。

（8）"云服务"是指数控机床的云服务平台构架，主要包含加工数据分析数控机床故障诊断、生产流程优化、数据信息存储等内容。华中数控围绕新一代云数控主题，推出了配置机器人生产单元的新一代云数控系统和面向不同行业的数控系统解决方案。华中 8 型高端数控系统结合网络化、信息化的技术平台，提供"云管家、云维护、云智能"三大功能，完成了设备从生产到维护保养，以及改造优化的全生命周期管理，打造了面向生产制造企业、机床厂商、数控厂商的数字化服务平台。数控机床产业的价值链获得了极大延伸，从以卖数控机床产品为主，演化成以增值服务为主。

（9）"云制造"是指数控机床、工业机器人、移动机器人、输送线、检测设备或传感器等物理层设备组网后，借助 IaaS（基础设施）、PaaS（平台即服务）和 SaaS（软件即服务）支持，便可以构建智能制造系统或云制造系统。其中，IaaS 包括存储设施、计算设施和网络设施等，PaaS 包括开发平台、运营管理平台等，Saas 指供云用户直接使用的各种应用。软件云制造是一种基于互联网，面向服务的制造新模式，能够实现制造资源和制造能力在全国或全球范围内的共享和协同。信息技术与制造业的深度融合，正在引发制造业的产业变革。

任务三　工件的装夹

【任务描述】

正确、合理的装夹方式，能有效保证工件的加工精度和提高加工效率。通过本任务的训练，可以使操作者认识车床上的常用附件，掌握其功用，合理运用相关附件为加工服务；熟悉车床上工件的装夹方法，能根据工件的结构特点和加工要求，采用合理的装夹方式对工件实施装夹。

【相关知识】

一、车床上常见附件

（一）三爪或四爪卡盘

微课：数控车床-工件及刀具安装

三爪卡盘的三个卡爪可以同时等速移动，能自动确定工件的回转中心，一般只能夹持回转体、正三面体和正六面体表面，其结构如图 1.9 所示。当工件的夹持表面与卡爪的接触长度较长时，可以限制工件的 X、Y 方向的移动和旋转四个自由度（$\vec{X}$、$\vec{Y}$、$\hat{X}$、$\hat{Y}$）；当工件的夹持表面与卡爪的接触长度较短时，只能限制工件的 X、Y 方向的移动两个自由度（$\vec{X}$、$\vec{Y}$），需与其他表面组合实现工件的定位，或可以通过找正的方式限制 X、Y 方向的旋转自由度（$\hat{X}$、$\hat{Y}$）。

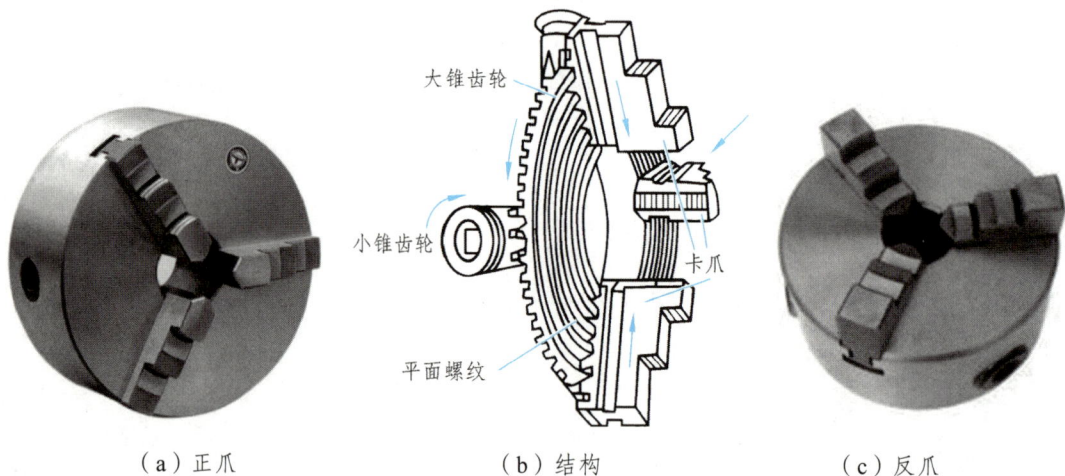

（a）正爪　　　　　（b）结构　　　　　（c）反爪

大锥齿轮
小锥齿轮
卡爪
平面螺纹

图 1.9　三爪自动定心卡盘

四爪卡盘的每个卡爪可以单独移动，但四爪单动卡盘没有自动定心的作用，只能通过找正确定加工表面的 $\vec{X}$、$\vec{Y}$，一般用于夹持不规则形状表面，其结构如图 1.10 所示。

图 1.10　四爪卡盘

（二）顶尖

顶尖的顶尖角为 60°，只能限制 $\vec{X}$、$\vec{Y}$、$\vec{Z}$，定位不稳定，一般应与其他定位元件组合实现定位。当其安装在移动的尾座上时，一般只能限制 $\hat{X}$、$\hat{Y}$。顶尖的种类较多，可分为固定、回转、内、外及端面拨动顶针。与顶针配合的中心一般有 A 型和 B 型两种中心孔，如图 1.11 所示，单件小批量一般用 A 型中心孔，批量生产一般用 B 型中心孔。

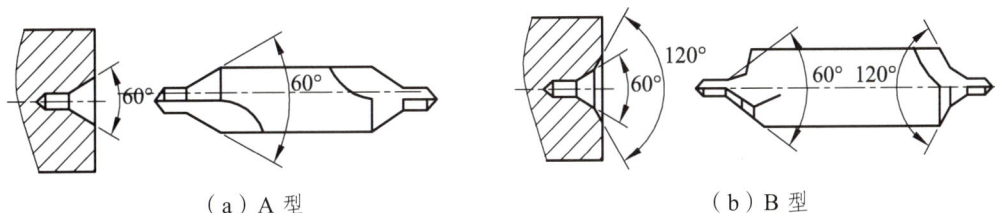

（a）A 型　　　　　　　　（b）B 型

图 1.11　中心孔与中心钻

1. 固定顶尖

固定顶尖的结构如图 1.12 所示。安装在机床主轴孔或尾座孔中。安装在尾座上时，顶尖与工件之间有相对运动，会损伤顶尖孔和顶针的定位表面，应在顶尖孔中加润滑脂或用冷却液冷却。

图 1.12　固定顶尖

2. 回转顶尖

回转顶尖的结构如图 1.13 所示。一般安装在尾座孔中，顶尖与工件无相对运动，能承受很高的旋转速度，在加工中应用广泛。

图 1.13　回转顶尖

3. 拨动顶尖

拨动顶尖能传递力矩，无需使用鸡心夹头，分为内拨、外拨与端面拨动三种，一般安装在机床主轴孔中，可以限制 $\vec{Z}$，如图 1.14 所示。内拨顶尖用于轴类的装夹。外拨顶尖用于带孔工件的装夹。端面拨动顶尖工作时，顶尖会随工件轴向移动，当工件与顶尖的端齿接触后不再移动时，顶尖限制 $\vec{X}$、$\vec{Y}$，端齿限制 $\vec{Z}$，能实现 Z 方向的正确定位，其余的顶针一般不能用于 Z 方向有较高精度要求的定位。

（a）内拨顶尖　　　　　　　（b）外拨顶尖　　　　　　　（c）端面拨动顶尖

图 1.14　拨动顶尖

（三）中心架

中心架的结构如图 1.15 所示。三个支承呈 120°均匀分布，可根据需要进行调节，下面两个支承起支承与定位作用，与其他定位元件组合限制 $\vec{X}$、$\vec{Y}$，上面的支承起夹紧与稳定作用。一般需通过找正确定三个支承的中心与机床主轴轴线的正确位置，支承与工件之间的松紧程度要适当，与工件接触方式有滑动摩擦与滚动摩擦两种。支承与工件接触处需用润滑脂或冷却液进行润滑与冷却。其主要用于大重型工件的装夹。

图 1.15　中心架

（四）花盘

花盘的结构如图 1.16 所示，可在其上安装压板或角铁对外形不规则的工件实施装夹，加工内回转体表面。

图 1.16　花盘

（五）鸡心夹头

鸡心夹头的结构如图 1.17 所示，它不起定位作用，主要用于两顶尖装夹时传递力矩，使工件与机床主轴一起转动。

图 1.17　鸡心夹头

（六）跟刀架

跟刀架的结构如图 1.18 所示，它不起定位作用，而是安装在刀架上，与刀具相对，随刀架一起移动，主要用于工件刚性较差时，承受吃刀抗力，增加工艺系统刚性。

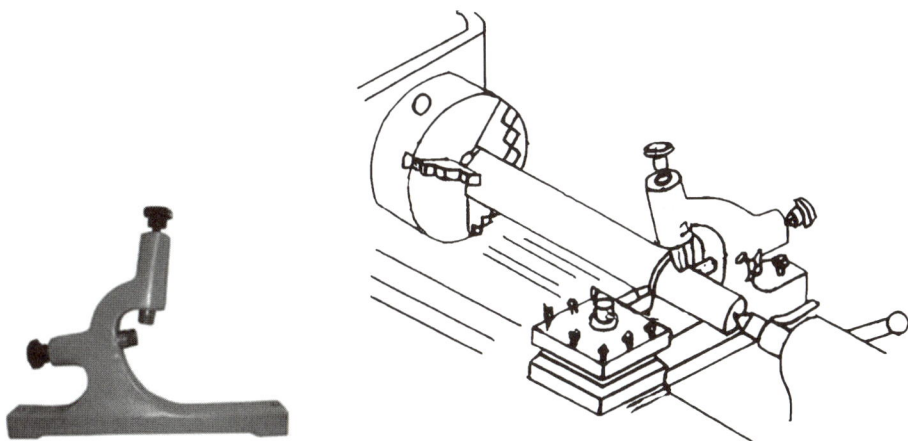

图 1.18　跟刀架

二、车床上工件的装夹方法

车床上零件的装夹方法较多，常见的有通用夹具安装、找正安装、专用夹具安装。

（一）通用夹具安装

1. 三爪卡盘夹持

工件的长径比（L/D）<5 时，可以直接将工件安装在三爪卡盘上，其定心精度可以达到 0.5～0.15 mm。当形位公差要求较高时，应一次装夹完成该组表面的加工。

2. 一夹一顶

当工件的长径比>5，且工件的重量较轻时，可以采用前端用三爪卡盘夹持尾端用顶尖支承的装夹方式，如图 1.19（a）所示。此时，三爪卡盘的夹持长度应较短限制 $\vec{X}$、$\vec{Y}$，顶尖限制 $\hat{X}$、$\hat{Y}$。批量加工，轴向尺寸要求较高时，可以采用图 1.19（b）（c）所示的装夹方式，利用轴的端面或台阶面限制 $\vec{Z}$。

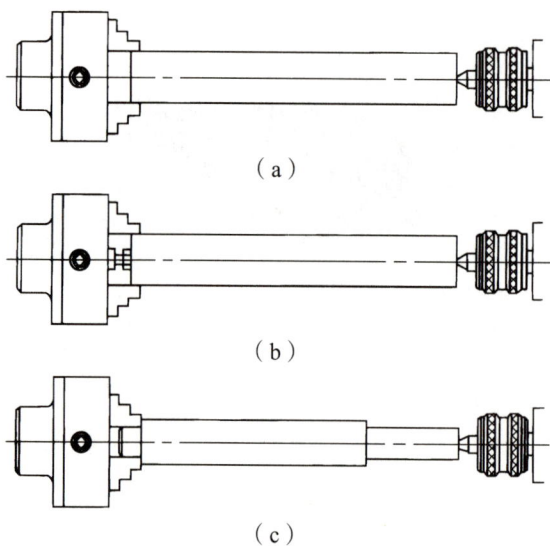

（a）

（b）

（c）

图 1.19　一夹一顶装夹

3. 两顶尖支承

两顶尖支承的装夹方法在实际生产过程中应用十分广泛。根据零件的结构和加工要求的不同，其装夹方式也有所不同，常见的有图 1.20、图 1.21 所示的几种方式。图 1.20（a）所示的方式装夹工件方便，比一夹一顶安装方式的效率高，常用于批量生产中；图 1.20（b）所示的方式用于同类零件的外圆的加工；图 1.20（c）所示的方式用于台阶轴或允许外圆有接刀刀痕的光轴的粗加工；图 1.21（a）所示的端面拨动顶尖用于轴向尺寸要求高和不允许外圆有接刀刀痕的光轴的精加工；图 1.21（b）所示的顶尖安装加工偏心用于径向尺寸加大的偏心件的装夹。

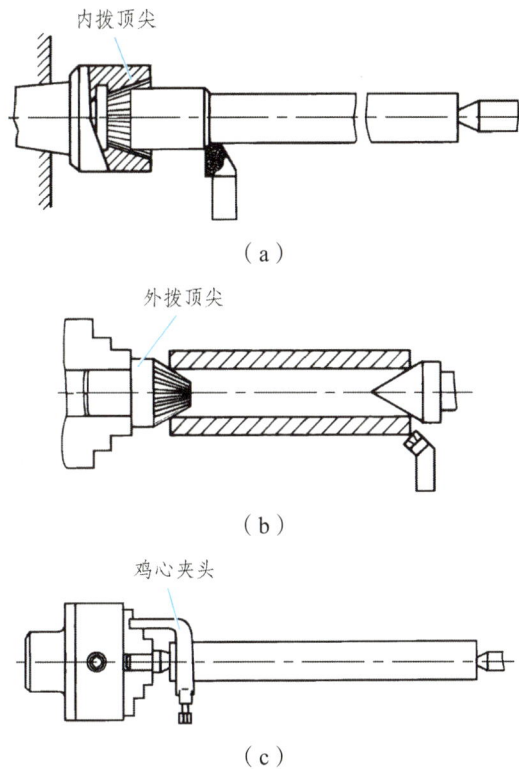

图 1.20　两顶尖装夹

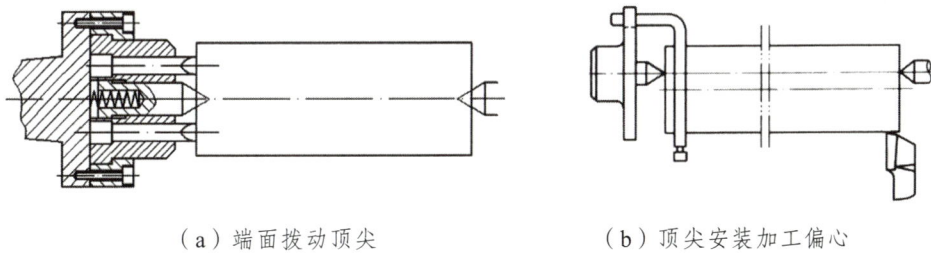

（a）端面拨动顶尖　　　　　　（b）顶尖安装加工偏心

图 1.21　端面拨动顶尖的应用与顶尖安装加工偏心

4. 一夹一托一顶

当工件的重量会使顶尖支承产生不稳定时，应采用"前端夹持，中间支撑，后端支承"的方式，如图 1.22 所示。

图 1.22　一夹一托一顶

5. 花盘安装

对于回转体表面的轴线与基准面垂直且外形不规则的工件，可以将工件直接安装在花盘上加工，如图1.23（a）所示。单件小批量需找正回转轴线与机床的正确位置；批量生产则应在花盘上安装确定回转轴线位置的定位元件或使用专用夹具安装。

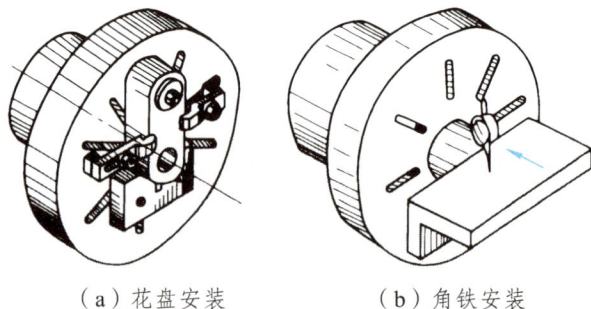

（a）花盘安装　　　　　　（b）角铁安装

图1.23　花盘安装与角铁安装

6. 角铁安装

回转体表面的轴线与基准面平行且外形不规则的工件，应在花盘上先装上角铁，再将工件安装在角铁上，如图1.23（b）所示。单件小批量需找正回转轴线与机床的正确位置；批量生产则应在角铁上安装确定回转轴线位置的定位元件或使用专用夹具安装。

（二）找正安装

在单件小批量生产过程中出现下列情况（见图1.24）时，则需要找正安装。

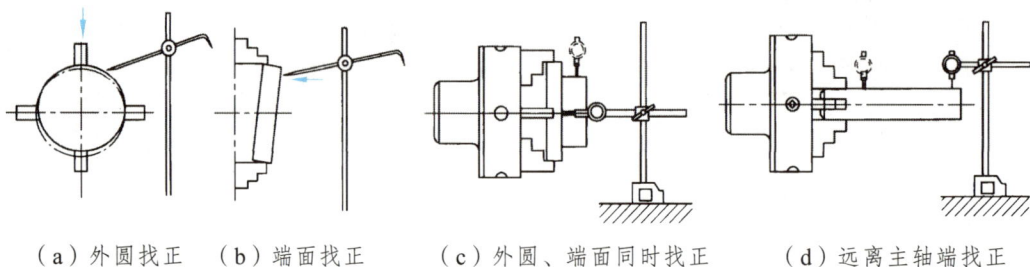

（a）外圆找正　　（b）端面找正　　　（c）外圆、端面同时找正　　　（d）远离主轴端找正

图1.24　找正安装

（1）当加工精度超过了三爪卡盘的定心精度或形状不规则，需用四爪卡盘夹持。

（2）工件的夹持部位较短，不能限制 $\hat{X}$、$\hat{Y}$。

（3）工件较长时，远离三爪卡盘端与机床主轴中心不重合，需通过百分表或划针来找正工件与机床主轴之间的正确位置。

（三）专用夹具安装

工件形状不规则，进行批量以上的生产时，应采用专用夹具安装，可以查阅《机床夹具设计》的相关的内容或资料。

任务四 刀具的选择

【任务描述】

刀具的结构、形状、几何参数及材料，直接影响工件的形状、表面质量、加工效率及加工的成本。合理地选择刀具是机械加工的一个重要环节。通过本任务的训练，使操作者能根据工件的加工要求、生产批量合理选择数控车床常用刀具。

【相关知识】

一、按用途选择

车外圆选用外圆车刀，依次类推，可根据不同的加工表面选择端面车刀、螺纹车刀、镗孔刀、切断刀和成形车刀等，如图 1.25 所示。其他结构形式的车刀名称、用途与图 1.25 所示车刀基本一致。

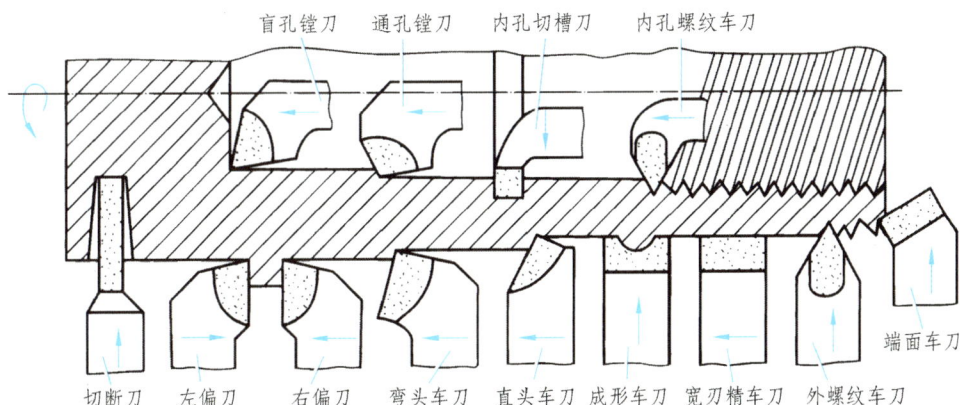

图 1.25 焊接式车刀的种类及用途

二、按结构选择

（一）焊接式车刀

焊接式车刀由一定形状的刀片和刀杆通过铜焊连接成不可拆卸的整体，其结构如图 1.25 所示。焊接式车刀结构简单、制造方便、刚性较好，可根据需要进行刃磨，使用灵活，硬质合金应用充分；但焊接和刃磨的高温作用会导致硬质合金刀片冷却后由于内应力而产生裂纹，使刀具的切削性能降低；无法继续刃磨，使用后刀片与刀杆会一起报废，硬质合金刀片不能回收，造成浪费；由于换刀及辅助时间较长，一般不适用于数控机床和机械加工自动线的需要。

（二）机夹式车刀

机夹式车刀是将硬质合金刀片或刀头组件通过机械夹持的方法与刀柄连接成可拆卸的组合体，如图 1.26 所示。其刀片不需焊接，刀片与刀杆都可重复使用，因刀片可以卸下来重磨，刀具寿命长。刀片的夹固方式应适应刀片在重磨后能调整尺寸的要求，有些压紧刀片的压板可起断屑作用。常用的刀片夹固方式有上压式和侧压式两种。

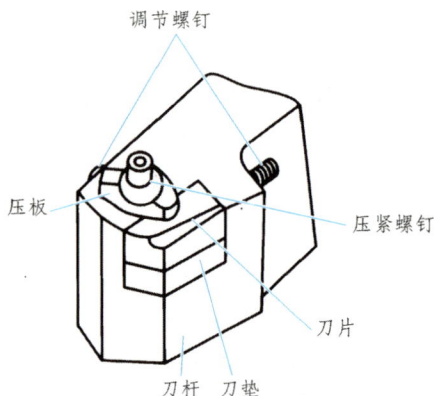

图 1.26　机夹式车刀

（三）可转位车刀

可转位车刀即使用可转位刀片的机夹式车刀，其结构如图 1.27、图 1.28 所示。常见的有偏心夹紧、杠杆夹紧、楔块夹紧和上压夹紧等方式。可转位车刀的前角和后角是靠刀片在刀杆槽中安装后获得。当其中一条切削刃无法满足加工需要时，操作者将刀片转位或翻面，即可使用新的切削刃，直至所有切削刃无法使用，刀片才要报废、回收。

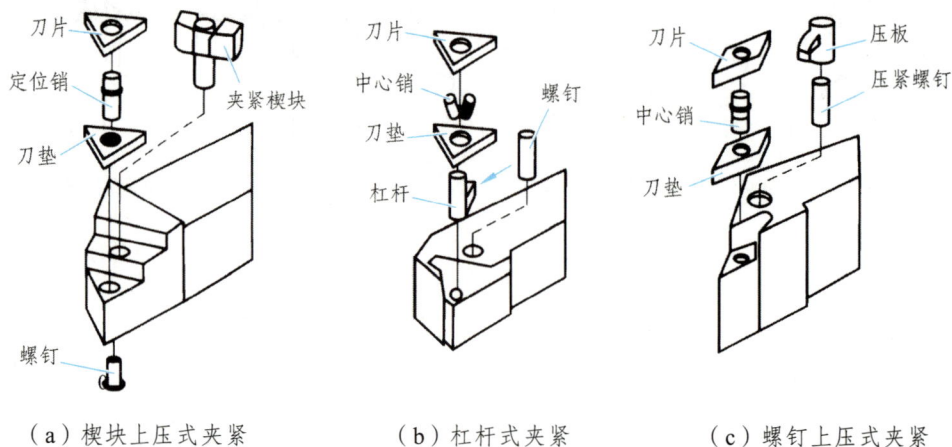

（a）楔块上压式夹紧　　　　（b）杠杆式夹紧　　　　（c）螺钉上压式夹紧

图 1.27　可转位车刀夹紧方式爆炸图

可转位车刀的刀片、刀杆是专业化生产的，均已标准化，刀片不需刃磨与焊接，刀具的几何参数稳定可靠，刀片更换后的重复定位精度高，切削性能好，刀具寿命长，加工质量稳定。这样可以大大缩短调整和换刀的时间，减少刀杆消耗，提高生产效率以及降低加工成本。可转位刀片有利于推广使用涂层、陶瓷等新型刀具材料，有利于刀具的标准化、系列化，适用于数

控机床和自动线的生产需要。可转位车刀的型号表示规则可查阅 GB/T 5343.1—2007，常见的
几种型号如图 1.29 所示。

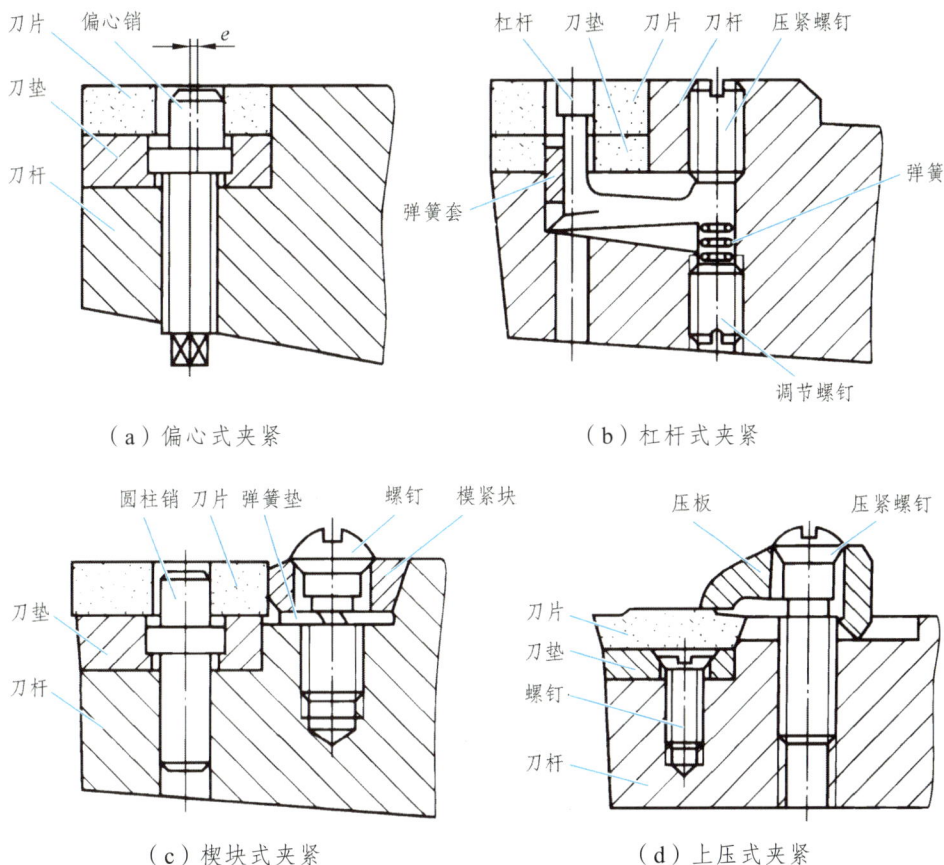

（a）偏心式夹紧 　　　　　　　　　　　　（b）杠杆式夹紧

（c）楔块式夹紧 　　　　　　　　　　　　（d）上压式夹紧

图 1.28　可转位刀片夹紧方式

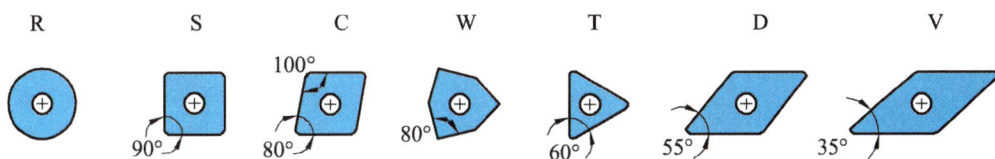

图 1.29　常用硬质合金车刀刀片形状

按 ISO 1832:2017 的要求，硬质合金可转位刀片的型号是由 10 位字符串组成的，排列如下：

1——刀片的几何形状及夹角；

2——刀片主切削刃后角（法后角）；

3——刀片尺寸公差。表示刀片内接圆直径 d、厚度 s 及刀尖位置尺寸的精度级别；

4——刀片形状、固定方式或断屑槽；

5——刀片边长、切削刃长；

6——刀片厚度；

7——修光刀，刀尖圆角半径 r 或主偏角 K_r 或修光刃后角 α_n；

8——切削刃状态。尖角切削刃或倒棱切削刃；

9——进刀方向或倒刃宽度；

10——各刀具公司的补充符号或倒刃角度。

例如，车刀可转位刀片 CNMG120408ENUB 公制型号表示的含义如下：

C——80°菱形刀片形状；N——法后角为 0°；M——刀尖转位尺寸允差±0.08 ~ ±0.18 mm，内接圆允差±0.05 ~ ±0.13 mm，厚度允差±0.13 mm；G——圆柱孔双面断屑槽；12——内接圆直径 12 mm；04——厚度 4.76 mm；08——刀尖圆角半径 0.8 mm；E——倒圆刀刃；N——无切削方向；UB——半精加工。

如图 1.30 所示为常用可转位的机夹式车刀。

（四）成形车刀

成形车刀是切削刃的形状与被加工表面形状完全一致的车刀，如图 1.25 所示。成形车刀根据工件的轮廓形状设计、制造的，工作的切削刃较长；只需一次行程就能加工出成形表面，生产效率高；刃形较复杂，制造比较困难；数控机床使用较少。

三、刀具材料的选择

图 1.30　常用可转位的机夹式车刀

刀具材料主要指刀具切削刃部分的材料。在机械加工过程中，刀具材料的切削性能对加工的生产效率、已加工表面质量、刀具寿命和加工成本有着极大的影响。常用的刀具材料有碳素工具钢、合金工具钢、高速钢、硬质合金、陶瓷、金刚石和立方氮化硼等。

（一）碳素工具钢

碳素工具钢指含碳量为 0.70%~1.35% 的优质高碳钢，常用牌号有 T8A、T1OA、T12A 等。淬火后硬度为 60~64 HRC，其耐热性很差，一般为 200~250 ℃，用来做切削速度为 8~10 m/min、尺寸较小的手动工具，如丝锥、锉刀及手锯条等。

（二）合金工具钢

合金工具钢指在碳素工具钢中加入一定量的合金元素，如铬（Cr）、钼（Mo）、钨（W）、钒（V）、锰（Mn）、硅（Si）等组成的工具钢。常用的合金工具钢有 9SiCr，CrWMn 等。淬火后的硬度为 60~65 HRC，耐热性一般为 300~400 ℃。其切削速度可比碳素工具钢高 20%左右。主要用于制造丝锥、板牙、铰刀等要求热处理变形小的低速刀具。

（三）高速钢

高速钢指含有较多的钨、钼、铬、钒的高合金工具钢。淬火后的硬度为 63~70 HRC，耐热性为 500~600℃，其切削速度比碳素工具钢和合金工具钢提高了 1~3 倍，小型刀具在空气中冷却就能淬硬，且刃磨时能获得锋利的刃口，故高速钢又有"风钢""锋钢"之称。因其刃口颜色呈白色，又称"白钢"。主要用于制作刃形较复杂的刀具，如成形车刀、铣刀、钻头、拉刀、齿轮加工刀具和螺纹刀具等。

（四）硬质合金

硬质合金是用高硬度、高熔点的金属碳化物（WC、TiC、NbC、TaC 等）粉末冶金为基体，和金属黏结剂（Co、Ni、Mo 等）经高压成形，并在 1500°C 左右的高温下烧结而成。淬火后的硬度为 89~95 HRA（相当于 76~79 HRC），耐热性为 800~1000°C，耐磨性很好，切削速度可达 100 m/min 以上。但其抗弯强度低，脆性大，怕振动、冲击，制造工艺差，需连续冷却。常用的硬质合金的种类、牌号及用途如表 1.3 所示。

表 1.3　常用硬质合金的种类、牌号及用途

种类	牌号	相当于 ISO 牌号		硬度/HRA （HRC）	耐磨性	韧性	应用范围
钨钴类	YG3	K 类	K01	91（78）	↑	↓	铸铁、有色金属及其合金的无冲击的半精加工、精加工
	YG6X		K05	91（78）			铸铁、冷硬铸铁、高温合金的半精加工、精加工
	YG6		K10	89.5（75）			铸铁、有色金属及其合金的粗加工、半精加工
	YG8		K20	89（74）			铸铁、有色金属及其合金的粗加工，可用于断续切削
	YG8C		K30	88（72）			
钨钛类	YT30	P 类	P01	92.5 （90.5）	↓	↑	碳素钢、合金钢的精加工
	YT15		P10	91（78）			碳素钢、合金钢连续切削时的粗加工、半精加工、精加工，也可用于断续切削的精加工
	YT14		P20	90.5（77）			
	YT5		P30	89（74）			碳素钢、合金钢的粗加工，可用于断续切削
添加钽铌类	YG6A	K 类	K10	91.5（79）	—		冷硬铸铁、合金钢、有色金属及其合金的半精加工
	YG8A		K20	89.5（75）			冷硬铸铁有色金属及其合金的半精加工，也可用于高锰钢、淬火钢及耐热合金钢的半精加工、精加工
	YW1	M 类	M10	91.5（75）			不锈钢、高强度钢与铸铁的半精加工、精加工
	YW2		M20	90.5（77）			不锈钢、高强度钢与铸铁的粗加工、半精加工
碳化钛基类	YN05	P 类	P01	93.3（82）	—		低碳钢、中碳钢、合金钢的高速精车，系统刚性较好的细长轴精加工
	YN10		P01	92（80）			碳钢、合金钢、工具钢、淬硬钢连续表面的精加工

（五）陶瓷

陶瓷是以氧化铝（Al_2O_3）或氮化硅（Si_3N_4）为基体，添加少量金属，在高温下烧结而成的一种刀具材料。其硬度可达 92 HRA，抗弯强度可达 100 MPa 以上，同时具有较高的韧性和抗热振性。切削速度为 500~600 m/min，能进行高速切削，适用于冲击力不大的淬火钢、冷硬铸铁等高硬度材料与铸铁、有色金属、各种工具钢的连续切削的半精加工、精加工。

（六）金刚石

金刚石是碳的同素异构体，分天然和人造金刚石两种。其硬度接近 10000 HV，可加工硬度为 65~10 HRC 的材料，适用于加工硬质合金、陶瓷、高硅铝合金、有色金属及其合金，不宜加工钢铁材料。

（七）立方氮化硼

立方氮化硼是六方氮化硼的同素异形体，由软的六方氮化硼在高温条件下加入催化剂转变而成。其硬度可达 8000~9000 HV，耐磨性好，耐热性高达 1400°C，可对高温合金、淬硬钢、冷硬铸铁进行半精加工和精加工。

四、刀具几何参数的合理选择

（一）前角 γ_o 的选择

参数选择的原则是增大前角、切削刃锋利、切削变形小、切削力小、切削轻快、切削温度低、刀具磨损小和加工表面质量高。但前角过大，会导致刀具切削部分和切削刃强度和刚度差，刀具易磨损或破坏，刀具寿命低。因此选择刀具前角的原则是：在达到刀具寿命要求条件下，应选取较大前角。具体选择可参照表 1.4 和表 1.5。

表 1.4 硬质合金刀具前角的选择

工件材料	碳钢 σ_b /GPa				40Cr	调质 40Cr	不锈钢	高锰钢	钛和钛合金
	≤0.445	≤0.558	≤0.784	≤0.98					
前角	25°~30°	15°~20°	12°~15°	10°	13°~18°	10°~15°	15°~30°	−3°~3°	5°~10°
工件材料	淬硬钢				灰铸铁		铜		铝及铝合金
	30~41 HRC	44~47 HRC	50~52 HRC	60~65 HRC	≤220 HBW	>220 HBW	紫铜	黄铜	青铜
前角	0°	−3°	−5°	−7°	−10°	12°	25°~30°	15°~25°	5°~15°	25°~30°

表 1.5 不同刀具材料加工钢时前角的选择

碳钢 σ_b /GPa	刀具材料		
	高速钢	硬质合金	陶瓷
≤0.784	25°	12°~15°	10°
>0.784	20°	10°	5°

（二）后角 α_o 的选择

增大后角，可减少后刀面与切削表面间的摩擦，减少切削刃钝圆半径，因而可提高加工表面的质量，但会使刀具的强度降低，散热条件变差。因此选择刀具后角的原则是：在不产生摩擦的条件下，应适当减小后角。精加工一般选 $\alpha_o = 8° \sim 12°$；粗加工一般选 $\alpha_o = 6° \sim 8°$。

（三）副后角 α'_o 的选择

对于车刀和三面刃铣刀，为了便于制造，选取 $\alpha'_o = \alpha_o$。需要增加刀齿强度和重磨后刀齿厚度变化小的刀具，常选用很小的副后角，一般取 $\alpha'_o = 1° \sim 2°$。

（四）主偏角 k_r 与副偏角 k'_r 的选择

减小主偏角，刀具强度高、散热条件好，表面粗糙度值小；增大主偏角，使吃刀抗力减小，还利于断屑。副偏角的选择原则是：在不影响摩擦和振动的前提下，尽量选择较小的副偏角。它们的选择可参照表 1.6。

表 1.6　主偏角 k_r 与副偏角 k'_r 的选择

加工条件	工艺系统刚性好	工艺系统刚性较好	工艺系统刚性较差	工艺系统刚性差	
应用范围	淬硬钢、冷硬铸铁	外圆、端面、倒角	粗车、强力切削	台阶轴、细长轴、多刀车、仿形车	切槽切断
主偏角 k_r	10° ~ 30°	45°	60° ~ 70°	75° ~ 93°	≥90°
副偏角 k'_r	10° ~ 5°	45°	15° ~ 10°	10° ~ 6°	1° ~ 2°

（五）刃倾角的选择

刃倾角 λ_s 的选择可参照表 1.7。

表 1.7　刃倾角 λ_s 的选择

应用范围	精车钢	精车有色金属	粗车钢、灰铸铁	粗车余量不均匀钢	断续车削钢、灰铸铁	带冲击切削淬硬钢	大刃倾刀具薄切削
刃倾角 λ_s	0° ~ 5°	5° ~ 10°	0° ~ -5°	-5° ~ -10°	-10° ~ -15°	-10° ~ -45°	-45° ~ -75°

任务五　切削用量与切削液的合理选择

【任务描述】

切削用量的合理选择对加工质量、生产效率、加工成本等方面有着极其重要的影响。切削液主要起冷却与润滑作用，还有排屑、防锈作用。通过本任务的训练，使操作者能根据工件的加工要求、工艺系统的刚性选择合理的切削用量和切削液。

【相关知识】

一、切削用量的选择

切削用量是切削速度、进给量与背吃刀量的总称。合理的切削用量是指充分利用刀具的切削性能和机床的动力性能，获得高的生产效率与低的加工成本的合格零件的切削用量。

（一）切削用量的选择原则

粗车时，根据工艺系统刚性和机床功率，首先选择尽可能大的背吃刀量 α_p；其次选择一个较大的进给量 f；最后根据刀具耐用度确定一个合理的切削速度 V_C。其目的是提高加工效率，降低加工成本。

精车时，首先选择一个能消除粗加工的缺陷及受力、受热变形的背吃刀量 α_p；其次根据加工表面粗糙度要求，选取一个较小的进给量 f；最后在保证刀具耐用度的情况下尽可能选用较高的切削速度 V_C。其目的是达到零件的尺寸精度和表面质量要求。

（二）切削用量的合理选择

1. 背吃刀量 a_p 的选择

粗加工时，为了缩短加工时间，在工艺系统刚性和机床功率许可的情况下，应尽可能选择较大的背吃刀量 a_p，以便在一次走刀时切除大部分加工余量，减少进给次数。一般用硬质合金刀具粗加工钢和铸铁时，背吃刀量 a_p 可取 1.5～6 mm。当零件精度要求较高时，应留精加工余量，其一般比普通车削得要小，常取 0.1～0.5 mm。

2. 进给量 f 的选择

进给量的选择应与背吃刀量和切削速度相适应，主要受刀片强度和工艺系统刚性的影响，精加工时也受加工表面的粗糙度的影响。因此，在保证加工质量的前提下，粗加工可选择较高的进给量；精车、切断、镗孔时，应选择较低的进给量；当刀具在较远的距离空行程返回程序起点时，可以设定尽量高的进给量。

用硬质合金刀具加工普通钢材和铸铁，粗车时，一般取 f= 0.3～0.8 mm/r；精车时，常取 f= 0.1～0.3 mm/r；切断时，取 f= 0.05～0.2 mm/r；加工淬硬钢时，根据硬度不同而选不同的进给量，一般取 f= 0.1～0.3 mm/r。粗加工的进给量也可参照表 1.8、表 1.9 选取。半精加工、精加工时，主要按工件的表面粗糙度的要求，结合工件材料、刀尖圆弧半径、切削速度选择进给量，如表 1.10 所示。

表 1.8　硬质合金刀片强度允许的最大进给量

背吃刀量 a_p /mm	刀片厚度/mm				不同材料对进给量的修正系数			
	4	6	8	10	钢 σ_b =0.47～0.637 GPa	钢 σ_b =0.637～0.825 GPa	钢 σ_b =0.825～1.147 GPa	铸铁
	进给量 f /（mm/r）							
≤4	1.3	2.6	4.2	6.1	1.2	1.0	0.85	1.6
>4～7	1.1	2.2	3.6	5.1	不同主偏角时进给量的修正系数			
>7～13	0.9	1.8	3.0	4.2	30°	45°	60°	90°
>13～22	0.8	1.5	2.5	3.6	1.4	1.0	0.6	0.4

注：有冲击时，进给量应减少 20%。

表 1.9 硬质合金及高速钢车刀和端面时的进给量

工件材料	车刀刀杆尺寸/mm $B \times H$	工件直径/mm	背吃刀量 a_p/mm				
			≤4	>3～5	>3～5	>3～5	12 以上
			进给量 f /（mm/r）				
碳素结构钢、合金结构钢及耐热钢	16×25	20	0.3～0.4				
		40	0.4～0.5	0.3～0.4			
		60	0.5～0.7	0.4～0.6	0.3～0.5		
		100	0.6～0.9	0.5～0.7	0.5～0.6	0.4～0.5	
		400	0.8～1.2	0.7～1.0	0.6～0.8	0.5～0.6	
	20×30 25×25	20	0.3～0.4				
		40	0.4～0.5	0.3～0.4			
		60	0.5～0.7	0.5～0.7	0.4～0.6		
		100	0.8～1.0	0.7～0.9	0.5～0.7	0.4～0.7	
		400	1.2～1.4	1.0～1.2	0.8～1.0	0.6～0.9	0.4～0.6
铸铁及铜合金	16×25	40	0.4～0.5				
		60	0.5～0.8	0.5～0.8	0.4～0.6		
		100	0.8～1.2	0.7～1.0	0.6～0.8	0.5～0.7	
		400	1.0～1.4	1.0～1.2	0.8～1.0	0.6～0.8	
	20×30 25×25	40	0.4～0.5				
		60	0.5～0.9	0.5～0.8	0.4～0.7		
		100	0.9～1.3	0.8～1.2	0.7～1.0	0.5～0.8	

注：（1）加工断续表面及有冲击的工件时，表内进给量应乘系数 K=0.75～0.85。

（2）在无外皮加工时，表内进给量应乘系数 K=1.1。

（3）加工耐热钢及其合金时，进给量不大于 1 mm/r。

（4）加工淬硬钢时，进给量应减小。当钢的硬度为 44～56 HRC 时，应乘系数 K=0.8；当钢的硬度为 57～62 HRC 时，应乘系数 K=0.5。

（5）可转位刀片的允许最大进给量不应超过其刀尖圆弧半径数值的 80%。

表 1.10 按表面粗糙度选择进给量的参考值

工件材料	表面粗糙度 Ra/μm	切削速度范围/（m/mm）	刀尖圆弧半径 /mm		
			0.5	1.0	2.0
			进给量 f /（mm/r）		
铸铁、青铜、铝合金	10～5	不限	0.25～0.40	0.40～0.50	0.50～0.60
	5～2.5		0.15～0.20	0.25～0.40	0.40～0.60
	2.5～1.25		0.10～0.15	0.15～0.20	0.20～0.35
碳钢、合金钢	10～5	<50	0.30～0.50	0.45～0.60	0.55～0.70
		>50	0.40～0.55	0.55～0.65	0.65～0.70
	5～2.5	<50	0.18～0.25	0.25～0.20	0.30～0.40
		>50	0.25～0.30	0.30～0.25	0.35～0.50
	2.5～1.25	<50	0.1	0.11～0.15	0.15～0.22
		50~100	0.11～0.16	0.16～0.25	0.25～0.30
		>100	0.16～0.20	0.20～0.25	0.25～0.35

3. 切削速度 V_C 的选择

车外圆时的主轴转速应根据零件上被加工的直径、零件和刀具的材质、加工性质等条件所许可的切削速度而定。切削速度可以通过计算、查表和实践经验确定。表 1.11 为硬质合金外圆车刀切削速度的参考值。值得注意的是交流变频调速的数控车床低速输出的力矩小，因而主轴的转速不能太低。

表 1.11　硬质合金外圆车刀切削速度参考值

工件材料	热处理状态	a_p /mm		
		（0.3, 2]	（2, 6]	（6, 10]
		f / （mm/r）		
		（0.08, 0.3]	（0.3, 0.6]	（0.6, 1]
		V_C/ （m/min）		
低碳钢、易切钢	热轧	140～180	100～120	70～90
中碳钢	热轧	130～160	90～110	60～80
	调质	100～130	70～90	50～70
合金结构钢	热轧	100～130	70～90	50～70
	调质	80～110	50～70	40～60
工具钢	退火	90～120	60～80	50～70
灰铸铁	HBS<190	90～120	60～80	50～70
	HBS=190～225	80～110	50～70	40～60
高锰钢		10～20		
铜及铜合金		200～250	120～180	90～120
铝及铝合金		300～600	200～400	150～200
铸铝合金		100～180	80～150	60～100

确定切削速度后，通过式 1.1，便可计算出主轴转速：

$$n = \frac{1000 V_C}{\pi d} (\text{r} / \text{min}) \qquad (1.1)$$

式中　d ——加工部位直径（mm）；

　　　V_C ——切削速度（m/min）。

二、切削液的合理选用

车削加工常用的切削液见表 1.12。

表 1.12　车削常用切削液

加工类型		工件材料					
		碳钢	合金钢	不锈钢及耐热钢	铸铁及黄铜	青铜	铝及合金
车、铣及镗孔	粗加工	3%～5%乳化液	（1）5%～15%乳化液 （2）5%石墨或硫化乳化液 （3）5%氯化石蜡油制乳化液	（1）10%～30%乳化液 （2）10%硫化乳化液	（1）一般不用 （2）3%～5%乳化液	一般不用	（1）一般不用 （2）中性或含有游离酸小于4 mg 的弱性乳化液
	精加工	（1）石墨化或硫化乳化液 （2）5%乳化液（高速时） （3）10%～15%乳化液（低速时）		（1）氧化煤油 （2）煤油75%、油酸或植物油25% （3）煤油60%、松节油20%、油酸20%	黄铜一般不用，铸铁用煤油	7%～10%乳化液	（1）煤油 （2）松节油 （3）煤油与矿物油的混合物
切断及切槽		（1）15%～20%乳化液 （2）硫化乳化液 （3）活性矿物油 （4）硫化油		（1）氧化煤油 （2）煤油75%、油酸或植物油25% （3）硫化油85%～87%、油酸或植物油13%～15%	（1）7%～10%乳化液 （2）硫化乳化液		
钻孔及镗孔		（1）7%硫化乳化液 （2）硫化切削油	（1）3%肥皂+2%亚麻油（不锈钢） （2）硫化切削油（不锈钢）	（1）一般不用 （2）煤油（铸铁） （3）菜油（黄铜）	（1）7%～10%乳化液 （2）硫化乳化液		（1）一般不用 （2）煤油 （3）煤油与菜油的混合油
铰孔		（1）硫化乳化液 （2）10%～15%极压乳化液 （3）硫化油与煤油混合液（中速）	（1）10%乳化液或硫化切削油 （2）含硫氯磷切削油		（1）2号锭子油 （2）2号锭子油与蓖麻油的混合物 （3）煤油和菜油的混合物		
车螺纹		（1）硫化乳化液 （2）氧化煤油 （3）煤油75%、油酸或植物油25% （4）硫化切削油 （5）变压器油70%，氯化石蜡30%	（1）氧化煤油 （2）硫化切削油 （3）煤油60%、松节油20%、油酸20% （4）硫化油60%、煤油25%、油酸15% （5）四氯化碳90%、猪油或菜油10%	（1）一般不用 （2）煤油（铸铁） （3）菜油（黄铜）	（1）一般不用 （2）菜油		（1）硫化油30%、煤油15%、2号或3号锭子油55% （2）硫化油30%、煤油15%、油酸30%、2号或3号锭子油25%

项目二 数控车床的编程与加工

【思政目标】

通过数控车床手工编程教学，不仅要让学生掌握数控车床的操作的基本技能，还要培养学生精细化的职业素养，形成对所学专业的认同感和对职业的热爱，引导学生树立崇高理想。

【学习目标】

（1）熟练掌握 FANUC 0i TC 指令系统。
（2）能使用常用指令完成程序编制。
（3）掌握循环编程指令编程的难点。
（4）掌握安全的进刀、退刀路线。
（5）能正确合理地使用刀具补偿。
（6）掌握轴套类零件编程的技巧与难点。
（7）能合理选择切削参数。
（8）能够进行程序仿真或首件试切，完成程序调整及优化。
（9）能熟练操作数控车床，并完成零件加工。
（10）了解国产数控系统的发展现状、趋势。

任务一　数控车床编程基础

【任务描述】

本任务的训练将使学生掌握数控编程的程序格式，并初步具备数控编程基础。

【相关知识】

数控编程是以机械加工中的工艺和编程理论为基础，针对数控机床的特点，综合运用相关知识来解决从零件图纸到数控加工程序的工艺问题和编程问题。数控编程人员必须掌握与数控加工相关的知识，包括数控加工原理、数控机床结构、坐标系、数控程序结构和常用数控指令等。

一、数控编程方法

数控编程就是把加工零件所需的全部数据信息和控制信息，按数控系统规定的格式和代码形式，编制加工程序的过程。数控机床是按编好的程序对零件进行自动加工。加工程序中包含零件的工艺信息以及辅助功能（换刀、主轴正反转、冷却液开关等）。目前数控加工程序的编制方法有手工编程和自动编程两种。

（一）手工编程

手工编程是指从分析零件图样、确定加工工艺过程、数值计算、编写加工程序单直至程序校验均由人工来完成。它要求编程人员要具备相关工艺知识和数值计算能力，熟悉数控指令及编程规则。对几何形状较为简单的工件，所需程序不多，坐标计算也较简单，程序又不太长，使用手工编程既经济又省时。因此，手工编程在点位直线加工及直线圆弧组成的轮廓加工中仍广泛应用。

（二）自动编程

自动编程又称计算机辅助编程，就是利用计算机专用软件来编制数控加工程序。编程人员只需根据零件图样的要求绘制图形，选择加工方法，进行后置处理，由计算机自动生成零件加工程序。对于形状复杂的零件，特别是具有非圆曲线、列表曲线及曲面组成的零件，需要采用直线段或圆弧段来逼近，这时用手工计算节点就有一定困难，出错的概率增大，甚至无法编出程序。对于此类计算烦琐、手工编程困难或无法编出的程序，应用自动编程软件即可轻松完成程序编制。

自动编程现在广泛采用 CAD/CAM 图形交互式自动编程。CAD/CAM 图形交互自动编程就是利用 CAD 软件的图形编辑功能将零件的几何模型绘制到计算机上，然后调用 CAM 数控加工模板，采用人机交互的方式定义毛坯、创建加工坐标系、定义刀具，确定刀具相对于零件表面的运动方式，输入相应的加工参数，指定被加工部位，生成刀具轨迹，经过后置处理自动生成数控加工程序。整个过程基本是在图形交互环境下完成的，具有形象、直观和高效的优点。常用的 CAD/CAM 软件有 CAXA 制造工程师、MasterCAM、Pro/E、UG 等。

二、数控编程的内容及步骤

一般来讲，数控编程内容主要包括：零件工艺分析、数值计算、编写程序、制作控制介质、程序输入、程序校验及首件试切，如图 2.1 所示。

（一）分析零件图样，确定工艺方案

实际加工中，某些零件的加工工序并不一定都是在一台数控机床上完成的。因此采用数控机床加工的零件，首先要根据零件图样的几何信息和工艺信息确定数控加工的内容，选择适合的数控机床，从而进行数控工艺分析。合理地选择加工方法，确定工艺基准、加工顺序、装夹方案和夹具、刀具、进给路线，以及根据刀具和机床切削特点选择切削用量，还要正确选择对刀点、换刀点等。

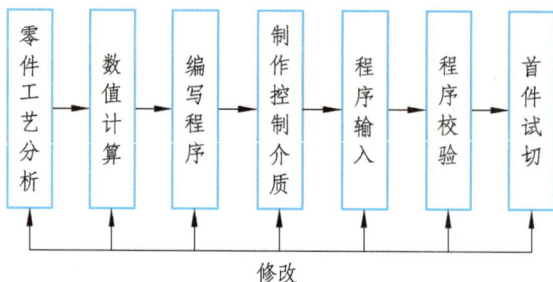

图 2.1　数控编程内容及步骤

（二）数值计算

数控机床是按照数控加工程序的要求实现刀具与工件的相对运动，自动完成零件的加工。数值计算就是要根据刀具的运动轨迹确定数控加工程序中的坐标点数据。对于形状比较简单的零件轮廓，需要计算轮廓上相邻几何元素的交点或切点的坐标值，即各几何元素的起点、终点、圆弧的圆心坐标值等。对于形状比较复杂的零件，需要用直线段或圆弧段逼近，可以根据加工精度要求采用 CAD/CAM 软件辅助计算。

（三）编写加工程序单

编程人员根据零件加工工艺方案、数值计算结果以及数控系统规定的指令代码和程序格式来编写数控加工程序。

程序单编完后，编程者或机床操作者可以通过数控机床的操作面板，在"EDIT"方式下直接将程序信息输入数控系统的程序存储器中；也可以根据数控系统输入、输出装置的不同，先将程序单程序制作成或转移至某种控制介质上。控制介质可以是磁带、磁盘、存储卡等信息载体，利用磁带机、磁盘驱动器、存储卡接口等输入（输出）装置，可将控制介质上的程序信息输入到数控系统程序存储器中；还可以采用计算机与机床的通信方式进行程序传输。

（四）程序校验及首件试切

输入到数控系统中的数控程序必须经过校验和首件试切才能正式使用。程序校验可以采用对刀后将工件坐标系（G54～G59）中的 Z 轴坐标值偏移抬高一段安全距离，在"机床空运转"状态下执行程序，通过观察机床实际运动轨迹及 CRT 图形显示屏的刀具运动轨迹进行校验；或在"机床锁住"状态下执行程序，观察 CRT 显示的刀具运动轨迹是否符合工艺路线来进行校验。由于这些方法只能检验出刀具轨迹是否正确，不能查出被加工零件的加工精度，因此还要进行首件试切。通过首件试切可以知道工艺路线的确定，工艺装备、切削用量、加工余量的选择是否合理。当发现有加工误差时，应分析误差产生的原因，加以修正。

三、程序结构及编程格式

为了满足设计、制造、维修和普及的需要，在输入代码、程序格式、加工指令及辅助功能等方面，国际上有两种通用标准，即 ISO 标准和 EIA 标准。我国根据 ISO 标准制定了 GB/T 8129—2015《工业自动化系统　机床数值控制　词汇》，但是由于各个数控机床生产厂家所用的标准尚未完全统一，其所用的代码、指令及其含义不完全相同，因此在编程时必须按所用数控机床编程手册中的规定进行。

（一）程序结构

一个完整的程序由程序名、程序内容和程序结束三部分组成。程序结构示例如表 2.1 所示。

表 2.1　程序格式

%	开始符
O0001；	程序名
N01 G17 G40 G49 G80； N03 G54 G90 G00 X0 Y0 S1000 M03； N05 G43 H01 Z50. M08； N07… …	程序内容
N45 M30；	程序结束
%	结束符

（1）程序名：是一个程序的标识符，出现在程序的开始处。每个程序必须有程序名，以便于在数控装置存储器中区分、存储、查找、调用。程序名由地址符带若干数字组成，一般为 4~8 位数字。不同的数控系统使用的地址符不同，如日本 FANUC 数控系统采用英文字母"O"作为程序名地址符；德国 SIEMENS 数控系统和国内华中数控系统采用"%"作为程序名地址符。

（2）程序内容：是整个程序的核心，由若干行程序段组成。每个程序段由一个或多个指令字构成。每个指令字由表示地址的字母、数字和符号组成，代表机床的一个位置或一个动作。

（3）程序结束：以程序结束指令 M02 或 M30 作为整个程序结束的符号。

（4）程序开始符、结束符：FANUC 数控系统的结束符为"%"，SIEMENS 数控系统的结束符为"RET"。

（二）程序段格式

程序段格式是指一个程序段中的字母、字符和数字的书写规则，通常有字地址可变程序段格式、使用分隔符的程序段格式和固定程序段格式。目前常用的是字地址可变程序段格式。每个指令字的字首是一个英文字母，称为字地址符。常用字地址符的含义如表 2.2 所示。

表 2.2　常用字地址符及含义

字　符	意　义	字　符	意　义
A	关于 X 轴的角度尺寸	M	辅助功能
B	关于 Y 轴的角度尺寸	N	程序段顺序号
C	关于 Z 轴的角度尺寸	O	程序号、子程序号的指定
D	刀具半径偏置号	P	暂停时间或程序中某功能开始使用的顺序号
E	第二进给功能	Q	固定循环终止段号或固定循环中的距离
F	第一进给功能	R	圆弧半径的指定或固定循环中的距离
G	准备功能	S	主轴转速功能
H	刀具长度偏置号	T	刀具功能
I	圆弧圆心 X 向坐标	U	与 X 轴平行的附加坐标轴或增量坐标值
J	圆弧圆心 Y 向坐标	V	与 Y 轴平行的附加坐标轴或增量坐标值
K	圆弧圆心 Z 向坐标	W	与 Z 轴平行的附加坐标轴或增量坐标值
L	固定循环及子程序重复次数	X、Y、Z	基本尺寸坐标值

字地址可变程序段格式具有以下特点，因而得到广泛使用：

（1）程序段中各指令字的先后排列顺序并不严格。

（2）不需要的指令字以及与上一程序段相同的指令字可以省略不写。

（3）每一个程序段中可以有多个 G 指令。

（4）指令字可多可少，程序简短直观，不易出错。

程序段是由顺序段号，若干个指令字（功能字）和程序段结束符组成。其格式如图 2.2 所示。

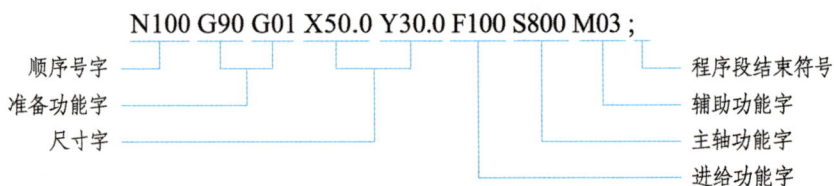

N100 G90 G01 X50.0 Y30.0 F100 S800 M03 ;

顺序号字　准备功能字　尺寸字　　　　　　程序段结束符号　辅助功能字　主轴功能字　进给功能字

图 2.2　程序段格式

1. 顺序号字

顺序号字又称程序段号，写在程序段开头，由地址符"N"加 4~8 位数字组成。

2. 准备功能字

准备功能也称 G 功能。其作用是使数控机床建立起某种加工方式。由地址符"G"和其后的两位数字组成，从 G00～G99 共 100 种。G 功能代码已标准化，常用 G 功能字如表 2.3 所示（以 FUANC 车削系统为例）。

表 2.3　G 功能字含义表

代　码	组号	功　　能	代　码	组号	功　　能
G00★		快速点定位	G65	00	宏指令调用
G01		直线插补	G70		精车复合循环
G02	01	顺圆弧插补	G71		外圆粗车复合循环
G03		逆圆弧插补	G72		端面粗车复合循环
G04	00	暂停延时	G73	00	闭环粗车复合循环
G32	00	螺纹切削	G74		端面钻孔循环
G20		英制单位	G75		内、外径切槽循环
G21★	06	公制单位	G76		螺纹切削复合循环
G27		检查参考点返回	G90		外圆单一循环
G28	00	返回机床参考点	G92	01	螺纹单一循环
G29		由参考点返回	G94		端面单一循环
G40★		刀具半径补偿取消	G96		主轴恒线速度控制
G41	07	刀具半径左补偿	G97★	02	取消恒线速度控制
G42		刀具半径右补偿	G98		每分钟进给方式
G50	00	坐标系设置或最大主轴速度设定	G99★	05	每转进给方式

注：（1）标有★的 G 代码为数控系统通电启动后的默认状态。

（2）不同组的几个 G 代码可以在同一程序段中指定且与顺序无关；同一组的 G 代码在同一程序段中指定，则最后一个 G 代码有效。不同系统的 G 代码并不一致，即使同型号的数控系统，G 代码也未必完全相同，编程时一定以系统的说明书所规定的代码进行编程。

（3）G 代码有模态和非模态之分。其中 00 组是非模态代码，只在所规定的程序段中有效，也称一次性代码；其余组均为模态代码，一旦出现便持续有效，直到被同一组的其他代码取代或取消为止。

3. 辅助功能字

辅助功能也称 M 功能。其作用是控制数控机床"开""关"功能，主要用于完成加工操作时的辅助动作，由地址符"M"和其后的两位数字组成，从 M00 ~ M99 共 100 种。不同数控系统及机床 M 功能含义有所不同，常用 M 功能字如表 2.4 所示。

表 2.4　M 功能字含义表

M 功能字	含　义
M00	程序暂停
M01	计划暂停
M02	程序结束
M03	主轴顺时针旋转
M04	主轴逆时针旋转

续表

M 功能字	含　义
M05	主轴旋转停止
M06	换刀
M07	2 号冷却液开
M08	1 号冷却液开
M09	冷却液关
M30	程序停止并返回开始处
M98	调用子程序
M99	子程序结束

4. 尺寸字

尺寸字用来设定机床各坐标的位移量。由坐标地址符及数字组成，一般以 X、Y、Z、U、V、W 等字母开头，后面紧跟"+"或"−"及一串数字，"+"可省略。该数字以脉冲当量为单位时，不使用小数点；如果使用小数表示该数，则基本单位为 mm，如 X50.Y30.。

5. 进给功能字

进给功能（F 功能）用来指定刀具相对工件的运动速度。F 功能用于控制切削进给量。在程序中，有以下两种使用方法：

- G98 F ~，每分钟进给量（单位为 mm/min）。
- G99 F ~，每转进给量（单位为 mm/r）。

6. 主轴功能字

主轴功能（S 功能）用于控制主轴转速。在程序中，有以下三种使用方法：

- G50 S ~，最高转速限制，S 后面的数字表示最高转速（单位为 r/min），如 G50 S2500 表示最高转速限制为 2500 r/min。
- G96 S ~，恒线速度控制，S 后面的数字表示恒定的线速度（单位为 m/min），如 G96 S150 表示切削点线速度恒定控制在 150 m/min。
- G97 S ~，直接转速控制，S 后面的数字表示恒定的旋转速度（单位为 r/min），如 G97 S1500 表示主轴旋转速度为 1500 r/min。

7. 刀具功能字

刀具功能（T 功能）指令用于选择加工所用刀具。在程序中，有以下两种使用方法：

- T××，T 后面的两位数表示所选的刀具号。
- T××××；T 后面有四位数字，前两位是刀具号，后两位是刀具补偿号（00 号默认为取消补偿值）。

例如：T0303 表示选用 3 号刀及 3 号刀的位置补偿值和刀尖圆弧半径补偿值。T0300 表示取消 3 号刀的刀具补偿值。

8. 程序段结束符

程序段结束符位于程序段最后一个有用的字符之后，表示程序段的结束。常用的有"；""*""NL""CR""LF"等。因控制系统不同，结束符应根据编程手册规定而定。

（三）数控车床编程特点

数控车床编程具有以下特点：

（1）在一个程序段中，根据零件图样尺寸，可以采用（X、Z）绝对值编程、（U、W）增量值编程或（X、W）（U、Z）二者混合编程方式。

（2）由于采用直径编程，所有径向尺寸均以直径值表示，因此绝对值编程时 X 是直径值，增量值编程时 U 是直径增量值。

（3）为提高径向尺寸精度，X 轴的脉冲当量通常是 Z 轴的一半。例如，经济型数控车床中，Z 轴脉冲当量为 0.01 mm/P，X 轴的脉冲当量为 0.005 mm/P。

最后，需要强调的是，数控机床的指令在国际上有很多格式标准。随着数控机床的发展，其系统功能更加强大，使用更方便。在不同数控系统之间，程序格式上会存在一定的差异，因此在具体使用某一数控机床时要仔细了解其数控系统的编程格式。

【任务实施】

（1）演示数控车床加工零件的一般过程。
（2）演示讲解 FANUC 系统面板操作方法。

【知识拓展】

每一个用户在熟练操作一台数控机床前，都需要熟悉相关系统的操作。这里，以 FANUC 0i 系统为例进行说明。

一、MDI 键盘

图 2.3 所示为 FANUC 0i 系统的 MDI 键盘（右半部分）和 CRT 界面（左半部分）。MDI 键盘用于程序编辑、参数输入等功能。MDI 键盘上各个键的功能如表 2.5 所示。

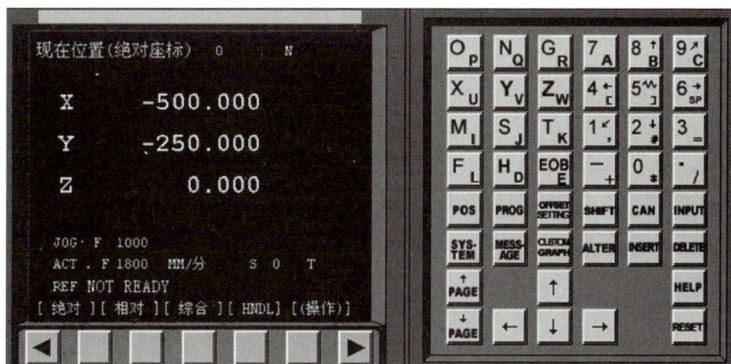

图 2.3　FANUC 0i MDI 键盘

表 2.5　MDI 键盘上各个键的功能

功能区	MDI 软键	说　明
字符键盘区	O P N Q G R X U Y V Z W M I S J T K F L H D EOB E	实现字符的输入，点击 SHIFT 键后再点击字符键，将输入右下角的字符。例如：点击 O P 将在 CRT 的光标所处位置输入“O”字符，点击软键 SHIFT 后再点击 O P 将在光标所处位置处输入 P 字符；软键中的“EOB”将输入“;”号表示换行结束
	7 A 8 B 9 C 4 5 6 1 2 3 - 0 .	实现字符的输入。例如：点击软键 5 将在光标所在位置输入字符“5”，点击软键 SHIFT 后再点击 5 将在光标所在位置处输入“]”
显示界面切换区	POS	在 CRT 中显示坐标值
	PROG	CRT 将进入程序编辑和显示界面
	OFFSET SETTING	CRT 将进入参数补偿显示界面
	SYS-TEM	系统参数管理（本软件未用）
	MESS-AGE	信息参数管理（本软件未用）
	CUSTOM GRAPH	在自动运行状态下将数控显示切换至轨迹模式
常用编辑键	SHIFT	输入字符切换键
	CAN	删除单个字符
	INPUT	将数据域中的数据输入到指定的区域
	ALTER	字符替换
	INSERT	将输入域中的内容输入到指定区域
	DELETE	删除一段字符
	HELP	帮助（本软件未用）
	RESET	机床复位
	↑PAGE ↓PAGE	软键 ↑PAGE 实现左侧 CRT 中显示内容的向上翻页；软键 ↓PAGE 实现左侧 CRT 显示内容的向下翻页
	↑ ← ↓ →	移动 CRT 中的光标位置

二、CRT 显示界面

（一）坐标位置界面

点击 POS 进入坐标位置界面。点击菜单软键[绝对]、菜单软键[相对]、菜单软键[综合]，对应 CRT 界面将对应显示相对坐标、绝对坐标、和综合坐标，具体界面如图 2.4~图 2.6 所示。

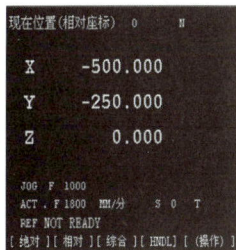

图 2.4　绝对坐标界面　　　　图 2.5　相对坐标界面　　　　图 2.6　所有坐标界面

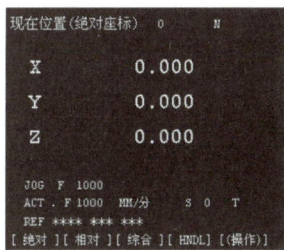

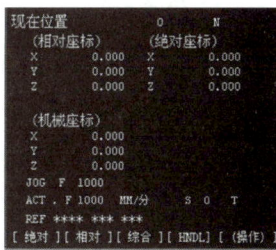

（二）程序管理界面

点击 [POS] 进入程序管理界面，点击菜单软键[LIB]，将列出系统中所有的程序（见图 2.7），在所列出的程序列表中选择某一程序名，点击 [PROG] 将显示该程序（见图 2.8）。

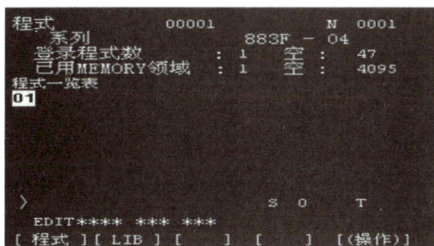

图 2.7　显示程序列表　　　　　　　图 2.8　显示当前程序

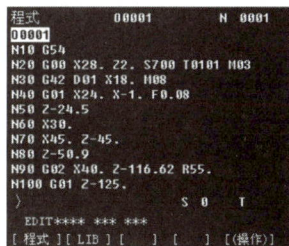

（三）刀具补偿界面

车床刀具补偿包括刀具的磨损补偿和形状补偿，两者之和构成车刀偏置量补偿。

输入磨耗量补偿参数和形状补偿参数：在 MDI 键盘上点击 [OFFSET SETTING] 键，可分别进入磨耗补偿参数设定界面和形状补偿参数设定界面，如图 2.9、图 2.10 所示。点击数字键，按菜单软键[输入]或按 [INPUT]，输入补偿值到 X、Z 指定位置。

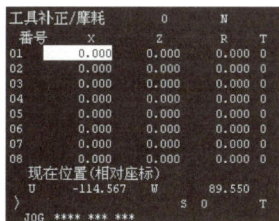

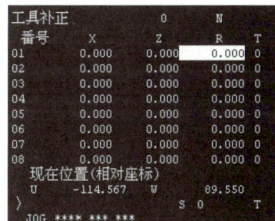

图 2.9　刀具磨耗补偿　　　　　　　图 2.10　形状补偿

输入刀尖半径和方位号参数：分别把光标移到 R 和 T，点击数字键输入半径或方位号，再点击菜单软键[输入]。

数控系统的操作较为烦琐，界面及操作方式也十分灵活，本书这里仅就常用的几个界面进行简要介绍，希望读者能在学习中勤加练习，才能更好地掌握操作技巧。

【同步训练】

1. 数控加工工艺主要包括哪些内容？有何特点？
2. 数控机床坐标系判定的方法和步骤是什么？
3. 何谓机床坐标系和工件坐标系？两者的主要区别是什么？
4. 数控加工编程的主要内容有哪些？试述数控机床手工编程的步骤内容。
5. 一个完整的程序由哪几部分组成？组成程序段的功能字有哪几类？各有何作用？

任务二　常用基本指令的使用

【任务描述】

试用所学知识正确地编制如图 2.11 所示零件的粗、精加工程序。材料为 45 # 钢，该零件的毛坯尺寸为 $\phi42$ mm×100 mm。

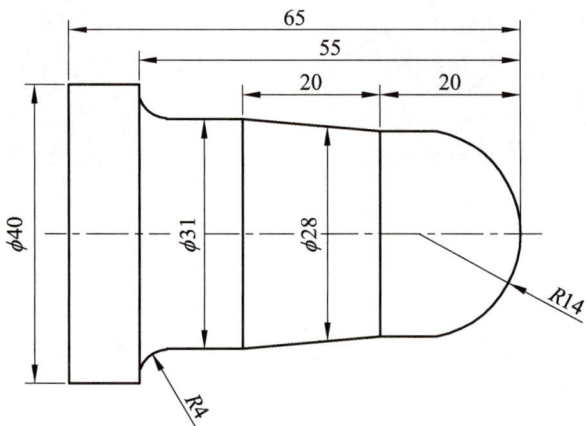

图 2.11　台阶轴实例

【相关知识】

一、工件坐标系设定

编程时，首先应确定工件原点位置并用相关指令来设定工件坐标系。车削加工的工件原点一般设置在工件右端面或左端面与主轴轴线的交点上。

（一）设定工件坐标系（G50）

编程格式：

G50 X ~ Z ~ ；

其中，X、Z 是刀具起刀点在所设工件坐标系中的坐标值。

编程示例：对于如图 2.12 所示的坐标系，程序为

G50 X128.7 Z375.1；

设定工件坐标系于工件右端面中心。

注意：通常 G50 写在加工程序的第一段。运行程序前，必须通过对刀操作等保证刀位点与预设编程原点的距离等于 G50 后给定的编程值。

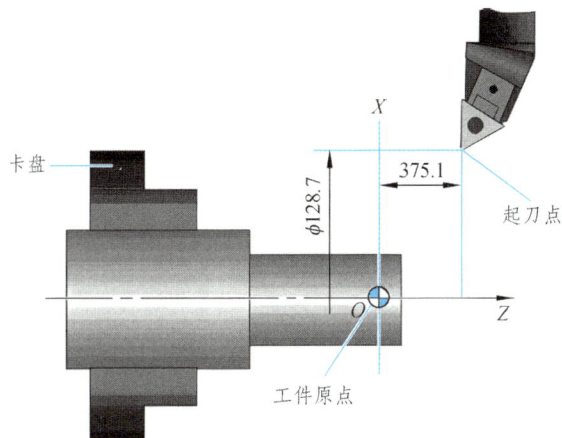

图 2.12　设定工件坐标系

（二）预置工件坐标系（G54 ~ G59）

零点偏置 G54 ~ G59 指令也可建立工件坐标系。它是先测定出预置的工件原点相对于机床原点的偏置值，并把该偏置值通过参数设定的方式预置在机床参数数据库中，因而该值无论断电与否都将一直被系统所记忆，直到重新设置为止。当工件原点预置好以后，便可用"G54G00 X ~ Z ~；"指令让刀具移到该预置工件坐标系中的任意指定位置。很多数控系统都提供 G54 ~ G59 指令，可完成预置 6 个工件原点的功能。

（三）刀具补偿法

采用 T 功能可以进行刀具补偿，从而建立工件坐标系。例如，T0101 表示选择 1 号刀具，采用 1 号补偿值进行坐标平移。这也是数控车床应用较为方便的一种方式。

二、数控车床的对刀

对刀是数控机床加工中极其重要和复杂的工作。对刀精度的高低将直接影响到零件的加工精度。

在数控车床车削加工过程中，首先应确定零件的工件原点以建立准确的工件坐标系；其次要考虑刀具的不同尺寸对加工的影响，这些都需要通过对刀来解决。对刀的过程就是建立工件坐标系与机床坐标系之间位置关系的过程，是确定数控机床上安装刀具的刀尖在机床绝对坐标系下的准确位置。

（一）对刀方法

在数控车床上常用的对刀方法有以下三种。

1. 定位对刀

安装有机内对刀仪的数控机床通常使用此法进行。在数控车床上安装有与数控系统连接的对刀仪，需要对刀架上的某一把刀具对刀时，手动输入专用控制指令，可由数控系统控制刀架移动，完成刀具在 X 轴、Z 轴两个方向上的位置偏移量测量，并将测量结果存储在相应刀具的位置补偿存储器中，如图 2.13 所示。

（a）数控车床机内对刀仪　　　　　　　　　　　　　（b）对刀仪局部

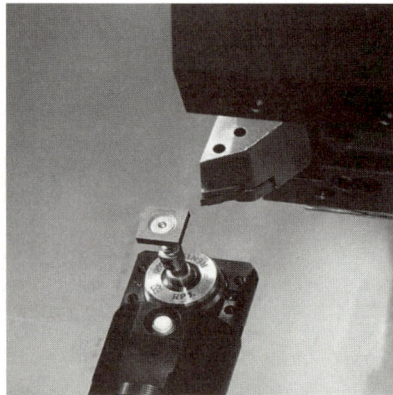

图 2.13　数控车床对刀仪对刀

定位对刀仪的测量元件通常使用高精度微动开关，其对刀精度受微动开关精度的限制。

2. 光学对刀

光学对刀是一种非接触测量方法。通常使用十几倍或几十倍的光学显微镜将刀尖的局部放大，并以对刀仪的十字线相切刀尖的两个侧刃。此法测量精度高，常以机外对刀仪的形式出现，特别适于使用标准刀柄类刀具的对刀。

3. 试切对刀

试切对刀是一种直接、准确的对刀方法，在对刀中已经考虑了包含工艺系统变形等误差因素的影响，应用最为广泛。其操作方法如下：

（1）试切工件外圆，如图 2.14 所示，保持 X 轴方向不动，刀具沿 Z 轴退出，记下此时的机械坐标 X_1。使主轴停止转动，测量试切后的工件直径，记为 α。

（2）试切工件端面，如图 2.15 所示，保持 Z 轴方向不动，刀具沿 X 轴退出，记下此时的机械坐标 Z_1。

（3）此时可得到工件前端面中心 O 点的坐标为（$X_1-\alpha$，Z_1）。

通过以上试切得到的 O 点坐标可以很方便地用于工件坐标系设定，既可以直接输入 G54~G59 中，也可以输入相应的刀具补偿号中，还可以通过计算得到当前刀位与 O 点的距离差（直接应用到 G50 中）。

图 2.14 试切外圆

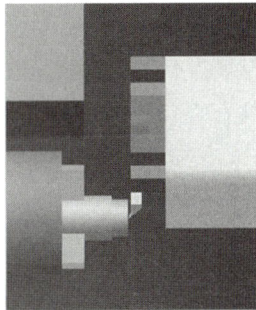

图 2.15 试切端面

(二)借助数控系统辅助功能对刀

在实际使用中为了减少计算，可以借助数控系统提供的相关辅助功能对刀。点击 MDI 键盘上的■键，进入形状补偿参数设定界面（见图 2.16），将光标移到与刀位号相对应的 X 位置，输入 X0，按菜单软键[测量]，对应的刀具偏移量自动输入，Z 方向同理。G54~G59 也可以如此操作。

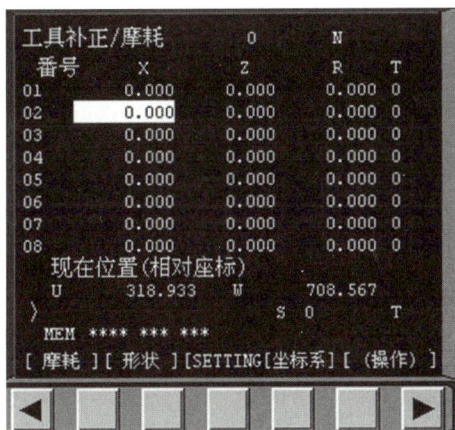

图 2.16 形状补偿

在数控车床中主要使用 T××××调用刀补来建立工件坐标系。采用 T 功能建立坐标系具有以下优点：

（1）此方法操作简单方便、可靠性好，每把刀有独立坐标系，互不干扰。

（2）只要不断电、不改变刀偏值，工件坐标系就会存在且不会变，即使断电，重启后回参考点，工件坐标系还在原来的位置。

（3）如使用绝对值编码器，刀架在任何安全位置都可以启动加工程序。

三、常用基本指令

数控车削加工中，G 功能指令虽然有很多，但常用的指令除了坐标系设定指令以外，主要还有：基本运动指令、刀具补偿指令及回参考点指令。

（一）快速点定位（G00）

G00 指令是模态代码，主要用于使刀具快速接近或快速离开零件。它命令刀具以点定位控制方式从刀具所在点快速运动到下一个目标位置。它无运动轨迹要求，且无切削加工过程。

编程格式：

G00 X（U）~ Z（W）~ ；

其中　X、Z——目标点（刀具运动的终点）的绝对坐标；

U、W——目标点相对刀具移动起点的增量坐标。

说明：

（1）G00 速度是由厂家预先设置，不能用程序指令设定，但可以通过面板上的快速倍率旋钮调节。

（2）G00 的运动轨迹一般按照 45°的方式运动，使用时应注意刀具移动过程中是否和零件或夹具发生碰撞。

（3）快速定位目标点不能选在零件上以防撞刀，一般要离开零件表面 2 ~ 5 mm。

（二）直线插补（G01）

G01 指令是模态代码。它是直线运动命令，规定刀具在两坐标或三坐标间以插补联动方式按指定的 F 进给速度做任意直线运动，用于完成端面、内圆、外圆、槽、倒角、圆锥面等表面的加工。

编程格式：

G01 X（U）~ Z（W）~ F~ ；

其中　X、Z——目标点的绝对坐标；

U、W——目标点相对直线起点的增量坐标；

F——刀具在切削路径上的进给量，根据切削要求确定。

说明：

（1）进给速度由 F 指令决定。F 指令也是模态指令，在没有新的 F 指令出现时一直有效，不必在每个程序段中都写入，F 指令可由 G00 指令取消。

（2）如果在 G01 程序段之前及本程序段中没有 F 指令，则机床不运动。因此，首次出现 G01 的程序中必须含有 F 指令。

例 2.1：如图 2.17 所示，应用 G00 和 G01 指令对工件进行 $A \rightarrow B \rightarrow C$ 精车编程。

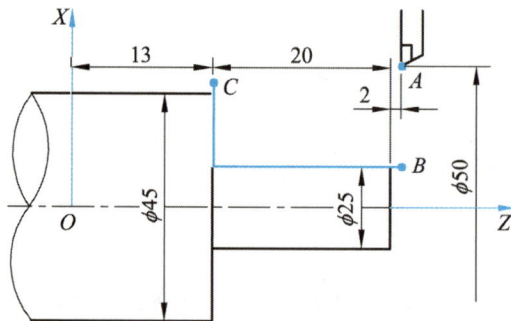

图 2.17　G00 和 G01 指令编程

两种编程方式如下：

绝对值编程	增量值编程	程序说明
O0001；	O0001；	程序名
M03 S800 T0101；	M03 S800 T0101；	建立工件坐标系，主轴正转启动
G00 X25；	G00 X25；	$A{\rightarrow}B$ 快进
G01 Z13 F0.1；	G01 W−22 F0.1；	外圆直线切削
X48；	U23；	端面直线切削至工件外 C 点
G00 X50 Z35；	G00 U2 W22；	快退回到 A
M05；	M05；	主轴停转
M30；	M30；	程序结束，返回到程序开头

注：工件轮廓切入点 B 和切出点 C 都设在工件外 2~5 mm 处。其目的是避免进刀和退刀时在工件表面产生刀痕。

（三）圆弧插补（G02/G03）

G02 顺时针方向插补圆弧，G03 逆时针方向插补圆弧。

圆弧顺逆方向的判断方法是：沿垂直于圆弧所在平面（XZ 面）的另一轴负方向（−Y 向）看去，顺时针圆弧为 G02，逆时针圆弧为 G03。应用以上判断方法，前置刀架机床中圆弧顺逆方向如图 2.18（a）所示，后置刀架机床中圆弧顺逆方向如图 2.18（b）所示。

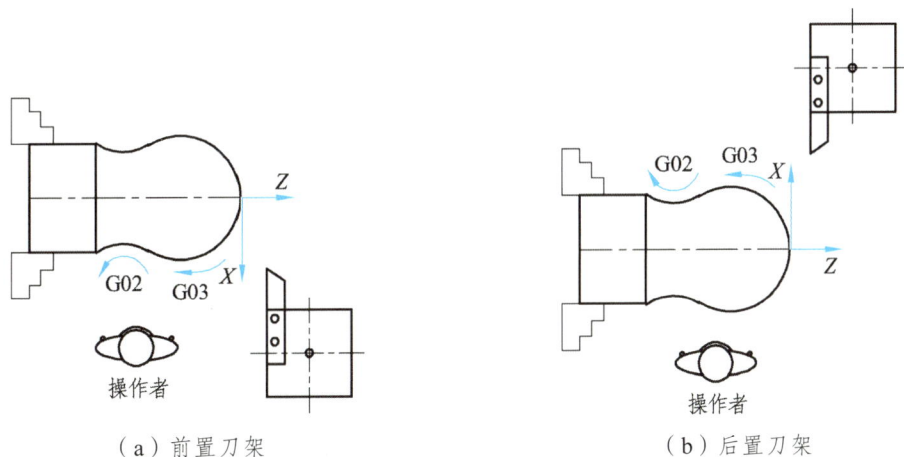

（a）前置刀架　　　　　　　　　（b）后置刀架

图 2.18　圆弧顺逆方向判断

1. 用圆弧半径 R 编程

编程格式：

G02/G03 X（U）~Z（W）~R~F~；

其中　X、Z ——圆弧终点的绝对坐标，X 是直径值；

　　　U、W——圆弧终点相对于圆弧起点的增量坐标，U 是直径增量；

　　　F——进给量；

　　　R——圆弧半径。

如图 2.19 所示，在同一半径 R、同一顺逆方向情况下，从圆弧起点 A 到终点 B 有两种圆弧的可能性。为区分两者，规定圆心角 $\alpha \leqslant 180°$ 时用"R+"表示，如图中圆弧 1 所示；圆心角 $\alpha > 180°$ 时，用"R−"表示，如图中圆弧 2 所示。

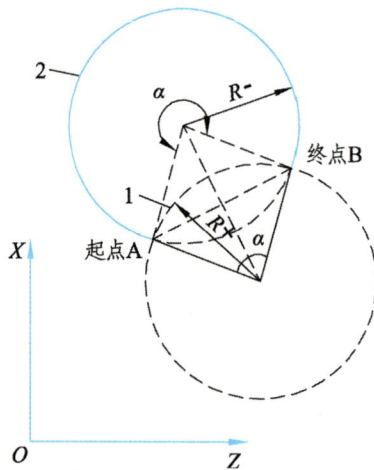

图 2.19　圆弧插补编程时 $R\pm$ 的区别

2. 用 I、K 指定圆心位置编程

编程格式：

G02/G03 X（U）～Z（W）～I～K～F～；

其中　X、Z、U、W、F 含义同上；

　　I、K——圆心相对于起点在 X、Z 向的增量，有正值和负值。

说明：

整圆不能用半径 R 编程，只能用 I、K 指定圆心位置编程。

例 2.2：如图 2.20 所示，按给定的坐标系编制两段圆弧轮廓车削程序。

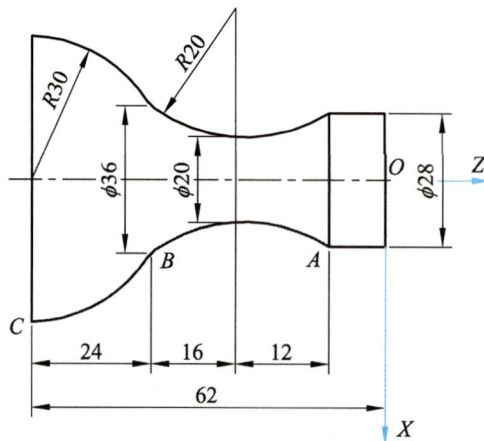

图 2.20　圆弧轮廓加工

两种编程方式如下：

编程方式	指定半径 R	指定圆心 I、K
绝对编程方式	AB：G02 X36 Z−38 R20 F0.1； BC：G03 X60 Z−62 R30 F0.1；	AB：G02 X36 Z−38 I16 K−12 F0.1； BC：G03 X60 Z−62 I−18 K−24 F0.1；
增量编程方式	AB：G02 U8 W−28 R20 F0.1； BC：G03 U24 W−24 R30 F0.1；	AB：G02 U8 W−28 I16 K−12 F0.1； BC：G03 U24 W−24 I−18 K−24 F0.1；

注：无论是绝对还是增量编程方式，I、K 都为圆心相对于圆弧起点的坐标增量。

（四）暂停延时（G04）

G04 指令是非模态代码，单独成一行。其功能是使刀具做短时间的无进给停顿，起打磨抛光作用。

编程格式：

G04 X ~ ；（单位：s）；如 G04 X1.2；延时 1.2 秒；

G04 U ~ ；（单位：s）；G04 U1.5；延时 1.5 秒；

或

G04 P ~ ；（单位：ms）；G04 P1000；延时 1000 毫秒。

说明：

（1）X、U 指定时间，允许有小数点；P 指定时间，不允许有小数点。

（2）执行该指令时机床进给运动暂停，暂停时间一到，继续运行下一段程序。

（3）应用于钻孔、切槽等场合，在孔底或槽底延时暂停可得到准确的尺寸精度和光滑的加工表面。

（五）单一车削循环指令

对于加工余量较大的毛坯，如果采用前面介绍的基本指令进行车削编程，不但编程工作量大，而且程序将很长，过于烦琐。为此，可采用车削循环指令来简化编程，缩短编程时间，并使程序简短清晰。车削循环指令包括单一循环和复合循环两类指令。

单一循环指令可以将一系列连续加工动作用一个循环指令完成，从而简化程序。

1. 外径/内径车削循环（G90）

G90 指令主要用于圆柱面或圆锥面的车削循环。

圆柱面车削循环如图 2.21 所示，圆锥面车削循环如图 2.22 所示，单一循环均包含 4 个动作过程。加工顺序按 1→2→3→4 进行，其中：1——从循环起点快进到切削起点；2——从切削起点工进到切削终点；3——从切削终点工退到退刀点；4——从退刀点快退回循环起点。

1）圆柱面车削循环

编程格式：

G90 X（U）~ Z（W）~ F ~ ；

其中　X、Z ——切削终点的绝对坐标值；

　　　U、W——切削终点相对循环起点的增量值；

　　　F——切削进给量，mm/r。

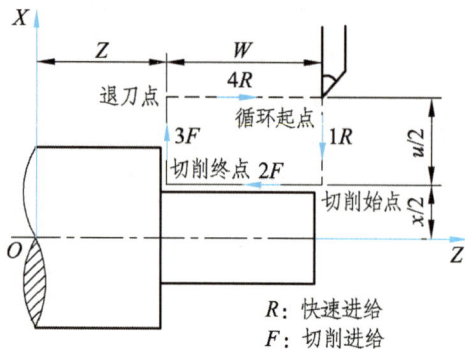

图 2.21　圆柱面车削循环

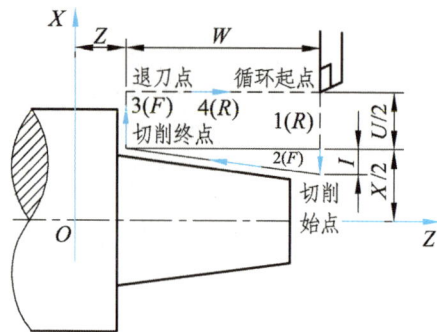

图 2.22　圆锥面车削循环

例 2.3：应用 G90 圆柱面车削循环功能加工如图 2.23 所示零件。

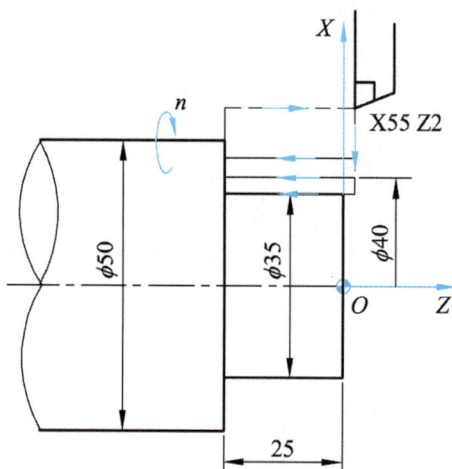

图 2.23　G90 圆柱面车削循环

程序如下：

程　　序	程序说明
O0002；	程序名
N10　M03 S1000 T010；	选择刀具，主轴启动
N30　G00 X55 Z2；	快速定位到循环起点
N40　G90 X45 Z-25 F0.2；	第一次车削循环，背吃刀量 2.5 mm
N50　X40；	第二次车削循环，背吃刀量 2.5 mm
N60　X35；	第三次车削循环，背吃刀量 2.5 mm
N70　G00 X200 Z200；	取消 G90，退回起刀点
N80　M05；	主轴停转，冷却液关闭
N90　M30；	程序结束

注意：N40 程序段中，可采用（X45 Z-25）绝对值编程，也可采用（U-10 W-27）增量值编程，或者混合使用。

2）圆锥面车削循环

编程格式：

G90 X（U）~ Z（W）~ I~ F~ ；

其中　X、Z、U、W 含义与上相同；

I——切削起点相对于切削终点的半径差，即 $I = R_{起点} - R_{终点}$。如果切削起点 R 值小于切削终点的 R 值，I 值为负，反之为正。

例 2.4：应用 G90 圆锥面车削循环功能加工如图 2.24 所示零件。

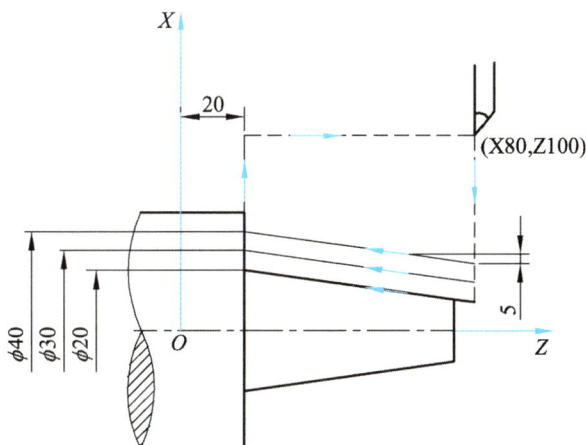

图 2.24　G90 圆锥面车削循环

程序如下：

O0003；
M03 S1000 T0101；
G00 X80.0Z100.0；
G90 X40.0 Z20.0 I-5.0F0.2；
X30.0；
X20.0；
G00 X100.0 Z100.0；
M05；
M30；

说明：G90 指令及指令中各参数均为模态值，一经指定就一直有效。在切削循环完成后，可用 G00/G01/G02/G03 等指令取消其作用。

2. 端面车削循环（G94）

G94 指令主要用于工件直端面或锥端面的车削循环。直端面车削循环如图 2.25 所示，锥端面车削循环如图 2.26 所示。

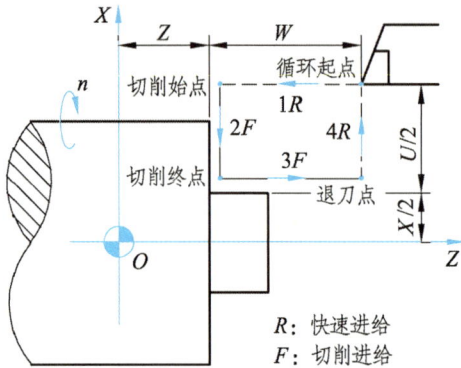

R：快速进给
F：切削进给

图 2.25　直端面切削循环

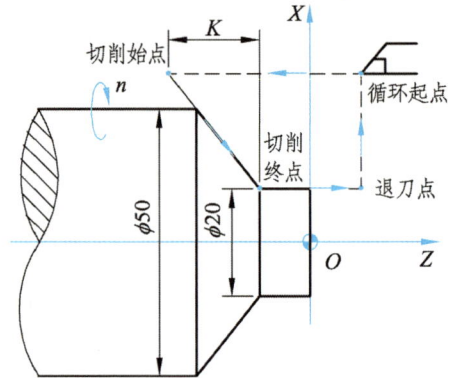

图 2.26　锥端面车削循环

1）直端面车削循环

编程格式：

G94 X（U）~ Z（W）~ F~ ；

其中　X、Z ——端面切削终点的绝对坐标值；

　　　U、W——端面切削终点相对于循环起点的增量坐标值；

　　　F——切削进给量，mm/r。

2）锥端面车削循环

编程格式：

G94 X（U）~ Z（W）~ K~ F~ ；

其中　X、Z、U、W 含义与上同；

　　　K——端面切削起点相对于终点在 Z 轴方向的坐标增量，即 $K=Z_{起点}-Z_{终点}$。当起点 Z 方向坐标小于终点 Z 方向坐标时，K 为负；反之为正。

说明：G94 与 G90 循环的最大区别是：G94 第一步先走 Z 轴，而 G90 则是先走 X 轴。

【任务实施】

根据图 2.11 的零件特点，编制的程序如下：

序号	程序	程序说明
N10	O0005； M03 S600 T0101；	程序名 调 1 号粗车刀，主轴正转为 600 r/min
N20	G00 X45 Z2；	刀具快速定位
N30	G90 X41 Z-65 F0.2；	G90 粗车台阶
N40	X36 Z-52；	
N50	X32 Z-51；	
N60	X29 Z-20；	
N70	G00 X36 Z-20；	

续表

序号	程序	程序说明
N80	G90 X32 Z-40 I-1.5 F0.2；	粗车锥面
N90	G00 Z2；	
N100	G01 X0 Z4 F0.2；	
N110	G03 X36 Z-14 R18 F0.1；	
N120	G00 Z2；	
N130	G01 X0 F0.2；	
N140	G03 X32 Z-14 R16 F0.1；	分三层粗车球头，半径依次为 18、16、14.5
N150	G00 Z2；	
N160	G01 X0 Z0.5 F0.2；	
N170	G03 X29 Z-14 R14.5 F0.1；	
N180	G00 X100 Z100 M05 T0100	
N190	M03 S1000 T0202；	调 2 号精车刀，主轴正转为 1000 r/min
N200	G00 X46 Z2；	刀具快速定位
N210	X0；	精加工轮廓起始点
N220	G01 Z0 F0.1；	
N230	G03 X28 Z-14 R14；	车 R14 圆弧
N240	G01 Z-20 F0.2；	直线插补进给
N250	X31 Z-40；	车锥面
N260	Z-51；	
N270	G02 X39 Z-55 R4；	车 R4 圆弧
N280	G01 X40；	车 ϕ40 圆柱面
N290	Z-65；	
N300	G00 X100 Z100 T0200 M05；	快速退刀至起刀点
N310	M03 S300 T0303	调 2 号切断刀，主轴正转为 300 r/min
N320	G00 X45 Z-68	工件长 65 mm，根据对刀刀位点，加上刀宽 3 mm
N330	G01 X0 F0.05	
N340	G04 X5	暂停 5 s
N350	G00 X100 Z100 T0300 M05；	
N360	M30；	程序结束并返回起始

【知识拓展】

数控车床加工程序不仅包括零件的工艺过程，而且还包括进给路线、刀具尺寸、切削用量以及车床的运动过程。因此，要求编程人员对数控车床的性能、特点、运动方式、刀具系统、切削规范以及工件的装夹方式都要非常熟悉。工艺方案的好坏不仅会影响车床效率的发挥，而且将直接影响零件的加工质量。

加工路线是刀具在整个加工过程中相对于零件的运动轨迹。它是编写程序的主要依据。加工路线的确定原则如下：首先按已定工步顺序确定各表面加工进给路线的顺序，所定进给路线应能保证工件轮廓表面加工后的精度和粗糙度要求；同时兼顾寻求最短加工路线（包括空行程路线和切削进给路线），减少行走时间以提高加工效率；要选择工件在加工时变形小的路线，对横截面积小的细长零件或薄壁零件应采用分几次走刀加工到最后尺寸或对称去余量法安排进给路线。

一、粗加工进给路线的确定

（一）常用的粗加工进给路线

常用的粗加工进给路线如图 2.27 所示。在同等条件下，矩形循环进给路线的走刀长度最短，切削效率高，刀具磨损小，但精车余量不均，对于精度要求高的零件需要安排半精车加工。

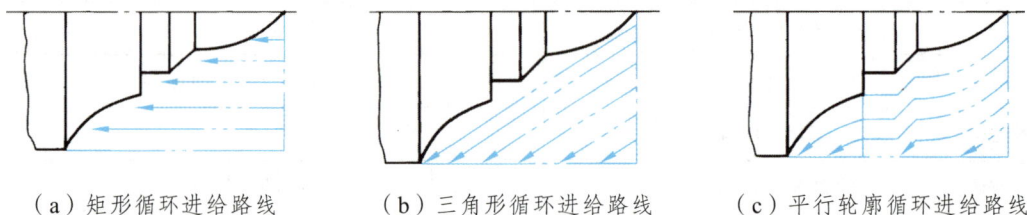

（a）矩形循环进给路线　　　　（b）三角形循环进给路线　　　　（c）平行轮廓循环进给路线

图 2.27　粗加工循环进给路线

（二）大余量毛坯的粗加工进给路线

大余量毛坯的粗加工进给路线如图 2.28 所示。图 2.28（a）为错误的切削路线，切削后余量不均匀；图 2.28（b）为正确的切削路线，每次切削所留余量均匀相等。

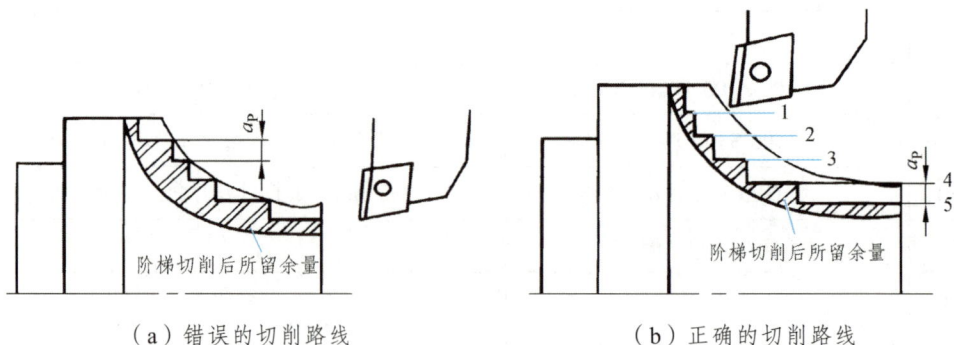

（a）错误的切削路线　　　　　　（b）正确的切削路线

图 2.28　大余量毛坯的粗加工进给路线

（三）圆弧粗加工进给路线的确定

圆弧粗加工与外圆、锥面的粗加工不同。如图 2.29 所示，$\overset{\frown}{AB}$ 圆弧曲线加工的切削用量不均匀，背吃刀量是变化的，最大处背吃刀量 AC 过大时，容易导致刀具损坏，所以，在粗加工中一般要考虑加工路线和切削方法。基本原则是在保证背吃刀量尽可能均匀的情况下，减少走刀次数及空行程。根据凸凹面的不同选择的加工方法也不同。

1. 凸圆弧表面粗加工

圆弧表面为凸表面时，常用的两种加工方法如图 2.29 所示。

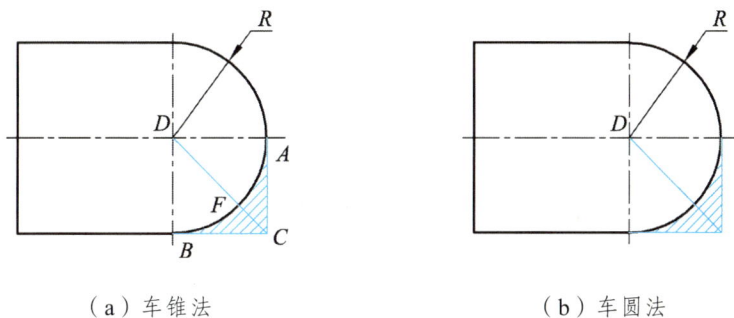

（a）车锥法　　　　　　　　　　　（b）车圆法

图 2.29　凸圆弧表面粗车方法

1）车锥法（斜线法）

车锥法就是用车圆锥的方法切除圆弧毛坯余量。加工路线不能超过 A、B 两点的连线（与轮廓线留有余量），否则会伤到圆弧的表面。车锥法一般适用于圆心角小于 90°的圆弧车削。

2）车圆法（同心圆法）

车圆法是用不同的半径切除毛坯余量。此方法车削空行程时间相对较长。车圆法适用于圆心角大于 90°的圆弧粗车。

2. 凹圆弧表面粗加工

当圆弧表面为凹表面时，常用加工方法有 4 种，如图 2.30 所示。

（1）等径圆弧形式（等径不同心）：计算和编程简单，但走刀路线较其他几种方式长。

（2）同心圆弧形式（同心不等径）：走刀路线短，且精车余量最均匀。

（3）梯形形式：切削力分布合理，切削率最高。

（4）三角形形式：走刀路线较同心圆弧形式长，但比梯形、等径圆弧形式短。

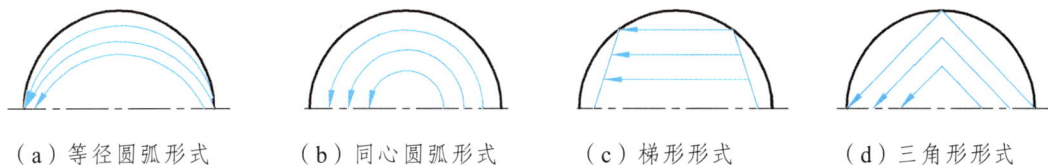

（a）等径圆弧形式　　（b）同心圆弧形式　　（c）梯形形式　　（d）三角形形式

图 2.30　凹圆弧表面粗车方法

二、精加工进给路线的确定

（一）完工轮廓的进给路线

零件的完工轮廓应由最后一刀连续加工而成，尽量不要在连续的轮廓中安排切入切出或换刀及停顿，以免因切削力突然变化而造成弹性变形，致使光滑连接轮廓上产生表面划伤、形状突变或滞留刀痕等缺陷。

（二）换刀加工时的进给路线

换刀加工时的进给路线主要根据工步顺序要求确定各刀加工的先后顺序及各刀进给路线的衔接。

（三）切入、切出及接刀点位置的选择

切入、切出及接刀点的位置应选在有空刀槽或表面间有拐点、转角的位置。

（四）各部位精度要求不一致的精加工进给路线

若各部位精度相差不是很大时，应以最严的精度为准，连续走刀加工所有部位。若精度相差很大，则精度接近的表面安排在同一把刀走刀路线内加工，并先加工精度较低的部位，最后再单独安排精度高的部位的走刀路线。

三、最短空行程进给路线的确定

（一）巧用起刀点

图 2.31 所示为循环粗车加工的示例，A 为起刀点（位置设定考虑方便精车换刀）。

图 2.31（a）的走刀路线是：第一刀 $A \rightarrow B \rightarrow C \rightarrow D \rightarrow A$；第二刀 $A \rightarrow E \rightarrow F \rightarrow G \rightarrow A$；第三刀 $A \rightarrow H \rightarrow I \rightarrow J \rightarrow A$。

图 2.31（b）的走刀路线是：第一刀 $A \rightarrow B \rightarrow C \rightarrow D \rightarrow E \rightarrow B$；第二刀 $B \rightarrow F \rightarrow G \rightarrow H \rightarrow B$；第三刀 $B \rightarrow I \rightarrow J \rightarrow K \rightarrow B$。

显而易见，图 2.31（b）的走刀路线更短。

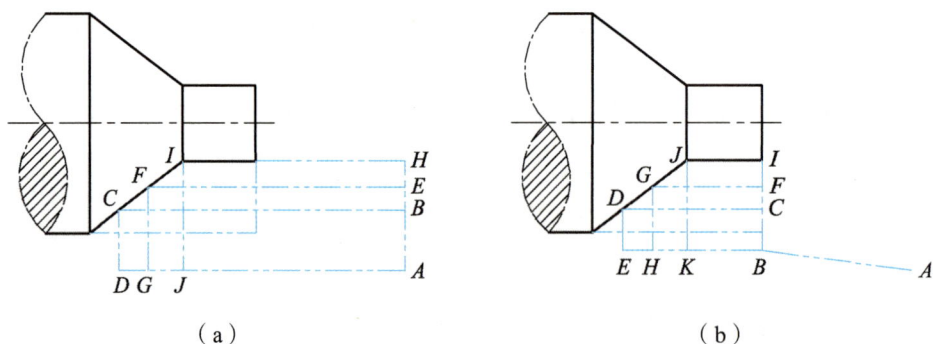

（a）　　　　　　　　　　　　（b）

图 2.31　巧用起刀点

（二）合理安排"回参"路线

在安排"回参"路线时，应使其前一刀终点与后一刀起点间的距离尽量减短，或者为零，即可满足进给路线为最短的要求。另外，在不发生加工干涉现象的前提下，应尽量采用 X、Z 坐标轴双向同时"回参"指令，该指令功能的"回参"路线将是最短的。

【同步训练】

1. 编写如图 2.32 所示零件的加工程序。毛坯尺寸为 ϕ30 mm×40 mm 的棒料，材料为 45#钢。

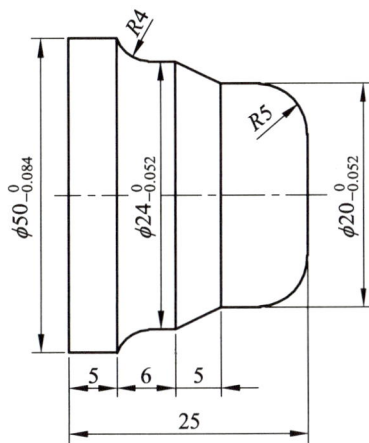

图 2.32　台阶轴 1

2. 编写如图 2.33 所示零件的加工程序。毛坯尺寸为 ϕ35 mm×40 mm 的棒料，材料为 45#钢。

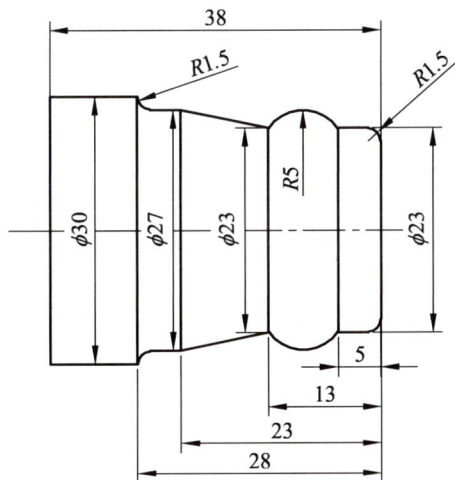

图 2.33　台阶轴 2

任务三 螺纹编程指令的使用

【任务描述】

试用所学知识正确地编制如图 2.34 所示零件的精加工程序。材料为 45 # 钢，该零件的毛坯尺寸为 ϕ40 mm×100 mm。

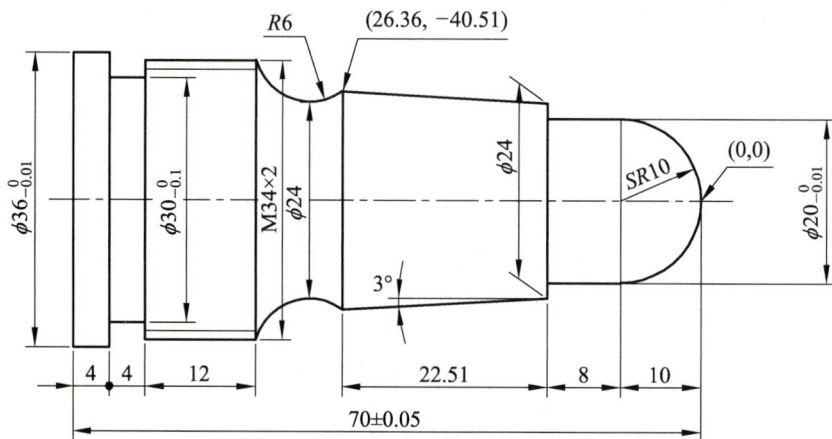

图 2.34 螺纹轴实例

【相关知识】

一、螺纹切削（G32）

G32 指令是非模态代码，可车削圆柱螺纹或圆锥螺纹。

编程格式：

G32 Z（W）~F~；直圆柱螺纹切削

G32 X（U）~Z（W）~F~；圆锥螺纹切削

G32 X（U）~F~；端面螺纹切削

其中　　X、Z——螺纹切削终点的绝对坐标值，X 为直径值；

　　　　U、W——螺纹切削终点相对螺纹切削起点的增量坐标值，U 为直径值；

　　　　F——螺纹导程。

说明：

（1）切削螺纹时，一定要用 G97 S~保证主轴转速不变。

（2）在车螺纹期间，进给速度倍率、主轴速度倍率无效（固定 100%）。

（3）由于伺服系统本身具有滞后特性，螺纹切削会在起始段和停止段发生螺距不规则现象，故应考虑刀具的引入长度 δ_1 和引出长度 δ_2。

（4）G32 切削螺纹时，系统指定为"直进法"进行切削，无赶刀量。用户需要指定赶刀量时，可以修正每层螺纹起点的 Z 坐标值。

例 2.5：试编写如图 2.35 所示圆柱螺纹的加工程序。已知螺纹导程 4 mm，升速进刀段

δ_1=3 mm，降速退刀段 δ_2=1.5 mm，螺纹深度为 2.165 mm。

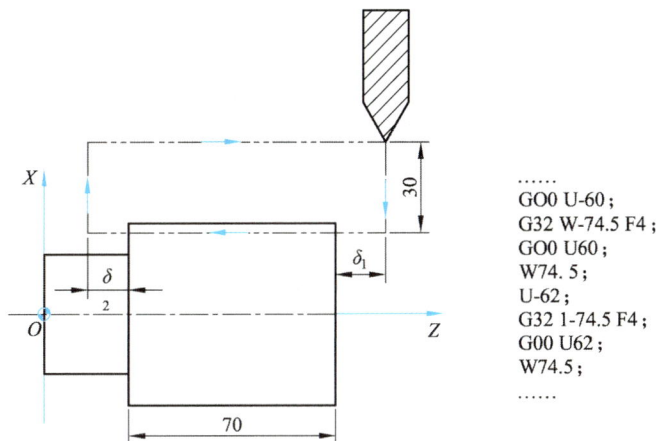

```
......
G00 U-60 ;
G32 W-74.5 F4 ;
G00 U60 ;
W74. 5 ;
U-62 ;
G32 1-74.5 F4 ;
G00 U62 ;
W74.5 ;
......
```

图 2.35　圆柱螺纹切削

二、螺纹车削循环（G92）

G92 指令用于圆柱或圆锥螺纹的车削。其循环路线与 G90 外径/内径车削循环相似，主要区别在于：第 2 步工进过程中 G90 循环采用直线切削（G01），而 G92 循环采用螺纹切削（G32）。

编程格式：

G92 X（U）~ Z（W）~ I~ F~ ；

其中　X、Z——螺纹切削终点的绝对坐标值；

U、W——螺纹切削终点相对螺纹切削起点的增量坐标值；

I——螺纹切削起点与切削终点的半径差，即 $I=R_{起点}-R_{终点}$。加工圆柱螺纹时，I=0，可省略；加工圆锥螺纹时，当 X 向切削起点坐标小于切削终点坐标时，I 为负，反之为正；

F——螺纹导程。

例 2.6：如图 2.36 所示，假设零件其他部分已经加工完毕，三角圆锥螺纹是需要加工的部分。试用 G92 指令编制该螺纹的加工程序。

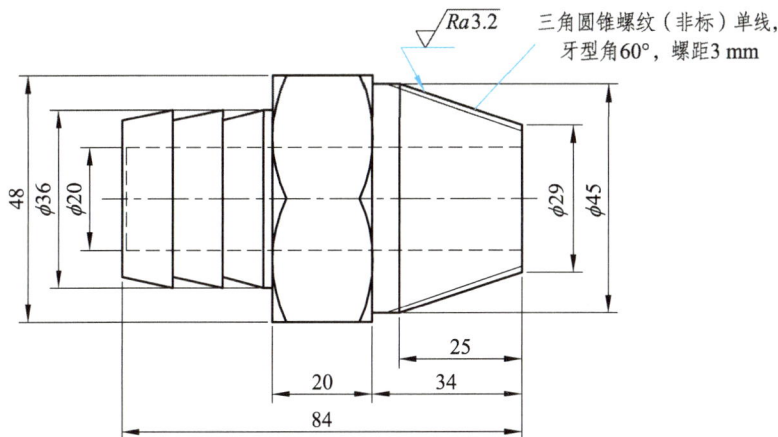

图 2.36　圆锥螺纹加工

（一）确定切削用量

1. 背吃刀量

常用公制螺纹切削进给次数与背吃刀量如表 2.6 所示。

已知螺距 P=3 mm，查表 2.6 得双边切深为 3.9 mm，分七刀切削，分别为 1.2 mm、0.7 mm、0.6 mm、0.4 mm、0.4 mm、0.4 mm 和 0.2 mm。

2. 主轴转速

$n \leqslant 1200/P - K = (1200/3 - 80)$ r/min $= 320$ r/min，取 $n = 300$ r/min，K 为保险系数，一般取 80。

3. 进给量

$f = P = 3$ mm/r 。

表 2.6 常用公制螺纹切削进给次数与背吃刀量（双边） 单位：mm

单边牙深：0.6495P（P 为螺纹螺距）							
螺　距	1.0	1.5	2.0	2.5	3.0	3.5	4.0
单边牙深	0.649	0.975	1.299	1.625	1.949	2.275	2.598
双边切深	1.3	1.95	2.6	3.25	3.9	4.55	5.2
背吃刀量和切削次数　1　次	0.7	0.8	0.9	1.0	1.2	1.5	1.5
2　次	0.4	0.6	0.6	0.7	0.7	0.7	0.8
3　次	0.2	0.4	0.6	0.6	0.6	0.6	0.6
4　次		0.16	0.4	0.4	0.4	0.6	0.6
5　次			0.1	0.4	0.4	0.4	0.4
6　次				0.15	0.4	0.4	0.4
7　次					0.2	0.2	0.4
8　次						0.15	0.3
9　次							0.2

（二）程序编制

序号	程　序	程序说明
	O0006	程序名
N10	M03 S300;	主轴正转，转速为 300 r/min
N20	T0303;	换 3 号 60°螺纹车刀并调用刀补
N30	M08;	冷却液打开
N40	G00 X60.0 Z8.0;	快进到螺纹循环起点
N50	G92 X43.8 Z-25.0 I-10.56 F3.0;	螺纹车削循环，注意其中的 I 值计算

续表

序号	程　序	程序说明
N60	X43.1;	
N70	X42.5;	
N80	X42.1;	
N90	X41.7;	
N100	X41.3;	
N110	X41.1;	
N120	G00 X150.0 Z100.0;	快速退刀
N130	M09;	冷却液关闭
N140	M05 T0300;	主轴停转，取消 3 号刀补
N150	M30;	程序结束

三、螺纹车削复合循环（G76）

G76 指令主要用于大螺距、大背吃刀量、大截面螺纹的车削加工，如梯形螺纹、蜗杆等，系统采用"斜向赶刀法"进行车削。编程时只需在程序中指定一次 G76，并在指令中定义好有关参数，则可自动进行多次车削循环。G76 螺纹车削循环走刀轨迹及参数定义如图 2.37 所示。

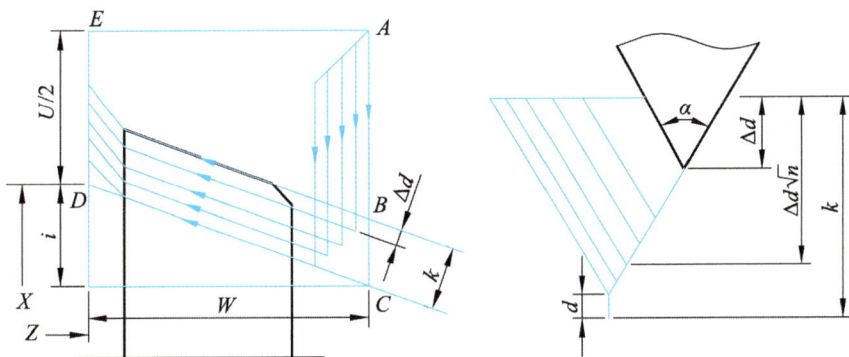

图 2.37　G76 螺纹车削循环

编程格式：

G76 P(m) (r) (α) Q($\Delta d_{\min}$) R(d);

G76 X(U) Z(W) R(I) F(f) P(k) Q(Δd);

其中　m——精车循环次数，$01 \sim 99$；

　　　r——螺纹末端倒角量，$00 \sim 99$；

　　　α——刀具角度；m、r、α 都必须用两位数表示；

　　　$\Delta d_{\min}$——最小背吃刀量（半径值），车削过程中每次背吃刀量 $\Delta d = \Delta d(\sqrt{n} - \sqrt{n-1})$，

　　　　　　n 为循环次数；

　　　d——精车余量（直径值）；

X(*U*)、Z(*W*)——螺纹终点坐标，X 即螺纹小径，Z 即螺纹长度；

I——螺纹锥度，即螺纹切削起点与切削终点的半径之差。加工圆柱螺纹时，*I*=0；

f——螺纹导程；

k——螺牙高度（半径值）；

Δ*d*——第一次背吃刀量（半径值）。

例 2.7：试编写图 2.38 所示圆柱螺纹的加工程序，螺距为 6 mm。

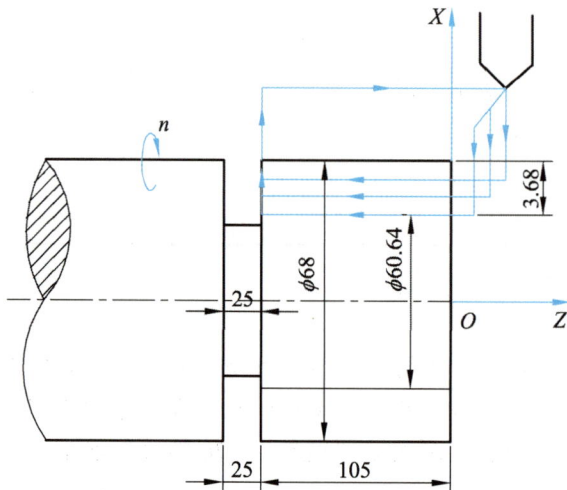

图 2.38　G76 螺纹车削复合循环指令应用

示例如下：

G00 X69.0 Z6.0

G76 P021260 Q0.1 R0.4；

G76 X60.64 Z-110 R0 F6 P3.68 Q1.8；

……

【任务实施】

图 2.34 所示的精加工程序如下：

序号	程序	程序说明
	O0007；	程序名
N05	M03 S1200；	主轴正转，转速为 1200 r/min
N10	T0101；	选 1 号精车刀，建立 1 号刀补
N15	G00 X40.0 Z2.0；	刀具快速定位
N20	G01 G42 X-1.6 F0.1；	建立刀尖圆弧半径补偿，刀尖半径 0.8
N25	G01 X0 Z0；	靠刀
N30	G03 X20.0 Z-10.0 R10.0；	加工 SR10 mm 球头
N35	G01 Z-18.0；	加工 ϕ20 mm 外圆
N40	X24.0；	加工端面

续表

序号	程序	程序说明
N45	X26.36 Z-40.51；	加工圆锥面
N50	G02 X33.80 Z-49.982 R6.0；	加工 6 mm 圆弧
N55	G01 Z-66.0；	加工 M34 螺纹牙顶圆
N60	X36.0；	加工端面
N65	Z-70.0；	加工 ϕ36 mm 外圆
N70	G00 X100.0 Z100.0；	快速退刀至安全换刀点
N75	T0100；	取消 1 号刀补
N80	M03 S400；	主轴正转，转速为 400 r/min，用于切槽
N85	T0202；	换 2 号切槽刀，建立 2 号刀补
N90	G00 X38.0 Z-66；	切槽刀左刀尖定位
N95	G01 X30.0 F0.15；	加工螺纹退刀槽
N100	G04 X1.0；	在槽底暂停 1 s
N105	G01 X38.0；	径向切出退刀
N110	G00 X100.0 Z100.0；	快速退刀至安全换刀点
N115	M05；	主轴停止
N120	T0200；	取消 2 号刀补
N125	M03 S600；	主轴正转，转速为 600 r/min，用于加工螺纹
N130	T0303；	换 3 号螺纹车刀，建立 3 号刀补
N135	G00 X35.0 Z-48.0；	螺纹车刀定位到循环起点
N140	G92 X33.1 Z-64.0 F2.0；	五次下刀循环，加工 M34×2 至要求尺寸
N145	X32.5；	
N150	X31.9；	
N155	X31.5；	
N160	X31.4；	
N165	G00 X100.0 Z100.0；	快速退刀至安全换刀点
N170	M05；	主轴停止
N175	T0300；	取消 3 号刀补
N180	M03 S300；	主轴正转，转速为 400 r/min，用于切断
N185	T0404；	换 4 号切断刀，建立 4 号刀补
N190	G00 X42.0 Z-74；	切断刀左刀尖定位
N195	G01 X-1.0 F0.05；	工件切断
N200	G00 X50.0；	径向退刀
N205	X100.0 Z100.0；	快速退刀至安全换刀点
N210	T0404；	取消 4 号刀补
N215	M05；	主轴停止
N220	M30；	程序结束并返回起始

【知识拓展】

数控机床主要控制的是刀具位置。数控编程主要内容之一就是把加工过程中刀具移动的位置按一定顺序和方式编写成加工程序。刀具移动位置是按照已经确定的加工路线和允许的加工误差计算出来的。这个计算工作称为数控编程中的数值计算。它是编程前的一个关键性环节。数值计算主要包括以下内容。

一、基点坐标计算

基点就是构成零件轮廓的各相邻几何元素之间的交点或切点。如两直线的交点、直线与圆弧或圆弧与圆弧间的交点或切点、圆弧与二次曲线的交点或切点等等，均属基点。显然，相邻基点间只有一个几何元素。一般来说，基点的坐标值利用一般的解析几何或三角函数关系不难求得。

例 2.8：图 2.39（a）所示零件中，A、B、C、D、E、F 为基点。A、B、C 点分别与 F、E、D 点对称，只要求出 A、B、C 点坐标即可知道 D、E、F 点的坐标。A 点是 $R75$ 圆弧与直线的切点，B 点是 $R56$ 圆弧与直线的切点，C 点是 $R56$ 圆弧与 $R60$ 圆弧的切点。以 O 为工件坐标系原点，作适当辅助线求解，如图 2.39（b）所示。

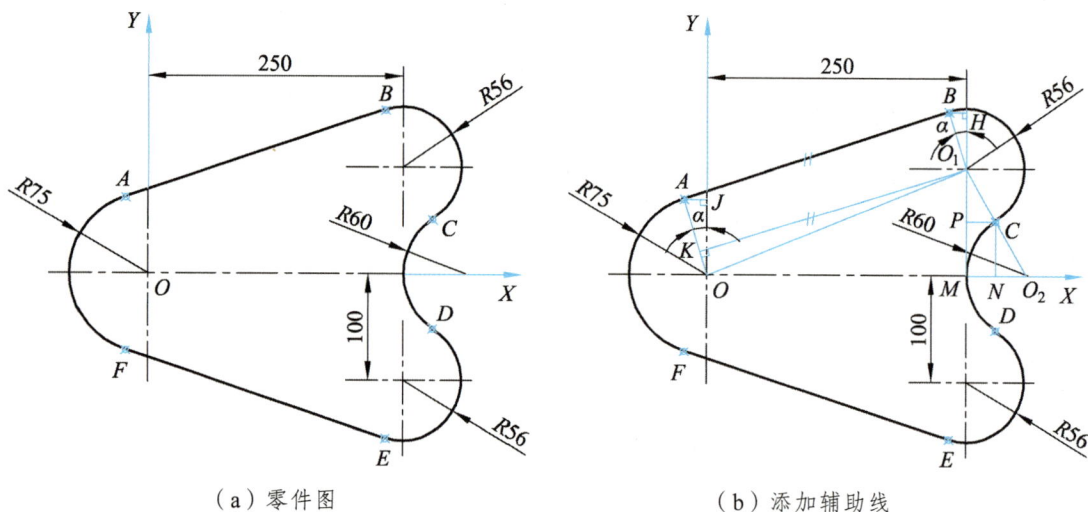

（a）零件图　　　　　　　　　　（b）添加辅助线

图 2.39　零件图样

解：

（1）求 A 点坐标。

在直角 $\triangle OO_1M$ 中：

$$OO_1=\sqrt{OM^2-O_1M^2}=\sqrt{250^2+100^2}=269.2582$$

$$\tan\angle OO_1M=\frac{OM}{O_1M}=\frac{250}{100}=2.5$$

查表得：$\angle OO_1M=68°11'55''$

因为 $\angle OO_1M = \angle JOO_1$，所以 $\angle JOO_1 = 68°11'55''$

在直角 $\triangle KOO_1$ 中：

$$OO_1 = 269.2582$$

$$KO = OA - O_1B = 75 - 56 = 19$$

$$\cos\angle KOO_1 = \frac{KO}{OO_1} = \frac{19}{269.2582} = 0.0706$$

查表得：$\angle KOO_1 = 85°57'13''$

$$\angle \alpha = \angle KOO_1 - \angle JOO_1 = 85°57'13'' - 68°11'55'' = 17°45'18''$$

在直角 $\triangle OAJ$ 中：

$$AJ = OA \times \sin\alpha = 75\sin\alpha = 22.8711$$

$$OJ = OA \times \cos\alpha = 75\cos\alpha = 71.4277$$

得 A 点坐标（-22.8711，71.4277）

（2）求 B 点坐标。

因为：$\triangle AOJ \backsim \triangle BO_1H$

在直角 $\triangle BO_1H$ 中：

$$BH = BO_1 \times \sin\alpha = 56\sin\alpha = 17.0771$$

$$O_1H = BO_1 \times \cos\alpha = 56\cos\alpha = 53.3327$$

所以：$XB = OM - BH = 250 - 17.077\ 1 = 232.9229$

$$YB = MO_1 + O_1H = 100 + 53.3327$$

得 B 点坐标（232.922 9，153.3327）

（3）求 C 点坐标。

因为：$\triangle O_2O_1M \backsim \triangle O_2CN$

所以：$\dfrac{CN}{O_1M} = \dfrac{O_2C}{O_1O_2}$，则有 $CN = \dfrac{O_2C}{O_1O_2} \times O_1M = \dfrac{60}{116} \times 100 = 51.724$

在直角 $\triangle O_1O_2M$ 中：

$$MO_2 = \sqrt{O_1O_2{}^2 - O_1M^2} = \sqrt{116^2 - 100^2} = 58.7878$$

因为：$\triangle O_1MO_2 \backsim \triangle O_1PC$

所以：$\dfrac{PC}{MO_2} = \dfrac{O_1C}{O_1O_2}$，则有 $PC = \dfrac{O_1C}{O_1O_2} \times MO_2 = \dfrac{56}{116} \times 58.787\ 8 = 28.3803$

$$XC = OM + PC = 250 + 28.380\ 3 = 278.3803$$

$$YC = CN = 51.724$$

得 C 点坐标（278.3803，51.724）。

综上所述，基点计算采用了解析几何和三角函数相结合的方法。

二、节点坐标计算

数控系统一般只具备直线插补和圆弧插补功能。当零件的轮廓有非圆曲线，而数控系统又不具备该曲线的插补功能时，其数值计算就比较复杂。处理方法是，在满足允许的编程误差条件下，采用若干小直线段或圆弧段来逼近非圆曲线，逼近线段间的交点称为节点，如图 2.40所示。编程时，首先计算出节点的坐标值，再按相邻两节点间的直线段或圆弧段来编写程序。节点数目越多，程序段越多，加工精度越高，由直线逼近曲线产生的误差 δ 越小。逼近误差 δ 应小于或等于编程允差 $\delta_{允}$，即 $\delta \leqslant \delta_{允}$。考虑到工艺系统及计算误差的影响，$\delta_{允}$ 一般取零件公差的 1/5 ~ 1/10。

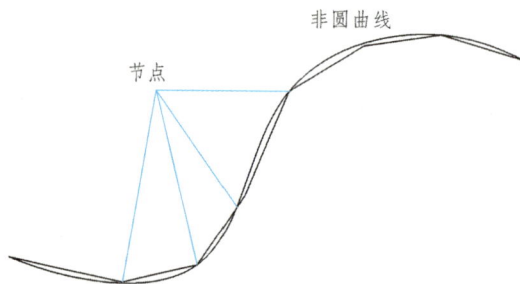

图 2.40 零件轮廓的节点

非圆曲线节点坐标的计算过程，一般采用计算机辅助完成，步骤如下：

（1）选择插补方式。首先应决定是采用直线段还是圆弧段或抛物线等二次曲线逼近非圆曲线。

（2）确定编程允许误差 $\delta_{允}$，保证逼近误差 $\delta \leqslant \delta_{允}$。

（3）确定节点计算方法。选择计算方法主要依据两方面考虑，一是尽可能按逼近误差相等的条件确定节点位置，以便最大限度地减少程序段数目；二是尽可能采用简便的算法，简化计算机编程，省时快捷。

（4）依据计算方法，画出计算机处理流程图。

（5）用高级语言编写程序，上机调试程序，获得节点坐标值。

用直线段逼近非圆曲线时，目前常用的节点计算方法有等间距法、等步长法、等误差法；采用圆弧段逼近非圆曲线有曲率圆法、三点圆法、相切圆法和双圆弧法。各种计算方法的原理和计算过程请参阅有关书籍，在此不再赘述。

三、刀位点轨迹计算

刀位点是刀具的基准点。不同类型刀具的刀位点不同。数控系统控制刀具的运动轨迹，准确地说是控制刀位点的运动轨迹。对于具有刀具偏置功能的机床，某些情况下粗加工轨迹没有采用刀具偏置功能，因此按零件轮廓编程时，往往要求计算出刀位点轨迹的坐标数据；对于没有刀具偏置功能的数控系统，应计算出相对于零件轮廓等距线的基点和节点的刀位点轨迹坐标。

四、辅助计算

辅助计算就是要进行辅助程序段的数值计算。辅助程序段是指刀具从起刀点到切入点或从切出点返回到起刀点的程序段。切入点的位置应尽量选在要加工部位的最高角点处,进刀时不易损坏刀具。切出点的位置应尽量避免刀具快速返回时发生干涉。零件进退刀要求沿辅助切线或辅助圆弧段切入切出。上述程序段坐标点的数值计算应在编写程序之前预先确定。

数控编程中的数值计算,对于直线和圆弧组成的零件轮廓采用手工计算,利用解析几何法、三角函数法可以求得坐标值,但计算过程比较麻烦。对于复杂的零件、非圆曲线、列表曲线等,为了提高工作效率,降低出错率,最有效的途径是采用计算机辅助设计(CAD)来完成坐标数据的计算,或直接采用自动编程。

【同步训练】

1. 编写如图 2.41 所示的螺纹练习件的加工程序,未注倒角 C1。

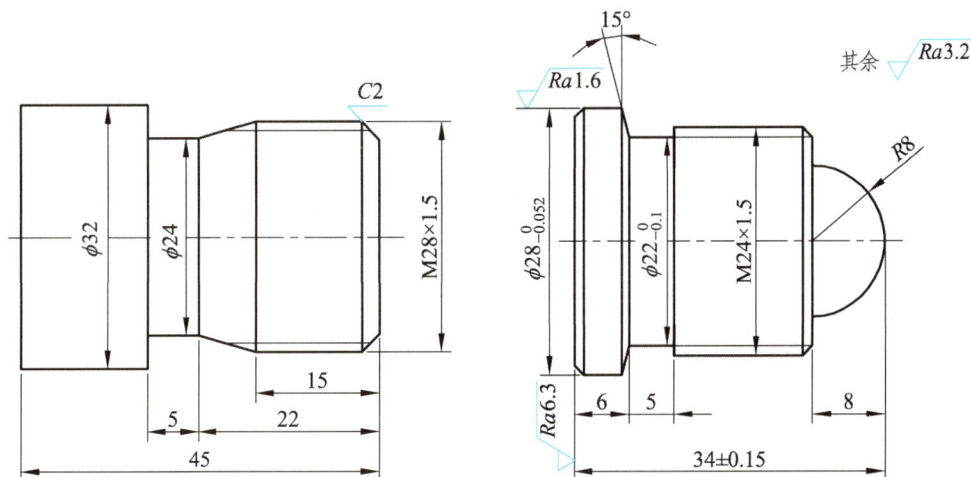

图 2.41　螺纹件练习 1

2. 编写如图 2.42 所示的螺纹练习件的加工程序,未注倒角 C2。

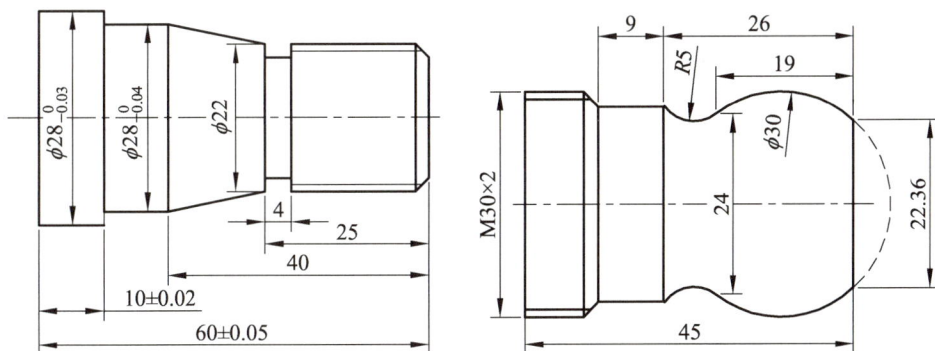

图 2.42　螺纹件练习 2

任务四　复合循环指令的使用

【任务描述】

利用所学知识编制如图 2.43 所示零件的加工程序。材料为 45 # 钢，该零件的毛坯尺寸为 $\phi35$ mm×100 mm。

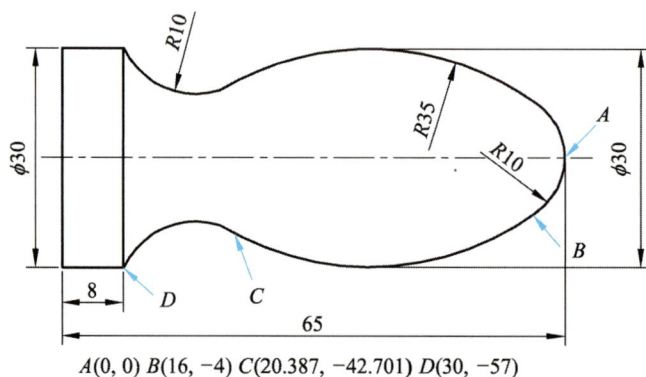

$A(0, 0)$ $B(16, -4)$ $C(20.387, -42.701)$ $D(30, -57)$

图 2.43　机床手柄实例

【相关知识】

复合车削循环通过定义零件加工的刀具轨迹来进行零件的粗车和精车。利用复合车削循环功能，只要编出最终精车路线，给出精车余量以及每次下刀的背吃刀量等参数，机床即可自动完成从粗加工到精加工的多次循环切削过程，直到加工完毕，大大提高编程效率。复合车削循环指令有 G71、G72、G73、G76、G70。该类指令应用于非一次走刀即能完成加工的场合。

一、外径粗车循环（G71）

G71 指令适用于圆柱毛坯料外径粗车和圆筒毛坯料内径粗车。其走刀轨迹如图 2.44 所示。

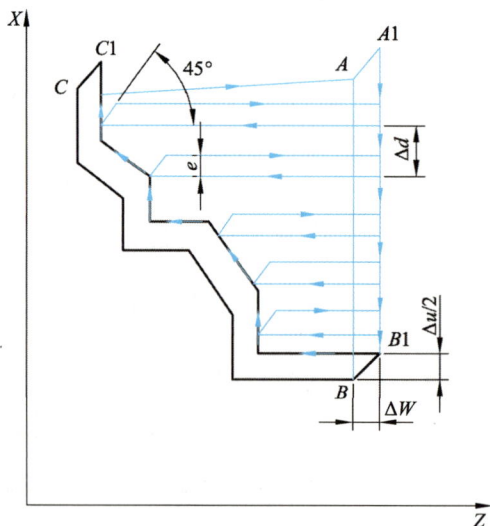

图 2.44　G71 指令外径粗车循环走刀轨迹

编程格式：

G71 U(Δd) R(e)；

G71 P(ns) Q(nf) U(Δu) W(Δw) F(f) S(s) T(t)；

N(ns) ……

……

N(nf) ……

其中　Δd——径向最大背吃刀量（半径值）；

e——退刀量（半径值），一般取 0.5～1 mm；

ns——精加工开始的程序段段号；

nf——精加工结束的程序段段号；

Δu——X 方向上的精加工余量（直径值），一般取 0.5 mm，加工内轮廓时，为负值；

Δw——Z 方向上的精加工余量，一般取 0.05～0.1 mm。

f、s、t——粗车循环的切削速度、主轴转速、刀具号。

说明：

（1）G71 后的 F、S、T 等功能会直接执行并生效；而 $ns \rightarrow nf$ 之间的程序段中的 F、S、T 功能，即使被指定也对粗车循环无效。

（2）零件轮廓必须符合 X 轴、Z 轴方向同时单调增大或单调减少。

（3）ns 程序段中刀具做直线运动，只能在 X 向移动，Z 向不能移动，如图 2.44 中 $A_1 \rightarrow B_1$ 所示。

二、精车循环（G70）

G70 指令用于 G71、G72、G73 粗加工后进行精加工。其走刀轨迹如图 2.44 中 $A \rightarrow B \rightarrow C$ 所示。

编程格式：

G70 P(ns) Q(nf)；

其中　ns、nf 含义同 G71。

例 2.9：如图 2.45 所示，已知毛坯棒料：$\phi 120$ mm × 200 mm。试采用 G71 和 G70 指令完成零件的粗精车加工程序。

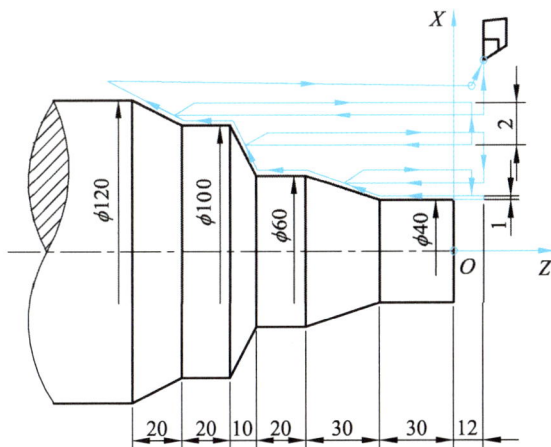

图 2.45　G71、G70 粗精车循环指令应用

序号	程序	程序说明
	O0008；	程序名
N10	M03 S800 T0101；	选择 1 号刀具，主轴正转，转速 800 r/min
N20	G00 X130.0 Z12.0；	快速定位到循环起点
N30	G71 U2.0 R0.5；	粗车循环，背吃刀量 2 mm，退刀量 0.5 mm
N40	G71 P60 Q130 U0.5 W0.1 F0.25；	精车余量：X 向 0.5 mm，Z 向 0.1 mm
N50	G00 X40.0； //ns	精车轮廓起点
N60	G01 Z-30.0 F0.15；	精车 $\phi40$ mm 外圆
N70	X60.0 W-30.0；	精车圆锥面
N80	W-20.0；	精车 $\phi60$ mm 外圆
N90	X100.0 W-10.0；	精车圆锥面
N100	W-20.0；	精车 $\phi100$ mm 外圆
N110	X120.0 W-20.0；	精车圆锥面
N120	X125.0； //nf	精车轮廓结束点
N130	G70 P60 Q130；	精车循环
N140	G00 X200.0 Z140.0；	退回起刀点
N150	M30；	程序结束

三、端面粗车循环（G72）

G72 指令适用于径向切削余量大于轴向切削余量的粗车。其走刀轨迹如图 2.46 所示。

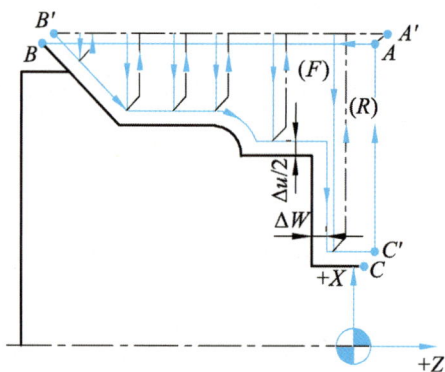

图 2.46　G72 端面粗车循环走刀轨迹

编程格式：

G72 W(Δd) R(e)；
G72 P(ns) Q(nf) U(Δu) W(Δw) F(f) S(s) T(t)；
　　　　N(ns) ……
　　　　　　……
　　　　N(nf) ……

其中　Δd——轴向背吃刀量（无符号）；
　　其余参数含义同 G71。
　　说明：ns 程序段中做直线运动，只能在 Z 向移动，不能在 X 向移动。其他注意事项参照

G71。

例 2.10：采用 G72、G70 指令编写如图 2.47 所示零件的粗精加工程序。

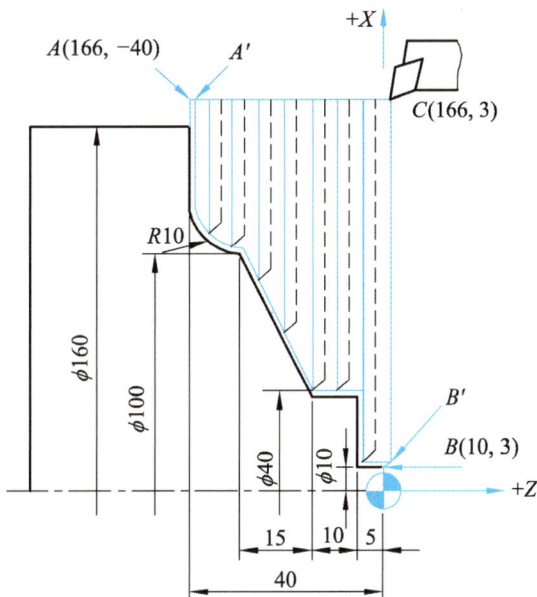

图 2.47　G72、G70 粗精车循环指令应用

程序代码如下：

序号	程序	程序说明
	O0009；	程序名
N10	M03 S500 T0101；	
N20	G00 X166.0 Z3.0；	
N30	G72 W3.0 R1.0；	粗车最大背吃刀量 3 mm，退刀量 1 mm
N40	G72 P60 Q120 U0.5 W0.05 F0.2；	精车余量 X 轴 0.5 mm，Z 轴 0.05 mm
N50	G00 Z-40.0；　　　　　　//ns	精车开始程序段号
N60	G01 G41 X120.0 F0.07 S800；	精车 ϕ160 mm 端面
N70	G03 X100.0 Z-30.0 R10.0；	精车 R10 圆弧
N80	G01 X40.0 Z-15.0；	精车圆锥面
N90	Z-5.0；	精车 ϕ40 mm 外圆
N100	X10.0；	精车端面
N110	G40 Z3.0；　　　　　　　//nf	精车 ϕ10 mm 外圆
N120	G00 X100.0 Z100.0；	退回安全换刀点
N130	T0100；	取消 1 号刀补
N140	T0202；	换 2 号精车刀，并调用刀补
N150	G00 X166.0 Z3.0；	快速定位到循环起点
N160	G70 P60 Q120；	精车循环
N170	G00 X100.0 Z100.0；	快速退刀
N180	T0200 M05；	取消 2 号刀补，主轴停转
N190	M30；	程序结束

四、固定形状粗车循环（G73）

G73 指令适用于零件毛坯已基本成型的铸件或锻件的粗车，对零件轮廓的单调性没有要求，走刀轨迹如图 2.48 所示。

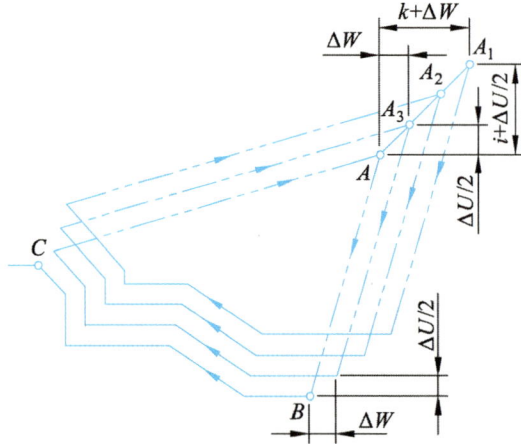

图 2.48　G73 固定形状粗车循环走刀轨迹

编程格式：

G73 U(Δi) W(Δk) R(d)；

G73 P(ns) Q(nf) U(Δu) W(Δw) F(f) S(s) T(t)；

N(ns) ……

　　　　……

N(nf) ……

其中　Δi——X 方向总退刀量（半径值）；

　　　Δk——Z 方向总退刀量；

　　　d——循环加工次数；

其余参数含义与 G71、G72 相同。

说明：Δi 和 Δk 为第一次车削循环前退离工件轮廓的距离及方向，确定该值时应考虑毛坯的粗加工余量大小，以使第一次车削循环时就有合理的背吃刀量，计算方法如下：

Δi =X 轴粗加工余量——第一次背吃刀量；

Δk =Z 轴粗加工余量——第一次背吃刀量。

例 2.11：采用 G73、G70 指令编写如图 2.49 所示零件的粗精加工程序。

程序代码如下：

序号	程　序	程序说明
	O0010；	程序名
N10	M03 S800 T0101；	选择 1 号刀具，主轴正转，转速 800 r/min
N20	G00 X140.0 Z40.0；	快速定位到循环起点 A
N30	G73 U9.5 W9.5 R3.0；	粗车循环，X、Z 向总退刀量 9.5 mm，循环 3 次，余
N40	G73 P50 Q110 U1.0 W0.5 F0.3；	量：X 轴 1 mm，Z 轴 0.5 mm

续表

序号	程　序	程序说明
N50	G00 X20.0 Z1.;　　　　//ns	精车轮廓起点 B
N60	G01 Z-20.0 F0.15;	精车 φ20 mm 外圆
N70	X40.0 W-10.0;	精车圆锥面
N80	W-10.0;	精车 φ40 mm 外圆
N90	G02 X80.0 Z-60.0 R20.0;	精车 R20 圆弧
N100	G01 X100.0 W-10.0;	精车圆锥面
N110	X105.0;　　　　//nf	精车轮廓终点
N120	G70 P50 Q110;	精车循环
N130	G00 X100.0 Z100.0 M05;	退回起刀点
N140	M30;	程序结束

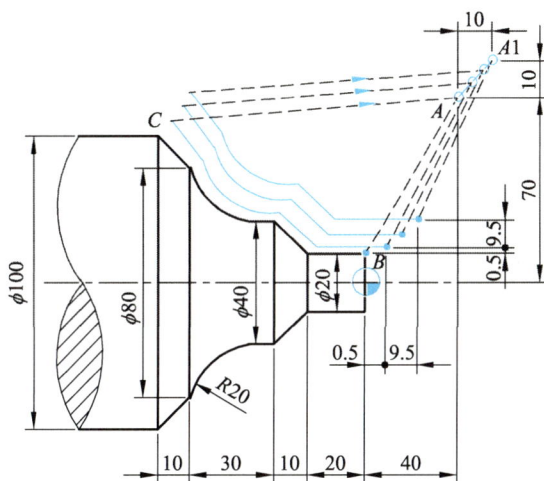

图 2.49　G73、G70 粗精车循环指令应用

【任务实施】

图 2.43 所示的加工程序如下：

序号	程　序	程序说明
N10	O0011; M03 S600 T0101;	
N20	G00 X38 Z2;	
N30	G90 X32 Z-65 F0.2;	车外圆柱面（G90 单一循环）
N40	X30.5;	车外圆柱面至 φ30.5 mm
N50	G00 X60 Z4;	刀具快速回退至粗车循环起始点
N60	G73 U15 W0.8 R12;	轮廓粗车循环
N70	G73 P90 Q150 U0.5 W0.1 F0.2;	
N80	G00 X0;	精车轮廓开始段
N90	G01 Z0;	

续表

序号	程 序	程序说明
N100	G03 X16 Z-4 R10 F0.1；	车 R10 圆弧
N110	X20.387 Z-42.701 R35；	车 R35 圆弧
N120	G02 X30 Z-57 R10；	车 R10 圆弧
N130	G01 Z-65 F0.1；	车 φ30 圆柱
N140	X33；	精车轮廓结束段
N150	G70 P90 Q150；	精加工
N160	G00 X150 Z100；	快速退刀至起刀点
N170	M05；	主轴停转
N180	M30；	程序结束并返回起始

【知识拓展】

一、刀具补偿

（一）刀具几何补偿和磨损补偿

在编程时，一般以某把刀具为基准，并以该刀具的刀尖位置为依据来建立工件坐标系。由于每把刀长度和宽度不一样，当其他刀具转到加工位置时，刀尖的位置与基准刀应会有偏差。另外，每把刀在加工过程中都有磨损。因此，对刀具的位置和磨损就需要进行补偿，使其刀尖位置与基准刀尖位置重合。

（1）刀具几何补偿是补偿刀具形状和刀具安装位置与编程理想刀具或基准刀具之间的偏移。

（2）刀具磨损补偿则是用于补偿当刀具使用磨损后实际刀具尺寸与原始尺寸的误差。

（3）这些补偿数据通常是通过对刀后采集到的，而且必须将这些数据准确地储存到刀具数据库中，然后通过程序中的 T×××× 后面两位刀补号来提取并执行。

（4）刀补执行的效果便是令转位后新刀具的刀尖移动到与上一基准刀具刀尖所在的位置上，新、老刀尖重合，这就是刀位补偿的实质。如图 2.50 所示。

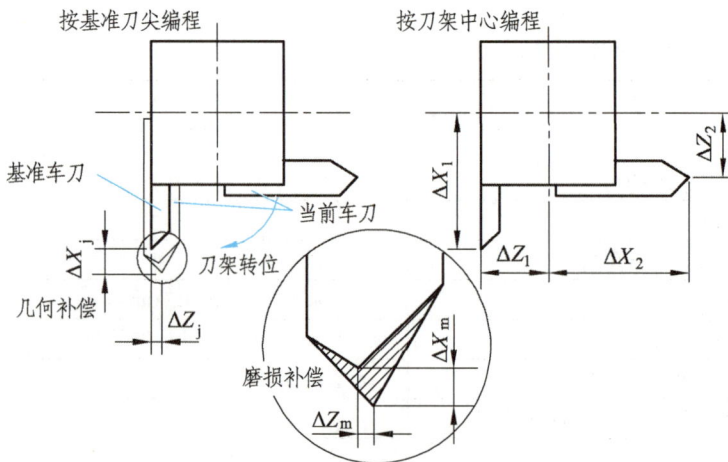

图 2.50 刀具的几何补偿和磨损补偿

（二）刀尖圆弧半径补偿

大多数全功能的数控机床都具备刀具半径自动补偿功能，因此只要按工件轮廓尺寸编程，再通过系统自动补偿一个刀尖半径值即可。

（1）刀尖半径：圆头车刀一般都有刀尖圆弧半径，当车削外径或端面时，刀尖圆弧不起作用，但车倒角、锥面或圆弧时，则会影响精度，因此在编制数控车削程序时，必须给予考虑。

（2）假想刀尖：如图 2.51（a）所示，P 点为圆头车刀的假想刀尖，相当于图 2.51（b）尖头车刀的刀尖。假想刀尖实际上并不存在。

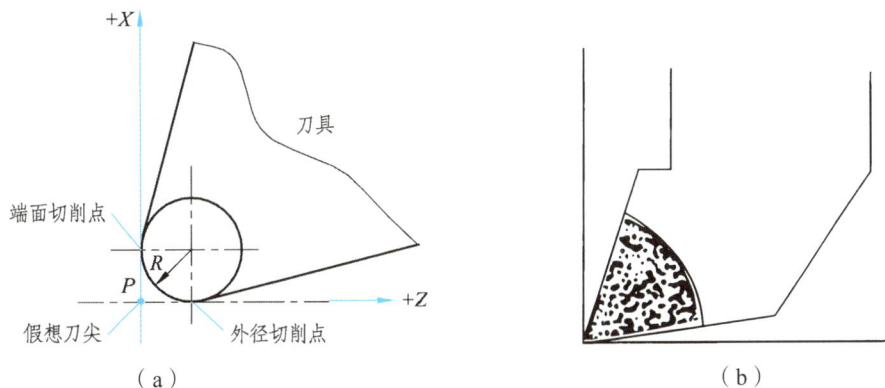

图 2.51 刀尖半径与假想刀尖

按假想刀尖沿工件轮廓编程，实际切削中由于刀尖半径 R 而造成的过切和少切现象如图 2.52 所示。

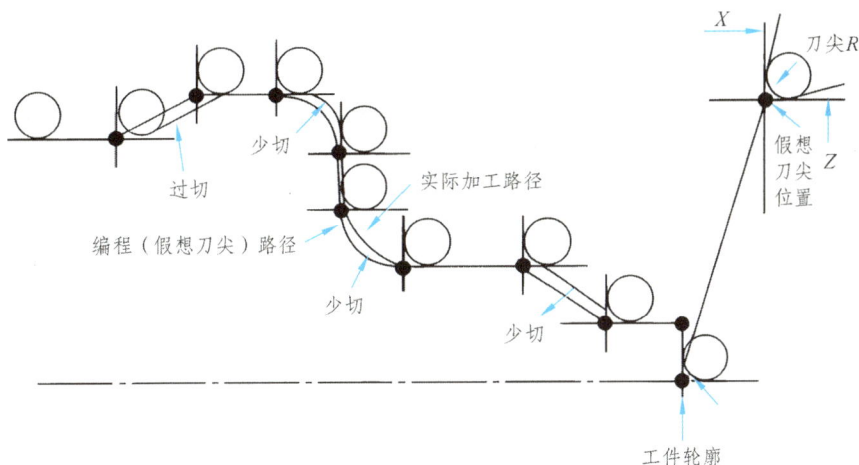

图 2.52 过切及少切现象

为了避免过切或少切现象的发生，在圆头车刀编程中就必须要采用刀尖圆弧半径补偿。刀尖圆弧半径补偿功能可以利用数控装置自动计算补偿值，生成正确的刀具走刀路线。

（三）刀尖圆弧半径补偿指令（G40、G41、G42）

G41/G42：刀尖圆弧半径左/右补偿，沿垂直于所在切削平面的另一轴负方向（-Y）看去，并顺着刀具运动方向看，如果刀具在工件的左侧，称为刀尖圆弧半径左补偿，用 G41 编程；

如果刀具在工件的右侧，称为刀尖圆弧半径右补偿，用 G42 编程。

G40：取消刀尖圆弧半径补偿，应写在程序开始的第一个程序段及取消刀具半径补偿的程序段，取消 G41、G42 指令功能。

说明：编程时，刀尖圆弧半径补偿偏置方向的判别如图 2.53 所示。在判别时，一定要沿 $-Y$ 轴方向观察刀具所在位置，因此应特别注意图 2.53（a）后置刀架和图 2.53（b）前置刀架中刀尖圆弧半径补偿的判定区别。

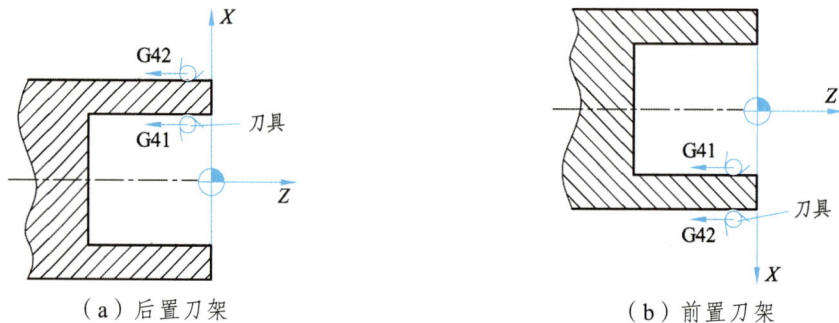

（a）后置刀架　　　　　　　　　　　（b）前置刀架

图 2.53　刀尖圆弧半径补偿偏置方向的判别

编程格式：

G41/G42 G00/G01 X ～ Z ～ F ～；刀尖圆弧半径补偿建立
G40 G00/G01 X ～ Z ～ F ～；　　　刀尖圆弧半径补偿取消

说明：

（1）在 G41/G42/G40 程序段中，只能配合 G00/G01 指令在 X、Z 方向进行移动，不能与圆弧切削指令在同一个程序段。

（2）刀尖半径补偿量可以通过刀具补偿设定画面设定，如图 2.54 所示，刀具补偿参数包括 4 项：X 轴补偿量、Z 轴补偿量、刀尖半径补偿量及假想刀尖方位号，通过对应的刀补号 T×××× 调用。假想刀尖补偿方位号共有 10 个（0～9），如图 2.55 所示为几种车削刀具的假想刀尖补偿方位号。

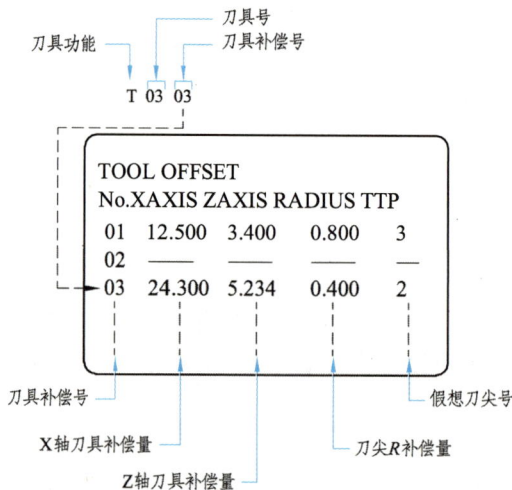

图 2.54　刀具补偿设定画面

（3）在换刀之前，必须使用 T××00 取消前一把刀具的补偿值，以免产生补偿值叠加。

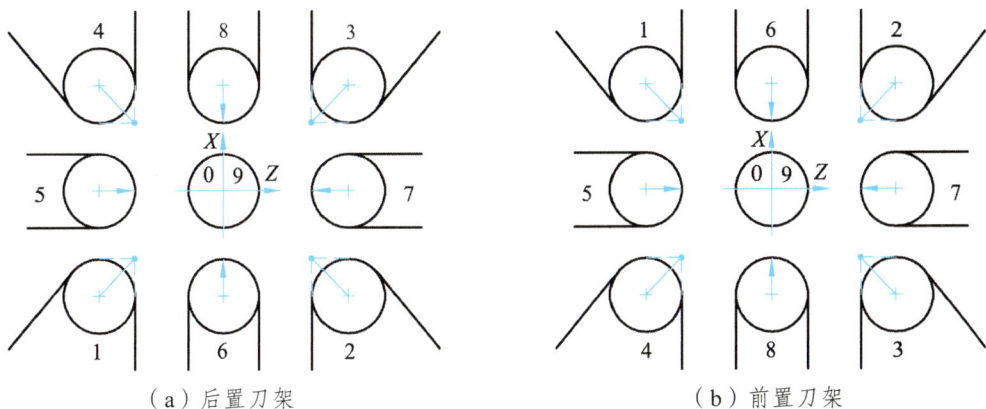

（a）后置刀架　　　　　　　　　　　　　　（b）前置刀架

图 2.55　刀尖方位号

例 2.12：用刀具半径补偿指令编制如图 2.56 所示零件轮廓的精加工程序。

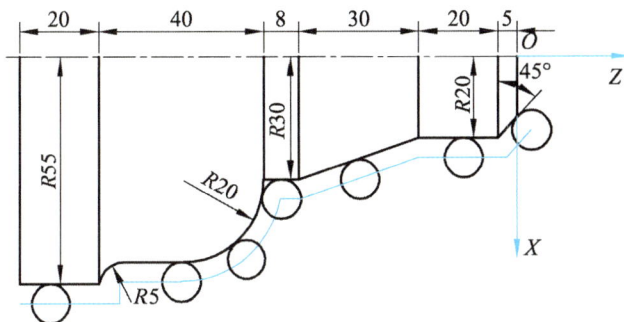

图 2.56　轮廓精加工

假设刀尖圆弧半径 $R = 0.2$ mm，在刀具补偿设定界面中输入半径补偿量 0.2。

序号	程序	程序说明
	O0012;	程序名
N10	M03 S800 T0101;	调用 1 号外圆车刀及其刀补值，主轴正转转速 800 r/min
N20	G00 X0 Z6.0;	快速进刀
N30	G42 G01 X0 Z0 F50;	工进至工件原点并建立刀尖半径补偿
N40	G01 X40.0 Z0 C5.0;	车端面，并倒角
N50	Z-25.0;	车 $R20$ mm 外圆
N60	X60.0 W-30.0;	车圆锥
N70	W-8.0;	车 $R30$ mm 外圆
N80	G03 X100.0 W-20.0 R20.0;	车 $R20$ mm 圆弧
N90	G01 Z-98.0;	车外圆
N100	G02 X110.0 W-5.0 R5.0;	车 $R5$ mm 圆弧
N110	G01 W-20.0;	车 $R55$ mm 外圆
N120	G40 G00 X200.0 Z100.0;	退回换刀点，并取消刀尖半径补偿
N130	M05;	主轴停转
N140	M30;	程序结束并返回程序开始处

二、回参考点指令

（一）回参考点检验（G27）

G27 指令用于检验工件原点的正确性。

编程格式：

> G27　X（U）__Z（W）；

其中　X、Z——机床参考点在工件坐标系中的绝对值坐标；

　　　U、W——机床参考点相对刀具当前所在位置的增量值坐标。

说明：

（1）执行 G27 指令的前提是机床在通电后刀具返回过一次参考点。

（2）执行该指令时，刀具将以 G00 方式快速返回机床参考点。如果刀具准确到达机床参考点位置，则操作面板上的回参指示灯会亮。若工件原点位置在某一轴上有误差，则该轴对应的指示灯不亮，且系统将自动停止执行程序，发出报警提示。

（3）执行该指令时，必须取消刀具补偿。

（二）自动返回参考点（G28）

G28 指令用于刀具从当前位置经中间点返回参考点，通常为下一步换刀作准备。

编程格式：

> G28　X（U）__Z（W）；

其中　X、Z——刀具经过中间点的绝对值坐标；

　　　U、W——中间点相对刀具起点的增量值坐标。

说明：执行 G28 指令时，各轴先以 G00 的速度快移到程序指令的中间点位置，然后再快速返回参考点。到达参考点后，相应坐标方向的回参指示灯亮。

（三）从参考点返回（G29）

G29 指令的功能是使刀具由机床参考点经中间点返回到目标点。

编程格式：

> G29　X（U）__Z（W）；

其中　X、Z——返回目标点的绝对值坐标；

　　　U、W——目标点相对中间点的增量值坐标。

说明：执行 G29 指令时，刀具从参考点经中间点返回指令目标点。各轴先以 G00 的速度快移到由前段 G28 指令定义的中间点位置，然后再向 G29 程序指令的目标点快速定位，如图 2.57 示。

例 2.13　利用回参考点相关指令，编制图 2.57 的程序如下。

绝对编程	增量编程	程序说明
……	……	
G28 X140.0 Z130.0；	G28 U40.0 W100.0；	$A{\rightarrow}B{\rightarrow}R$
T0202；	T0202；	换刀
G29 X60.0 Z180.0；	G29 U-80.0 W50.0；	$R{\rightarrow}B{\rightarrow}C$
……	……	

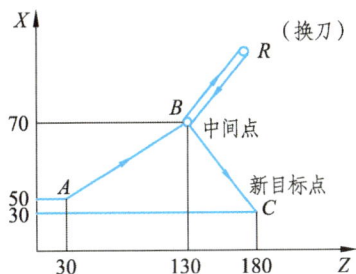

图 2.57　参考点编程图例

【同步训练】

1. 已知零件毛坯为 $\phi60$ mm×170 mm 的棒料，材料为 45#钢，编制如图 2.58 所示的轴类零件的加工程序。

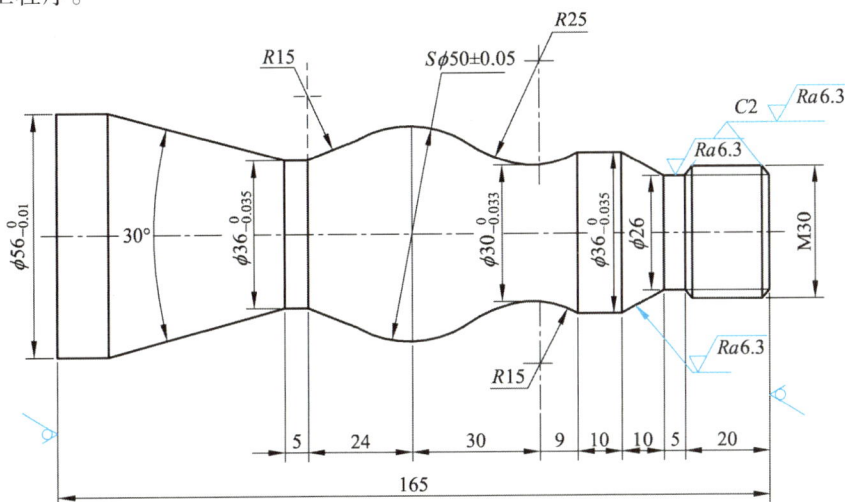

图 2.58　复合件练习 1

2. 已知零件毛坯为 $\phi65$×155 mm 的棒料，材料为 45#钢，编制如图 2.59 所示的零件的加工程序。

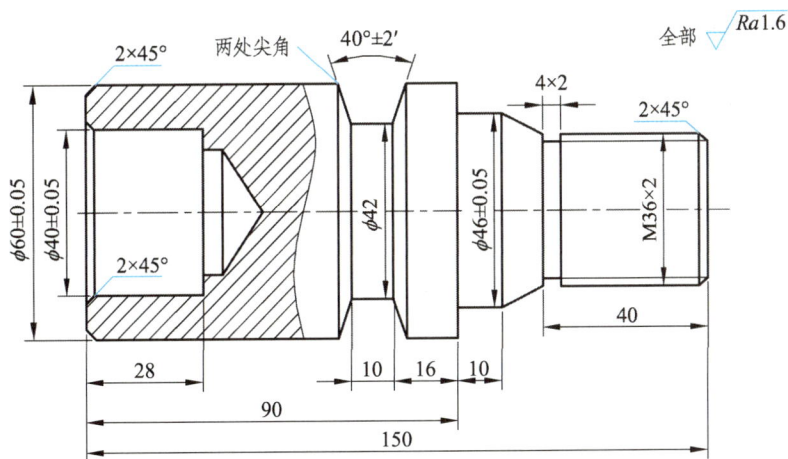

图 2.59　复合件练习 2

任务五　综合轴的编程

【任务描述】

试用所学知识编制如图 2.60 所示零件的加工程序。材料为 45 # 钢，该零件的毛坯尺寸为 $\phi50$ mm×130 mm。

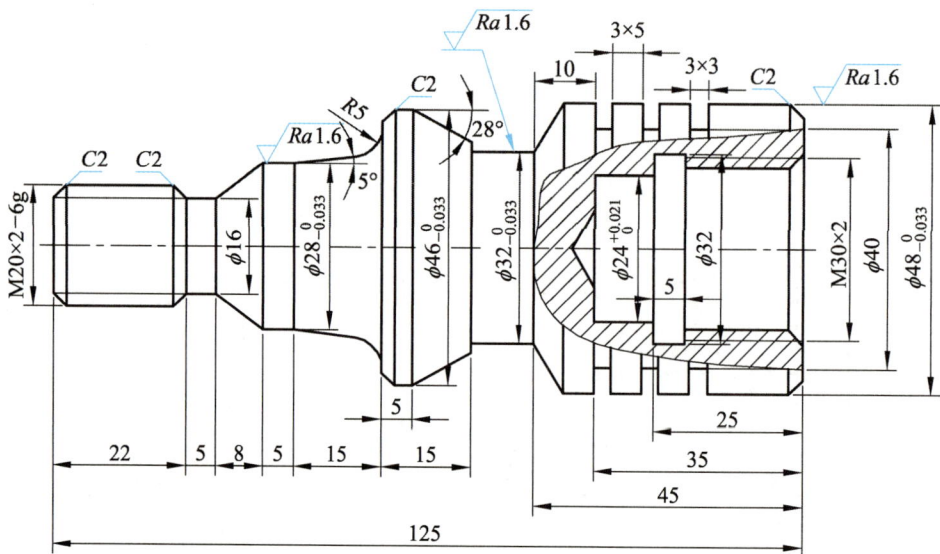

图 2.60　复合轴实例

【相关知识】

在编制加工程序时，有时会遇到一组程序段在一个程序中多次出现，或者在几个程序中都要使用它。把这部分程序段抽出来，单独编成一个程序，并给它命名，使其成为子程序。利用子程序功能，可以减少不必要的重复编程，从而简化程序。

调用子程序的编程格式为

M98 P△△△□□□□；

其中　△△△——子程序被重复调用的次数，最多调用 999 次；

　　　□□□□——子程序名。

例如：M98 P0051002，表示调用程序名为 O1002 的子程序 5 次。当调用次数位数少于 3 位时，前面的零可以省略；当调用次数为 1 时，可省略调用次数。

子程序结束，返回主程序的编程格式为

M99；

该指令一般书写在子程序的最后一行，作为子程序结束的标志，程序返回到调用子程序的主程序中。

下面是 M99 的几种用法：

（1）当子程序的最后程序段只用 M99 时，子程序结束，返回到调用程序段后面的一个程序段，例如：

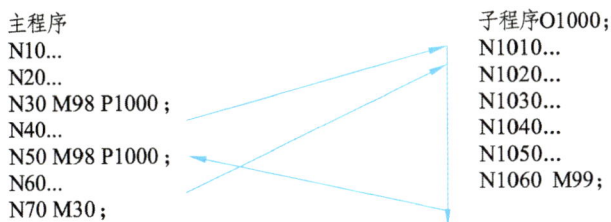

```
主程序                          子程序O1000；
N10...                         N1010...
N20...                         N1020...
N30 M98 P1000；                N1030...
N40...                         N1040...
N50 M98 P1000；                N1050...
N60...                         N1060 M99；
N70 M30；
```

（2）一个程序段号在 M99 后由 P 指定时，系统执行完子程序后，将返回到由 P 指定的那个主程序段号上，例如：

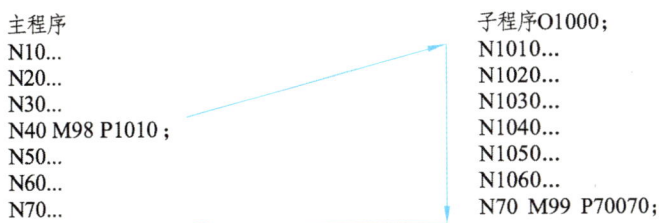

```
主程序                          子程序O1000；
N10...                         N1010...
N20...                         N1020...
N30...                         N1030...
N40 M98 P1010；                N1040...
N50...                         N1050...
N60...                         N1060...
N70...                         N70 M99 P70070；
```

（3）若在主程序中插入"/M99 P n"，那么在执行该程序段后，程序返回到由 P 指定的第"n"号程序段。跳步功能是否执行，还取决于跳步选择开关的状态，例如：

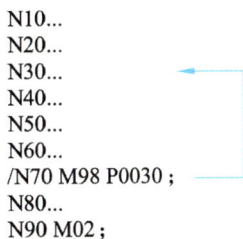

```
N10...
N20...
N30...
N40...
N50...
N60...
/N70 M98 P0030；
N80...
N90 M02；
```

当关闭跳步开关，程序执行到 N70 时将返回到 N30 段。

例 2.14：加工如图 2.61 所示零件，已知毛坯尺寸：$\phi 32\ \mathrm{mm} \times 50\ \mathrm{mm}$，1 号刀为外圆车刀，2 号刀为车断刀，刀宽 2 mm。

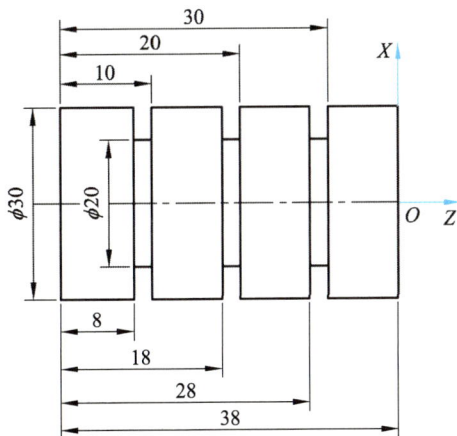

图 2.61　子程序的应用

加工程序如下：

O0015；主程序		
N10	M03 S800 T0101；	
N20	G00 X35.0 Z0；	
N30	G01 X0 F0.2；	
N40	G00 Z2.0；	
N50	X30.0；	车右端面
N60	G01 Z-40.0 F0.2；	
N70	G00 X150.0 Z100.0 T0100；	车外圆
N80	M05；	
N90	M03 S300 T0202；	
N100	G00 X32.0 Z0；	
N110	M98 P30016；	换切槽刀
N120	G00 W-10.0；	
N130	G01 X0 F0.1；	调用切槽子程序（O0016）三次
N140	G04 X2.0；	
N150	G00 X150.0 Z100.0 T0200；	左端面切断
N160	M05；	
N170	M30；	
O0016；子程序		
N10	G00 W-10.0；	每个槽间隔 10 mm
N20	G01 U-12.0 F0.1；	槽深
N30	G04 X1.0；	槽底延时 1 秒
N40	G00 U12.0；	退出
N50	M99；	子程序结束，返回主程序

【任务实施】

一、工艺分析

根据工件图样的几何形状和尺寸要求，第一次装夹的加工内容为工件右端部分，包括：打中心孔，钻孔 $\phi22$ 深 35、粗精加工内孔 $\phi24$、M30×2 螺纹底径 $\phi28$、倒角 C2、加工内沟槽 5×32、加工内螺纹 M30×2、加工外圆 $\phi48$ 及外倒角 C2、切 3 个 3×$\phi40$ 槽；调头装夹的加工内容为工件左端部分，取总长 125、粗精加工螺纹外径、各倒角面、锥面、$\phi28$、R5 圆弧面、$\phi46$ 至要求尺寸、切 5×$\phi16$ 螺纹退刀槽、倒角 C2、切 10×$\phi32$ 槽、加工外螺纹 M20×2。

二、工件的装夹方法及工艺路线的确定

（1）用三爪自定心卡盘夹持 $\phi50$×130 的毛坯左端，偏右端面，打中心孔，钻孔 $\phi22$ 深 35。

（2）粗精加工内孔 $\phi24$、M30×2 螺纹底径 $\phi28$、倒角 C2。

（3）加工内沟槽 5×32。

（4）加工内螺纹 M30×2。

（5）加工外圆 ϕ48 及外倒角 C2。

（6）切 3 个 3×ϕ40 槽。

（7）调头用三爪自定心卡盘夹持 ϕ48，偏左端面，取总长 125。

（8）粗精加工螺纹外径、各倒角面、锥面、ϕ28、R5 圆弧面、ϕ46 至要求尺寸。

（9）切 5×ϕ6 螺纹退刀槽，倒角 C2，切 10×ϕ32 槽。

（10）加工外螺纹 M20×2。

三、填写数控加工刀具卡和数控加工工艺卡

填写如如表 2.7、表 2.8 所示的数控加工刀具卡片和数控加工工艺卡。

表 2.7　数控加工刀具卡

刀具号	刀具规格名称	数量	加工内容	主轴转速（r/min）	进给量（mm/r）	材料
	ϕ3 mm 中心钻	1	钻中心孔	1500	手动	高速钢
	ϕ22 mm 钻头	1	手动钻 ϕ22 孔深 35	500	手动	高速钢
T01	93°外圆车刀	1	粗精车工件外轮廓	600/1000	0.2/0.1	YT15
T02	内孔镗刀	1	粗精镗内孔	800	0.15/0.1	YT15
T03	5 mm 内孔沟槽刀	1	车内孔沟槽	400	0.01	YT15
T04	内孔螺纹刀	1	车 M30×2 内螺纹	800		YT15
T05	3 mm 外圆切槽刀	1	切槽	500	0.1	YT15
T06	4 mm 外圆切槽刀	1	切槽	500	0.1	YT15
T07	外螺纹刀	1	加工外螺纹	800	0.1	YT15

表 2.8　数控加工工艺卡

工序	工步	加工内容	刀具号	备注
05	1	夹持 ϕ50×130 毛坯左端，车削右端面	T01	手动
	2	打中心孔，钻孔 ϕ22 深 35	ϕ22 钻头	手动
	3	粗加工内孔 ϕ24、M30×2 螺纹底径 ϕ28、倒角 C2	T02	
	4	精加工内孔 ϕ24、M30×2 螺纹底径 ϕ28、倒角 C2	T02	
	5	加工内沟槽 5×32	T03	
	6	加工内螺纹 M30×2	T04	
10	1	加工外圆 ϕ48 及外倒角 C2	T01	
	2	切 3 个 3×ϕ40 槽	T05	
15	1	调头夹持 ϕ48，车左端面，取总长 125	T01	
	2	粗加工螺纹外径、各倒角面、锥面、ϕ28、R5 圆弧面、ϕ46 至要求尺寸	T01	
	3	精加工螺纹外径、各倒角面、锥面、ϕ28、R5 圆弧面、ϕ46 至要求尺寸	T01	
	4	切 5×ϕ16 螺纹退刀槽，倒角 C2，切 10×ϕ32 槽	T06	
	5	加工外螺纹 M20×2	T07	

四、编写加工程序

（一）工序 05 加工程序

O0017；		
N05	M03 S800 T0202；	主轴正转，转速为 800 r/min，换 2 号内孔镗刀
N10	G00 X22.0 Z1.0；	刀具快速定位
N15	G71 U1.0 R1.0；	粗加工循环
N20	G71 P25 Q50 U−0.3 W0 F0.15；	
N25	G41 G00 X34.0 S1000；	精车轮廓起始段，精车转速 1000 r/min
N30	G01 X28.0 Z−2.0 F0.1；	
N35	Z−25.0；	
N40	X24.0；	
N45	Z−35.0；	
N50	G40 X22.0；	精车轮廓结束段
N55	G70 P25 Q50；	精加工
N60	G00 X100.0 Z100.0；	快速退刀至安全换刀点
N65	T0200 M05；	取消 2 号刀补
N70	M03 S400 T0303；	换 3 号内孔沟槽刀，主轴转速 400 r/min
N75	G00 X26.0 Z2.0；	
N80	Z−25.0；	
N85	G01 X32.0 F0.1；	切内孔沟槽
N90	G00 X26.0；	
N95	Z2.0；	
N100	X100.0 Z100.0 T0300 M05；	退刀至安全换刀点，取消 3 号刀补
N105	M03 S800 T0404；	换 4 号内孔螺纹刀，主轴转速 800 r/min
N110	G00 X26.0 Z4.0；	
N115	G92 X28.9 Z−22.0 F2.0；	五次下刀，循环加工内螺纹
N120	X29.5	
N125	X30.1	
N130	X30.5	
N135	X30.6	
N140	G00 Z100.0；	快速退刀至安全换刀点
N145	T0400 M05；	取消 4 号刀补，主轴停转
N150	M30；	程序结束并返回起始

（二）工序 10 加工程序

O0018;		
N05	M03 S600 T0101;	换 1 号外圆车刀，主轴转速 600 r/min
N10	G00 X50.0 Z1.0;	快速定位到循环起点
N15	G71 U1.0 R1.0;	粗车循环，加工外圆 $\phi48$
N20	G71 P25 Q40 U0.5 W0 F0.2;	
N25	G42 G00 X42.0 S1000;	循环起始段
N30	G01 X48.0 Z-2.0 F0.1;	加工外倒角 C2
N35	Z-55.0;	加工 $\phi48$ 圆柱面
N40	G40 X50.0;	循环结束段
N45	G70 P25 Q40;	精加工
N50	G00 X100.0 Z100.0;	退刀到安全换刀点
N55	T0100;	取消 1 号刀补
N60	M03 S500 T0505;	换 5 号切槽刀，主轴转速 500 r/min
N65	G00 X50.0 Z-19.0;	定位
N70	M98 P30019;	调用 O0018 子程序三次，加工环形槽
N75	G00 X100.0 Z100.0;	快速退刀至安全换刀点
N80	T0500 M05;	取消 5 号刀补，主轴停转
N85	M30;	程序结束并返回起始

O0019；子程序		
N10	G01 U-10.0 F0.1;	槽深
N20	G04 X1.0;	槽底延时 1 秒
N30	G00 U10.0;	退出
N40	G00 W-8.0;	每个槽间隔 8 mm
N50	M99;	子程序结束，返回主程序

注意：比较 O0019 与 O0016 号子程序的差异。

（三）工序 15 加工程序

O0020;		
N05	M03 S600 T0101;	主轴正转，转速 600 r/min，换 1 号外圆车刀
N10	G00 X50.0 Z1.0;	刀具快速定位
N15	G71 U1.0 R1.0;	粗车循环，粗加工左端外轮廓
N20	G71 P25 Q100 U0.5 W0 F0.2;	
N25	G42 G00 X14.0 S1000;	精车循环起始段，精车转速 1000 r/min
N30	G01 X20.0 Z-2.0 F0.1;	
N35	Z-22.0;	
N40	X16.0 Z-27.0;	
N45	X28.0 W-8.0;	
N50	W-5.0;	
N55	X29.82 W-10.44;	
N60	G02 X39.78 Z-55.0 R5.0;	
N65	G01 X42.0;	

续表

O0020；		
N70	X46.0 W−2.0；	
N75	W−3.0；	
N80	X35.36 W−10.0；	
N85	X32.0 W−10.0；	
N90	X48.0W−5.0；	
N95	X49.0W−1.0；	
N100	G40 X50.0；	精车循环结束段
N105	G70 P25 Q100；	精车循环，精加工左端外轮廓
N110	G00 X100.0 Z100.0；	快速退刀至安全换刀点
N115	T0100；	取消 1 号刀补
N120	M03 S500 T0606；	换 6 号切槽刀，转速 500 r/min
N125	G00 X22.0 Z−27.0；	
N130	G01 X16.0 F0.1；	
N135	G00 X22.0；	
N140	Z−26.0；	
N145	G01 X16.0 F0.1；	
N150	G00 X22.0；	
N155	Z−23.0；	
N160	G01 X16.0 W−3.0；	
N165	G00 X48.0；	
N170	Z−74.0；	
N175	G01 X32.0；	
N180	G00 X35.0；	
N185	Z−77.0；	
N190	G01 X32.0；	
N195	G00 X35.0；	
N200	Z−80.0；	
N205	G01 X31.985；	
N210	Z−74.0；	
N215	G00 X100.0；	
N220	Z100.0；	退刀到安全换刀点
N225	T0600；	取消 6 号刀补
N230	T0707 M03 S800；	换 7 号外螺纹刀，主轴转速 800 r/min
N235	G00 X24.0 Z4.0；	定位大循环起点
N240	G92 X19.1 Z−24.0 F2.0；	五次下刀，循环车削外螺纹
N245	X18.5；	
N250	X17.9；	
N255	X17.5；	
N260	X17.4；	
N265	G00 X100.0；	
N270	Z100.0；	快速退刀至安全换刀点
N275	T0700 M05；	取消 7 号刀补，主轴停转
N280	M30；	程序结束并返回起始

【知识拓展】

编写数控加工工艺文件是数控加工工艺设计的一项内容。它是对数控加工的具体说明，目的是让操作者更明确加工内容、装夹方式、各个加工部位所选用的刀具及其他技术问题。数控加工工艺文件既是零件数控加工、产品验收的依据，也是操作者必须遵守、执行的规程，是必不可少的工艺资料档案。

在编制数控加工工艺文件之前所需的原始资料应该有：

（1）零件设计图纸、技术资料，以及产品的装配图纸。

（2）零件的生产批量。

（3）产品验收的质量标准。

（4）现有的生产条件和资料。工艺装备、加工设备的规格和性能，加工设备的制造能力以及工人的技术水平。

随着数控加工的普及化，数控加工工艺文件也朝着标准化、规范化的方向发展。数控加工工艺文件主要有：数控编程任务书、工件安装和坐标原点设定卡、数控加工工序卡、数控刀具卡、数控加工走刀路线图、数控加工程序单。以下提供了常用的数控加工工艺文件格式，供读者参考，也可根据实际情况自行设计。

一、数控编程任务书

数控编程任务书用来阐明数控加工工序的技术要求和工序说明，以及数控加工前应保证的加工余量。它是编程人员和工艺人员协调工作和编制数控程序的重要依据之一，详见表 2.9。

表 2.9　数控编程任务书

部门	数控编程任务书	产品零件图号		CZG03		任务书编号	
		零件名称		操纵杆盖板		04	
		使用数控设备		XH715D		共 1 页　第 1 页	
主要工序说明及技术要求：		1. 编写 09 号图纸，操纵杆盖板零件的数控加工程序。 2. 数控加工前已铣削至尺寸 146×100×21 mm，邻边垂直度已保证。C 面已磨削，平面度已保证。					
		编程收到日期		××	经手人	××	
编制	××	审核	××	编程	××	审核	××	批准	××

二、工件安装和坐标原点设定卡

此卡主要表达数控加工零件的定位方式和夹紧方法，并应标明被加工零件的坐标原点设置位置和坐标方向，以及使用的夹具名称、编号等，详见表 2.10。

表 2.10　工件安装和坐标原点设定卡

零件图号	CZG03	数控加工工件安装和		工序号	1
零件名称	操纵杆盖板	坐标原点设定卡		装夹次数	第 1 次

3	压板				
2	紧固螺钉				
1	镗铣工艺板				
序号	夹具名称	夹具图号	序号	夹具名称	夹具图号
编制（日期）	审核（日期）	批准（日期）			
××	××	××		共 3 页	第 1 页

三、数控加工工序卡

数控加工工序卡片与普通加工工序卡片有许多相似之处，不同的是数控加工工序卡中不仅要详细说明数控加工的工艺内容，还应该反映使用的刀具规格、切削参数、切削液等。它是操作人员编写加工程序及实际加工的主要指导性工艺资料，详见表 2.11。

表 2.11　数控加工工序卡

数控加工工序卡片		零件名称	材料		零件图号
		操纵杆盖板	45#锻件		CZG03
工序号	程序编号	夹具名称	使用设备		车间
1	O0005	工艺板	XH715D 加工中心		数控车间
工步号	工步内容	刀号	刀具规格/mm	主轴转速 S /（r/min）	进给速度 F /（mm/min）	背吃刀量	备注
1	以 B 面为基准粗铣深度尺寸 20±0.05、16±0.1 的凸台和台阶	T01	Φ18	800	120	1	
2	精铣尺寸 20±0.05、16±0.1 的凸台和台阶	T01	Φ18	1 100	200	0.5	
3	钻中心孔	T02	Φ3	1 000	50		
4	钻 4-ϕ10H7 至 ϕ9	T03	Φ9	600	60		
5	扩 4×ϕ10H7 至 ϕ9.85	T04	Φ9.85	300	40		
6	锪 4×ϕ10 至尺寸	T05	Φ10	400	50		
7	铰 4×ϕ10H7 至尺寸	T06	Φ10H7	120	50		
编制	××	审核	××	批准	××	共 3 页	第 1 页

四、数控加工刀具卡

数控加工刀具卡上要反映刀具编号、刀具名称、刀杆（刀柄）型号、刀具长度、直径、补偿值、补偿号等，详见表 2.12。

表 2.12　数控加工刀具卡

零件名称		操纵杆盖板	零件图号	CZG03		程序编号		O0005
工步号	刀具号	刀具名称	刀柄型号	刀具		半径补偿值 /mm	补偿号	备注
				直径/mm	长度/mm			
1	T01	立铣刀 $\phi18$	BT40-MW4-85	$\phi18$		9	H01、D01	
2	T01	立铣刀 $\phi18$	BT40-MW4-85	$\phi18$		9	H01、D01	
3	T02	中心钻 $\phi3$	BT40-Z10-45	$\phi3$			H02	
4	T03	麻花钻 $\phi9$	BT40-M1-45	$\phi9$			H03	
5	T04	扩孔钻 $\phi9.85$	BT40-M1-45	$\phi9.85$			H04	
6	T05	立铣刀 $\phi10$	BT40-MW4-85	$\phi10$		5	H05、D05	
7	T06	铰刀 $\Phi10H7$	BT40-M1-45	$\phi10H7$			H06	
编制	××		审核	××		批准	××	共 3 页　第 1 页

五、数控加工走刀路线图

走刀路线图是编程人员进行数值计算、编制程序、审查程序和修改程序的主要依据。

编制走刀路线时遵循三个原则，详见表 2.13。

（1）应能保证零件的加工精度和表面粗糙度要求。

（2）应使走刀路线最短，减少刀具空行程时间，提高加工效率。

（3）要注意并防止刀具在运动过程中与夹具或工件发生意外碰撞等。

表 2.13　数控加工走刀路线图表

数控加工走刀路线图		零件图号	CZG03	工序号	1	工步号	2	程序号	O0005
机床型号	XH715D	程序段号	N100-N200	加工内容	精铣凸台			共 1 页	第 1 页

	编程	××
	校对	××
	审核	××

符号	⊙	⊗	⊕	◉→	→	←↙	○→	▭
含义	抬刀	下刀	编程原点	起刀点	走刀方向	走刀线相交	爬斜坡	铰孔	行切

六、数控加工程序单

数控加工程序单是编程员根据工艺分析结果，采用数控机床规定的指令代码，按照走刀路线图的轨迹进行数据处理而编写的。它是记录数控加工工艺过程、工艺参数、位移数据等的综合清单，除了程序代码外还应包括必要的程序说明，如所使用的刀具规格、刀具号；镜像加工使用的对称轴；子程序的加工内容；加工暂停的说明等等。具体的指令及编程格式随数控系统和机床种类的不同而有所差异。

【同步训练】

1. 已知零件毛坯为 $\phi 30$ mm 的棒料，材料为 45#钢，编制如图 2.62 所示的零件的加工程序。

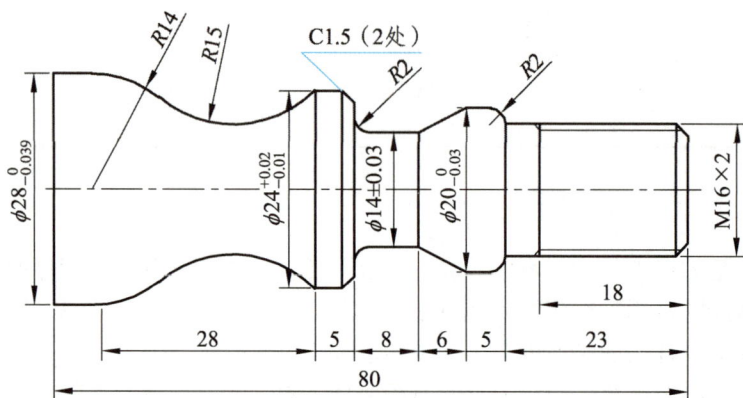

图 2.62 综合轴练习 1

2. 已知零件毛坯为 $\phi 60$ mm 的棒料，材料为 45#钢，编制如图 2.63 所示的零件的加工程序。

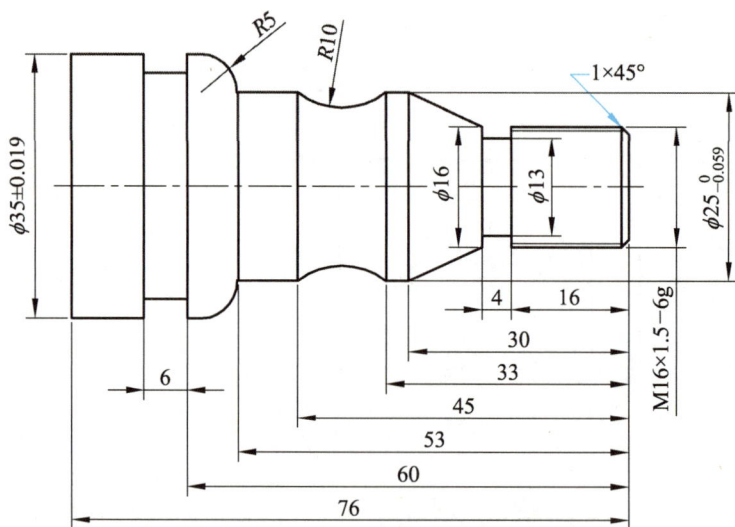

图 2.63 综合轴练习 2

3. 已知零件毛坯为 ϕ40 mm 的棒料,材料为 45#钢,编制如图 2.64 所示零件的加工程序。

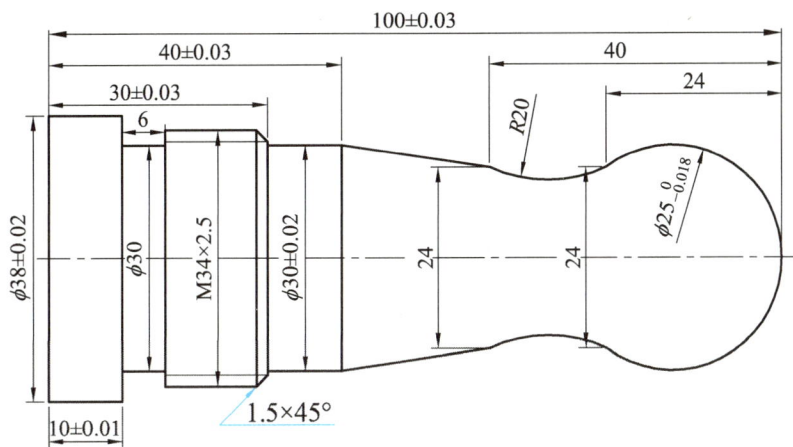

图 2.64　综合轴练习 3

任务六　宏程序的编程

【任务描述】

如图 2.65 所示的椭圆零件,轮廓表面由 ϕ30 mm 外圆、ϕ40 mm 外圆、锥面、沟槽和椭圆 ($a = 30$, $b = 20$)构成,毛坯尺寸:ϕ42×110 mm。试用宏程序进行加工编程。

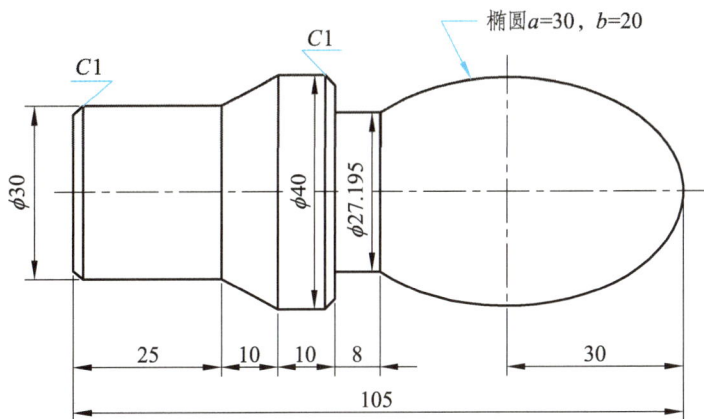

图 2.65　椭圆轴零件图

【相关知识】

将一组命令所构成的功能,像子程序一样事先存入存储器中,用一个命令作为代表,执行时只需写出这个代表命令,就可以执行该功能。这一组命令称为用户宏主体(或用户宏程序),简称用户宏(Custom Macro)指令;这个代表命令称为用户宏命令,也称为宏调用命令。用户宏程序分为 A 类和 B 类两种。在一些较老的 FANUC 系统(FANUC—OMD)中采用的 A 类宏程序，现在使用较少，目前的数控系统一般采用 B 类宏程序。在实际编程加工中，B 类宏程序更方便、更实用，因此本节以 FANUC 0i 系统为例来介绍 B 类宏程序的编程方法。

在实际生产加工中，有时会遇到椭圆等二次曲线零件的加工，而一般的数控系统没有椭圆、抛物线等插补指令，编程比较麻烦。由于用户宏程序允许使用变量，变量间可以运算、程序运行也可跳转，使得编程更加简便。

一、变量

用一个可赋值的代号代替具体的数值，这个代号就称为变量。使用用户宏程序的方便之处主要在于可以用变量代替具体数值，因而在加工同一类零件时，只需将实际的值赋予变量即可，不需要对每个零件都编写一个程序。

（一）变量的表示

变量由变量符号"#"和变量号（阿拉伯数字）组成，如#1、#100 等。变量也可以由变量符号"#"和表达式组成，如#[#1 +10]。

（二）变量的类型

变量根据变量号分为四种类型，如表 2.14 所示。

表 2.14　变量的类型

变量号	变量类型	功　　能
#0	空变量	这个变量总为空，不能赋值，不能写，只能读
#1 ~ #33	局部变量	局部变量是一个在宏程序中局部使用的变量。局部变量只能在宏程序中存储数据（如运算结果）。当断电时，局部变量的值被清除。调用宏程序时，可对局部变量赋值
#100 ~ #199 #500 ~ #999	公共变量	公共变量在不同的宏程序中意义相同。当断电时，#100 ~ #199 的值被清除；而#500 ~ #999 的数据保存，即使断电也不丢失
#1000 ~	系统变量	系统变量用于读和写 CNC 运行时的各种数据，是具有固定用途的变量。它的值决定系统的状态，如刀具的位置和补偿值等

（三）变量的引用

普通程序总是将一个具体的数值赋给一个地址，例如 G01 X120 F0.2；为了使程序更具通用性和灵活性，将跟随在地址后的数值用变量来代替，即引入了变量，如 G01 X#1 F#3。

二、变量的算术和逻辑运算

在宏程序编写中，有些值需用运算式编写，由系统自动运算完成取值，运算可以在变量中执行。运算符右边的表达式可以含有常量、逻辑运算、函数或运算符组成的变量。表达式中的变量$\#j$ 和$\#k$ 也可是常数。左边的变量也可以用表达式赋值。在将程序输入系统时，需输入数控系统规定的运算符，数控系统方可识别运算。FANUC 0i 系统的运算符见表 2.15。

表 2.15　算术和逻辑运算符

功能	运算符	格式	备注/示例
定义、转换	=	#i=#j	#100=#i，#100=20.0
加法	+	#i=#j+#k	#100=#101+#102
减法	−	#i=#j-#k	#101=#80-#103
乘法	*	#i=#j*#k	#102=#1*#2
除法	/	#i=#j/#k	#103=#101/25.0
正弦	SIN	#i=SIN[#j]	#100=SIN[#101]
反正弦	ASIN	#i=ASIN[#j]	
余弦	COS	#i=COS[#j]	#100=COS[38.3+24.8]
反余弦	ACOS	#i=ACOS[#j]	
正切	TAN	#i=TAN[#j]	#100=TAN[#1/#2]
反正切	ATAN	#i=ATAN[#j]	
平方根	SQRT	#i=SQRT[#j]	#105=SQRT[#100]
绝对值	ABS	#i=ABS[#j]	#106=ABS[-#102]
舍入	ROUND	#i=ROUND[#j]	#107=ROUND[3.414]
上取整	FIX	#i=FIX[#j]	#108=FIX[3.4]
下取整	FUP	#i=FUP[#j]	#109=FUP[3.4]
自然对数	LN	#i=LN[#j]	#110=LN[#3]
指数函数	EXP	#i=EXP[#j]	#111=EXP[#12]
OR（或）	OR	#i=#jOR#k	
XOR（异或）	XOR	#i=#jXOR#k	逻辑运算一位一位地按二进制执行
AND（与）	AND	#i=#jAND#k	
将 BCD 码转换成 BIN 码	BIN	#i=BIN[#j]	用于与 PMC 间信号的交换
将 BIN 码转换成 BCD 码	BCD	#i=BCD[#j]	

三、转向语句

在一个程序中，如果有相同轨迹的指令，可通过转向语句改变程序的流向，让其反复运算执行，即可达到简化编程的目的。FANUC 0i 系统有三种转向语句可供使用：

（一）无条件转移（GOTO 语句）

编程格式：

GOTO n;　　　　　n 是程序段号（1～9999）

说明：执行该段语句时，程序无条件转移到顺序号为 n 的程序段执行。

（二）条件转移（IF 语句）

编程格式：

IF[条件表达式] GOTO n;　　　　　n 是程序段号（1～9999）

说明：如果指定的条件表达式成立时，程序转移到标有顺序号 n 的程序段执行；如果指定的条件表达式不成立时，则顺序执行下一个程序段。条件转移语句如图 2.66 所示。

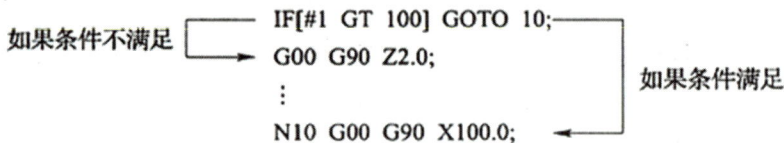

图 2.66　条件转移语句举例

该语句中的条件表达式必须包括运算符。条件式运算符见表 2.16 所示。

表 2.16　条件式运算符

符　号	含　义	示　例
EQ	等于（＝）	
NE	不等于（≠）	[#1 EQ 1.2]
GT	大于（＞）	
GE	大于或等于（≥）	[#2 GE 30]
LT	小于（＜）	
LE	小于或等于（≤）	[#100 LE #102]

（三）循环（WHILE 语句）

编程格式：

WHILE [条件表达式] Dom；（m=1、2、3…）

$\vdots$

　　　　ENDm

说明：在 WHILE 后指定一个条件表达式，当指定的条件表达式成立时，执行 DO 到 END 之间的程序段内容；当指定的条件表达式不成立时，则执行 END 后的程序段内容。

四、非圆曲线宏程序编程思路

非圆曲线的加工，常采用直线或圆弧逼近法编程，即采用若干小段圆弧或直线逼近非圆曲线轮廓。

采用直线段逼近非圆曲线，各直线段间的连接处存在尖角。由于在尖角处刀具不能连续地对零件切削，零件表面会出现硬点或切痕，使加工表面质量变差。采用圆弧段逼近的方式，可以大大减少程序段的数目，提高加工表面质量，但计算比较烦琐。在实际的手工编程中，主要采用直线逼近法，即用直线段逼近非圆曲线，目前常用的有等间距法、等步长法和等误差法等。应用这些方法加工非圆曲线时，只要步距足够小，在零件上所形成的最大误差（δ）就会小于所要求的允许误差，从而加工出图样所要求的非圆曲线轮廓，如图 2.67 所示。

此处主要对等间距法逼近非圆曲线的加工编程进行介绍。等间距法就是将某一坐标轴划分成相等的间距。如图 2.68 所示，沿 X 轴方向取 Δx 为等间距长，根据已知曲线的方程 $y=f(x)$，可由 x_i 求得 y_i，$y_{i+1}=f(x_i+\Delta x)$。如此求得的一系列点就是节点坐标值。

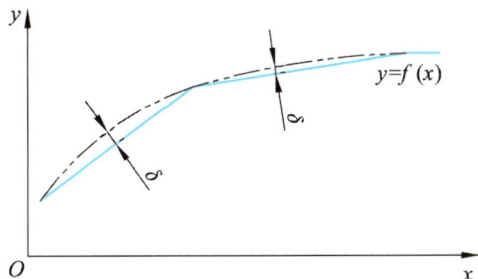

图 2.67　逼近误差图

在数控车床上加工如图 2.69 所示的椭圆时，可采用相同的思路，其中 a 为椭圆的长半轴，b 为椭圆的短半轴。沿 Z 轴方向取 Δz 为等间距长，根据已知椭圆曲线的标准方程 $\dfrac{z^2}{a^2}+\dfrac{x^2}{b^2}=1$，可得：

$$x=\frac{b}{a}\sqrt{a^2-z^2}$$

可由 z_i 求得 x_i，z_n 求得 x_n。如此求出一系列节点坐标值，用直线插补指令 G01 将各点依次连接就能得到椭圆的近似轮廓。

由椭圆方程可知，所求节点的坐标值都是相对于椭圆中心计算的。因此在编程加工时须把各点的坐标转换到工件坐标系下。X 值应转换为直径量，Z 值应根据椭圆中心到工件坐标原点的距离进行转换。

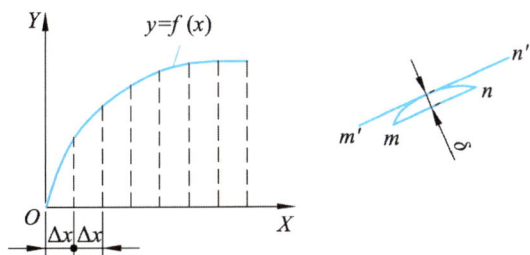

图 2.68　等间距法直线逼近

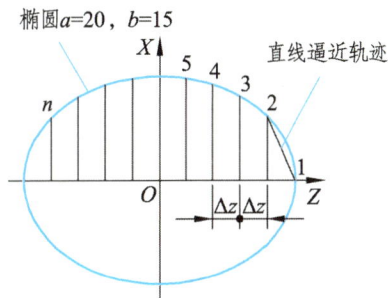

图 2.69　等间距法直线逼近椭圆

【任务实施】

根据图 2.65 的零件特征，工件的装夹采用三爪自定心卡盘。用粗精车循环指令编程加工零件左端的外圆、锥面，然后工件掉头，用软爪装夹 $\phi30$ mm 外圆，粗精车右端的椭圆及沟槽。

一、加工工艺路线

（1）车左端面。
（2）粗车 $\phi30$ mm 外圆、$\phi40$ mm 外圆、锥面，留 0.5 mm 精车余量。

（3）精车 $\phi 30$ mm 外圆、$\phi 40$ mm 外圆、锥面至尺寸要求。

（4）工件掉头，车右端面，保证工件总长至要求。

（5）粗车椭圆（$a = 30$，$b = 20$）和沟槽 $\phi 27.195$ mm，留 1.0 mm 精车余量。

（6）精车椭圆（$a = 30$，$b = 20$）和沟槽 $\phi 27.195$ mm 至尺寸要求。

二、数控加工刀具、量具卡及加工工艺卡

数控加工刀具、量具卡见表 2.17。

表 2.17　刀具、量具卡

零件图号	007		机床型号	CK6140
零件名称	椭圆零件		系统型号	FANUC-0i
刀 具 表			量 具 表	
刀具号	刀补号	刀 具 名 称	量具名称	规格
T01	01	90°外圆粗车刀	游标卡尺	0～150 mm/0.02 mm
T02	02	93°外圆仿形精车刀	千分尺	25～50 mm/0.01 mm
			曲线样板	

数控加工工艺卡见表 2.18。

表 2.18　数控加工工艺卡

工序	工艺内容	刀具	切削用量			加工性质
			n /（r / min）	f /（mm / r）	a_p / mm	
05	车左端面	T01	1 000	0.25	2.0	
	粗车左端轮廓	T01	600	0.3	2.5	粗车
	精车左端轮廓	T02	1 200	0.15	0.5	精车
10	车右端面	T01	1 000	0.25	2.0	
	粗车右端轮廓	T01	600	0.3	2.5	粗车
	精车右端轮廓	T02	1 200	0.15	1.0	精车

三、编制加工程序

椭圆零件的加工程序如下。

（一）工序 05　椭圆零件左端加工程序

程序如下：

O0021；		
N10	M03 S1000 T0101；	换 1 号粗车刀
N20	G00 X44.0 Z2.0；	刀具快速定位
N30	G94 X-1.0 Z0 F0.25；	车左端面（G94 单一循环）
N40	G00 X42.0；	刀具快速回退至粗车循环起点

续表

O0021；		
N50	G71 U2.5 R1.0；	左端外形粗车循环
N60	G71 P70 Q130 U0.5 W0.1 F0.3 S600；	
N70	G00 X26.0 S1200；	循环加工起始段
N80	G42 G01 X28.0 Z0 F0.15；	建立刀尖圆弧半径右补偿
N90	X30.0 Z−1.0；	倒角 C1 mm
N100	Z−25.0；	车 φ30 mm 外圆
N110	X40.0 Z−35.0；	车锥面
N120	Z−46.0；	车 φ40 mm 外圆
N130	G40 X42.0；	退刀并取消刀具补偿
N140	G00 X100.0 Z100.0；	快速回退至安全换刀点
N150	T0100；	取消 1 号刀刀补
N160	T0202；	换 2 号精车刀，建立 2 号刀补
N170	G00 X42.0 Z2.0；	刀具快速定位
N180	G70 P70 Q130；	精加工，主轴转速为 1200 r/min
N190	G00 X100.0 Z100.0；	快速退刀至安全换刀点
N200	T0200 M05；	取消 2 号刀刀补，主轴停转
N210	M30；	程序结束并返回起始

（二）工序 10　椭圆零件右端加工程序

程序如下：

O0021		
N10	T0101 M03 S1000；	1 号粗车刀
N20	G00 X44.0 Z2.0；	刀具快速定位
N30	G94 X−2.0 Z0 F0.25；	车右端面
N40	G00 X45.0；	刀具快速定位
N50	G73 U21.0 W0 R9.0；	右端外形粗车循环
N60	G73 P70 Q200 U1.0 W0.1 F0.3 S600；	
N70	G00 X−2.0 S1200；	循环加工起始段
N80	G01 G42 Z0 F0.15；	建立刀尖圆弧半径右补偿
N90	#1=30；	椭圆长半轴
N100	#2=20；	椭圆短半轴
N110	#3=30；	椭圆 Z 向起始值（相对椭圆中心）
N120	#4=−22；	椭圆 Z 向终止值（相对椭圆中心）
N130	#5=#2*SQRT[#1*#1−#3*#3] / #1；	计算椭圆拟合点的 X 值
N140	G01 X[2*#5] Z[#3−30]；	直线逼近
N150	#3=#3−0.1；	Z 向值等距变化更新

续表

O0021		
N160	IF[#3 GE #4] GOTO 130；	条件式判定构成循环
N170	G01 Z-60.0；	车沟槽
N180	X38.0；	车端面
N190	X42.0 Z-62.0；	倒角 C 1 mm
N200	G40 X45.0；	退刀并取消刀具补偿
N210	G00 X100.0 Z100.0；	快速回退至安全换刀点
N220	T0100；	取消 1 号刀刀补
N230	T0202；	换 2 号精车刀，建立 2 号刀补
N240	G00 X45.0 Z2.0；	刀具快速定位
N250	G70 P70 Q200；	精加工
N260	G00 X100.0 Z100.0	快速退刀至安全换刀点
N270	T0200 M05；	取消 2 号刀刀补，主轴停转
N280	M30；	程序结束

【同步训练】

试对图 2.70 所示抛物线孔进行编程。其中抛物线方程为 $Z = X^2/16$。

提示：注意数控车床默认 X 方向为直径值，首先应换算成直径编程形式为 $Z = X^2/64$，则 $X = \sqrt{Z}/8$。可采用端面切削方式，编程零点放在工件右端面中心，工件预钻 $\phi30$ 底孔。

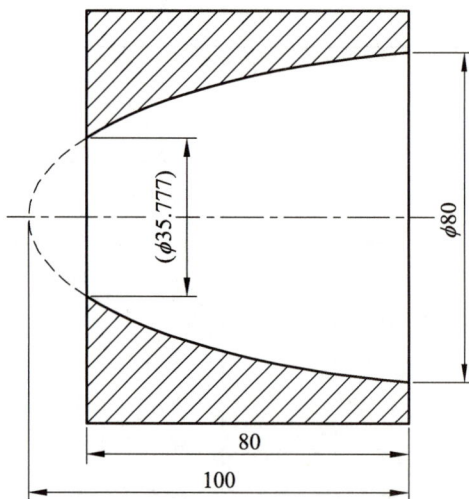

图 2.70

【思政目标】

工匠精神作为一种职业精神，是职业道德、职业能力、职业品质的体现，是从业者的职业价值取向和行为表现。工匠精神的基本内涵包括敬业、精益、专注、创新等方面的内容。本章节通过典型的加工案例培养学生的工匠精神，以工匠精神提升技能水平。

【学习目标】

（1）会制订数控车削加工工艺。
（2）熟练操作数控车床加工出合格的零件。
（3）掌握常用的零件精度检测方法，并能进行误差分析。

任务一　综合轴加工

【任务描述】

在数控车床上，完成图 3.1 所示零件的程序编制及加工。主要任务包括：

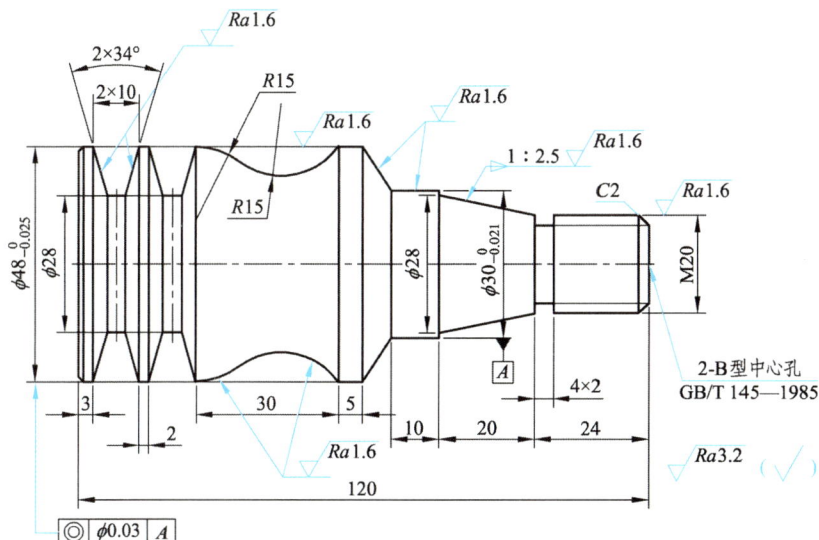

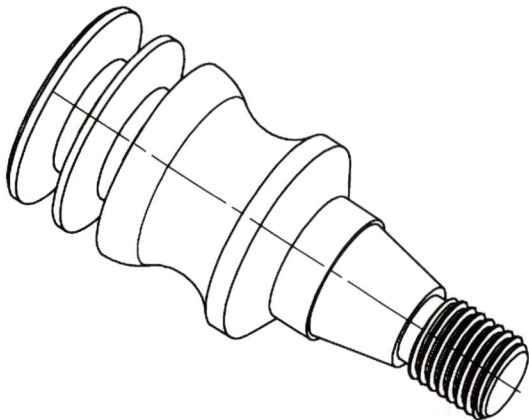

材料：45#钢

技术要求

1. 锐边倒钝；

2. 未注倒角 C1；

3. 不得用锉刀、砂布抛光等加工表面；

4. 未注公差按 GB/T 1804—2000 中 m（中等级）加工和检验。

图 3.1 综合轴

（1）能合理制订普通轴类零件加工工艺。

（2）能熟练完成切削用量的选择和计算。

（3）能根据加工工艺编制出数控加工程序。

（4）能熟练进行螺纹参数的计算，掌握各种螺纹车削方法的程序编制。

（5）能熟练操作机床，加工出合格零件。

（6）能进行零件检测，并进行误差分析。

【相关知识】

一、轴类零件概述

长度大于直径的回转体零件称为轴，其主要加工表面有内外圆柱面、圆锥面、螺纹、沟槽等。

（一）轴类零件的结构特点

按轴的结构、形状特点，可以分为光轴、阶梯轴、空心轴和异形轴；按加工过程中轴的悬伸长度与直径之比可分为刚性轴（$L/D<5$）和挠性轴（$L/D>5$）。挠性轴在加工过程中易变形，影响加工精度，应选择合理的装夹方式以保证工件的装夹刚性。

（二）轴类零件的主要技术要求

1. 尺寸精度

重要表面的尺寸精度一般为 IT 6～IT 8，车削加工一般可以达到 IT 7～IT8。

2. 几何形状精度

主要指圆度、圆柱度、轮廓度，一般控制在尺寸公差范围内。

3. 位置精度

主要包括同轴度与垂直度，一般通过径向圆跳动和端面圆跳动来体现。

4. 表面粗糙度

车削加工能达到的表面粗糙度一般≤Ra 1.6。

二、细长轴加工

长度与直径之比大于 20（即 $L/D>20$）的轴称为细长轴，是一种典型的挠性轴。

（一）加工特点

1. 变形大

因刚性差，在切削加工过程中易产生弯曲变形，同时由于其热扩散性差、线膨胀大会加剧其变形。

2. 加工精度和表面质量难以控制

连续切削时间长，刀具磨损大，再加之刚性差引起的振动，使加工精度和表面质量难以保证。

（二）工艺措施

1. 改变工件装夹方式

一般的挠性轴在装夹时，一般采用三爪卡盘夹持一端和用顶针支撑在另一端的中心孔中的装夹方式。在车削细长轴时，则应在卡盘的卡爪下面垫入直径约为 $\phi 4$ mm 的钢丝，使工件与卡爪之间为线接触，避免工件夹紧时被卡爪夹坏。顶尖应采用弹性活顶尖，使工件在受热变形而伸长时，顶尖能轴向伸缩，以补偿工件的变形，减小工件的弯曲，如图 3.2 所示。

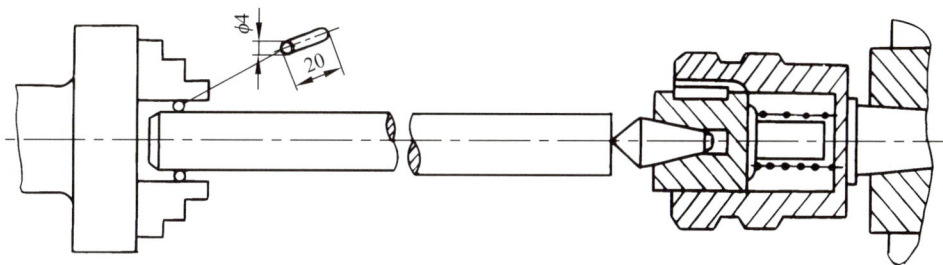

图 3.2　细长轴装夹方法

2. 使用跟刀架

采用跟刀架车削细长轴，能大大提高工件刚性，防止工件弯曲变形和抵消加工时径向切削分力的影响，减少振动和工件变形。使用跟力架必须注意仔细调整，保证跟刀架的支承爪与工件表面保持良好的接触，跟刀架中心高与机床顶尖中心须保持一致，若跟刀架的支承爪在加工中磨损，则应及时调整。

3. 改变进给方式

将刀具的进给方向由向主轴方向进给改为向尾座方向进给，使刀具作用于工件上的轴向力指向尾座，轴向变形则可由尾座弹性顶尖来补偿，减少了工件弯曲变形。如图 3.3 所示。

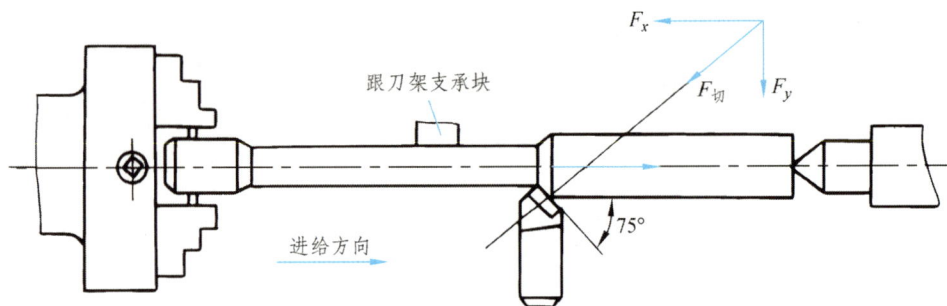

图 3.3　细长轴进给方式

4. 使用合适的刀具与切削用量

一般取 γ_o=15°~30°，k_r=80°~93° 的外圆车刀，以减少切削力和降低切削热。前刀面上开断屑槽，便于断屑。取 λ_s=1°30′~3°，增加卷屑效果，使铁屑流向待加工表面。

一般的硬质合金外圆车刀，精车时的切削速度用 60~80 m/min，背吃刀量为 0.3~0.5 mm，进给速度采用 0.1~0.2 mm/r；使用宽刀精车时，切削速度用 1.5 m/min，背吃刀量为 0.02~0.05 mm，进给速度采用 12~14 mm/r，此时进给速度应略小于刀宽。

三、数控车床上外圆的加工方案

在数控车床上加工外圆表面能达到的经济精度和经济表面粗糙度见表 3.1。当零件的尺寸精度和表面粗糙度超过表中的数值时，则应安排磨削、研磨、抛光或滚压的工艺来达到相关的要求。

表 3.1　车削能达到的经济精度和经济表面粗糙度

序号	加工方法	经济精度（公差等级）	经济表面粗糙度 Ra/μm	适用范围
1	粗车	IT13~IT11	25~12.5	淬火钢以外的金属外圆加工
2	粗车→半精车	IT10~IT8	6.3~3.2	
3	粗车→半精车→精车	IT8~IT7	1.6~0.8	

四、普通三角螺纹加工

三角螺纹是连接螺纹的一种，应用十分广泛。在加工中常常遇见，其基本情况和加工中的一些相关问题如下。

（一）普通三角螺纹牙型

普通三角螺纹的基本牙型和基本尺寸如图 3.4 所示。米制螺纹的牙型角为 60°，英制螺纹的牙型角为 55°。

$$H = 0.866P \quad\quad\quad (3.1)$$

$$D_2\,(d_2)=D\,(d)-0.649\,5P \quad\quad\quad (3.2)$$

$$D_1\,(d_1)=D\,(d)-1.299P \quad\quad\quad (3.3)$$

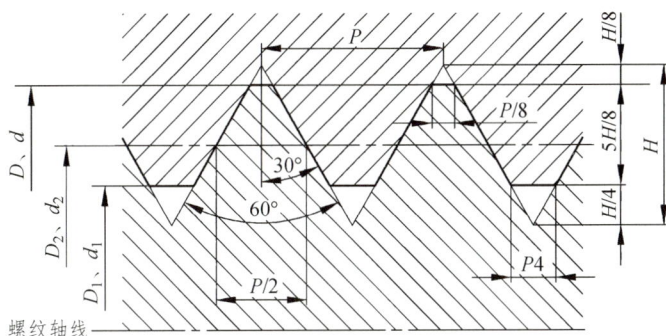

D—内螺纹大径（公称直径）；d—外螺纹大径（公称直径）；D_2—内螺纹中径；d_2—外螺纹中径；
D_1—内螺纹小径；d_1—外螺纹小径；P—螺距；H—原始三角形高度。

图 3.4　普通三角螺纹的基本牙型

（二）普通三角螺纹的标注方法

螺纹的完整标记由螺纹代号、尺寸规格、公差代号、旋向及螺纹旋合长度代号组成。三角螺纹的代号用"M"表示。单线螺纹的尺寸规格用"公称直径×螺距"表示，粗牙螺距不标注，多线螺纹用"公称直径×导程（P螺距）"表示，单位均为 mm。左旋螺纹需在尺寸规格之后加注"LH"，右旋不标注。螺纹的公差代号与等级标注在螺纹代号之后，用"-"分开，如中径与顶径（外螺纹大径和内螺纹小径）公差代号与等级不相同，则应分别表示，前者表示中径公差带，后者表示顶径公差带，两者相同，则只标注一个；内、外螺纹配合的公差代号用"/"分开，前面为内螺纹公差，后面的为外螺纹公差。螺纹旋合长度代号在螺纹代号最后，用"-"与前面分开，分为 S（短旋合长度）、N（中等旋合长度）、L（长旋合长度）三组，一般中等旋合长度可以不标注，也可以直接在代号中标出旋合长度值。例如：

M20-6H/6g，表示中等旋合长度，内、外螺纹的顶径与中径公差分别为 6H 与 6g 的配合，公称直径为 20 mm 的粗牙右旋螺纹。

M20-6HM20×6（P3）LH-5g6g-L，表示长旋合长度的，中径公差为 5g 顶径公差为 6g，螺距为 3 mm，公称直径为 20 mm 的双线左旋三角螺纹。

（三）常用普通三角螺纹的直径与螺距

螺纹的直径与螺距已经标准化，可以查阅 GB/T 193-2003。细牙螺距一般会在螺纹标记中出现。常用的粗牙螺距可查阅表 3.2。

表 3.2　螺纹直径与粗牙螺距　　　　　单位：mm

公称直径	8	10	12	14、16	8、20、22	24、27
螺距（粗牙）	1.25	1.5	1.75	2	2.5	3
公称直径	30、33	36、39	42、45	48、52	56	64、68
螺距（粗牙）	3.5	4	4.5	5	5.5	6

车削螺纹时，内螺纹小径按式 3.4（车削脆性材料）与式 3.5（加工塑性材料）确定，外螺纹大径按式 3.6 确定。

$$D_1=D-1.05P \qquad (3.4)$$

$$D_1=D-P \qquad (3.5)$$

$$d_{\text{大}}=d-0.13P \qquad (3.6)$$

（四）普通三角螺纹的公差

普通三角螺纹的公差已经标准化，可以查阅 GB/T 197—2018。该标准对内螺纹规定了 G 和 H 两种位置，对外螺纹规定了 e、f、g、h 四种位置。表 3.3~表 3.7 摘录了加工中常见的螺纹的公差供操作者参考。

表 3.3　内外螺纹基本偏差　　　　　　　　　　　　单位：mm

螺距 P/mm	基本偏差					
	内螺纹（D_1、D_2）		外螺纹（d、d_2）			
	G（EI）	H（EI）	e（es）	f（es）	g（es）	h（es）
…	…	…	…	…	…	…
1	+26	0	−60	−40	−26	0
1.25	+28	0	−63	−42	−28	0
1.5	+32	0	−67	−45	−32	0
1.75	+34	0	−71	−48	−34	0
2	+38	0	−71	−52	−38	0
2.5	+42	0	−80	−58	−42	0
3	+48	0	−85	−63	−48	0
3.5	+53	0	−90	−70	−53	0
4	+60	0	−95	−75	−60	0
…	…	…	…	…	…	…

表 3.4　内螺纹小径公差（TD1）　　　　　　　　　　单位：mm

螺距 P/mm	公差等级				
	4	5	6	7	8
…	…	…	…	…	…
1	150	190	236	300	375
1.25	170	212	265	335	425
1.5	190	236	300	375	475
1.75	212	265	335	425	530
2	236	300	375	475	600
2.5	280	355	450	560	710
3	315	400	500	630	800
3.5	355	450	560	710	900
4	375	475	600	750	950
…	…	…	…	…	…

表 3.5 外螺纹大径公差（Td）   单位：mm

螺距 P/mm	公差等级		
	4	6	8
…	…	…	…
1	112	180	280
1.25	132	212	335
1.5	150	236	375
1.75	170	265	425
2	180	280	450
2.5	212	335	530
3	236	375	600
3.5	265	425	670
4	300	475	750
…	…	…	…

表 3.6 内螺纹中径公差（TD2）   单位：mm

公称直径 D/mm		螺距 P/mm	公差等级				
>	≤		4	5	6	7	8
…	…	…	…	…	…	…	…
5.6	11.2	0.5	71	90	112	140	
		0.75	85	106	132	170	
		1	95	118	150	190	236
		1.25	100	125	160	200	250
		1.5	112	140	180	224	280
11.2	22.4	0.5	75	95	118	150	
		0.75	90	112	140	180	
		1	100	125	160	200	250
		1.25	112	140	180	224	280
		1.5	118	150	190	236	300
		1.75	125	160	200	250	315
		2	132	170	212	265	335
		2.5	140	180	224	280	355
22.4	45	0.75	95	118	150	190	
		1	106	132	170	212	
		1.5	125	160	200	250	315
		2	140	180	224	280	355
		3	170	212	265	335	425
		3.5	180	224	280	355	450
		4	190	236	300	375	475
		4.5	200	250	315	400	500
…	…	…	…	…	…	…	…

表 3.7 外螺纹中径公差（Td₂）   单位：mm

公称直径 D/mm		螺距	公差等级						
>	≤	P/mm	3	4	5	6	7	8	9
…	…	…	…	…	…	…	…	…	…
5.6	11.2	0.5	42	53	67	85	106		
		0.75	50	63	80	100	125		
		1	56	71	90	112	140	180	224
		1.25	60	75	95	118	150	190	236
		1.5	67	85	106	132	170	212	265
11.2	22.4	0.5	45	56	71	90	112		
		0.75	53	67	85	106	132		
		1	60	75	95	118	150	190	236
		1.25	67	85	106	132	170	212	265
		1.5	71	90	112	140	180	224	280
		1.75	75	95	118	150	190	236	300
		2	80	100	125	160	200	250	315
		2.5	85	106	132	170	212	265	335
22.4	45	0.75	56	71	90	112	140		
		1	63	80	100	125	160	200	250
		1.5	75	95	118	150	190	236	300
		2	85	106	132	170	212	265	335
		3	100	125	160	200	250	315	400
		3.5	106	132	170	212	265	335	425
		4	112	140	180	224	280	355	450
		4.5	118	150	190	236	300	375	475
…	…	…	…	…	…	…	…	…	…

注：未注螺纹公差时，一般按 6H 或 6h 确定。

（五）车螺纹的主轴转速与背吃刀量

1. 车螺纹的主轴转速

车螺纹时，主轴转速受到螺纹螺距（或导程）、驱动电机的升降频特性、螺纹插补的运算速度等的影响，因此不同的数控系统，推荐不同的主轴转速选择范围。如大多数普通数控车床的主轴转速通过经验式 3.7 确定。

$$n \leqslant \frac{1200}{P} - k \tag{3.7}$$

式中 I——被加工螺纹的螺距（mm）；

k——安全系数，一般为 80。

加工螺纹时，主轴转速一经确定就不能再更改，否则，数控系统会因脉冲编码器基准脉冲信号的"过冲"量而导致螺纹的"乱牙"。

2. 螺纹表面加工的背吃刀量

当螺纹的牙型较深、螺距较大时，一般需几次进给，每次进给的背吃刀量用螺纹深度减精加工背吃刀量所得的差按递减规律分配，常用螺纹切削的进给次数与背吃刀量的关系可参考表 2.6。

（六）螺纹的车削方法

车螺纹的进刀方式一般有三种，如图 3.5 所示。

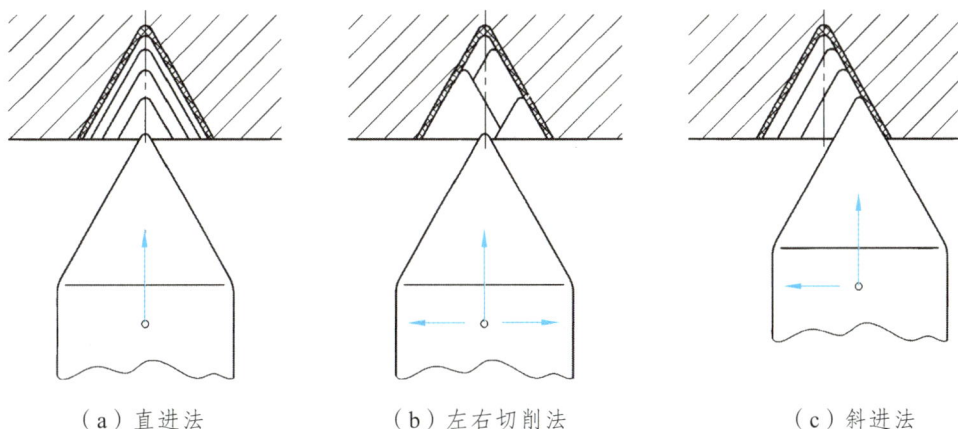

（a）直进法　　　　（b）左右切削法　　　　（c）斜进法

图 3.5　普通三角螺纹的进刀方式

1. 直进法

螺纹车刀沿 X 向间歇进给至牙深处。螺纹车刀的三面都参加切削，导致加工排屑困难，切削力和切削热增加，刀尖磨损严重。当进刀量过大时，还可能产生"扎刀"现象。适用于 P <3 mm 及脆性材料的螺纹加工的粗、精车。

2. 左右切削法

螺纹车刀沿牙型角方向交错间隙进给至牙深，在加工时刀具左右两个切削刃会随着进刀深度的增加而造成背吃刀量变大。适用于 $P \geqslant 3$ mm 的塑性材料螺纹的粗、精车。

3. 斜进法

螺纹车刀沿牙型角方向斜向间歇进给至牙深处，当螺距较大，螺纹槽较深，切削余量较大时一般采用斜进法粗车，单边留 0.1 mm 精车余量。

高速车螺纹时只能采用直进法。在 FANUC 0i 与 HNC-21T 系统中，直进法由 G92（HNC-21T 系统为 G82）实现，斜进法由 G76 实现，左右切削法编程比较复杂一般通过宏程序实现。在 SINUMERIK 802D 系统中可通过 CYCLE97 中的参数设置实现该三种进给方式。

（七）三角螺纹车刀

1. 刀具材料

三角螺纹车刀的材料一般为高速钢和硬质合金两种，高速钢一般用于低速车螺纹，硬质合金一般用于高速车螺纹。

2. 刀具几何角度

三角螺纹车刀的几何形状和角度如图 3.6 所示。高度钢螺纹车刀的 ε_γ 等于螺纹的牙型角，硬质合金螺纹车刀的 ε_γ 比牙型角小 $30'$。粗车或要求不高时，$\gamma_o=5°\sim20°$；精车时，$\gamma_o=0°$。高速钢的 $\alpha_{OL}=5°\sim8°$，$\alpha_{OR}=6°\sim10°$。硬质合金的 $\alpha_{OL}=3°\sim6°$，$\alpha_{OR}=4°\sim8°$。刀尖圆角约为 $0.12P$。刀尖倒棱宽度约为 $0.1P$。

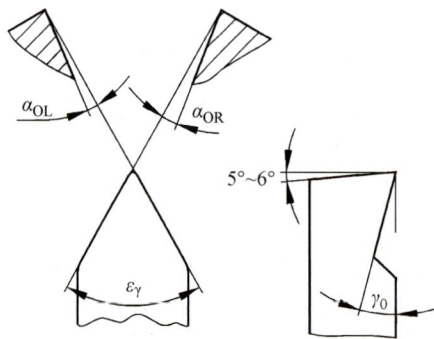

图 3.6　三角螺纹车刀几何形状

（八）三角螺纹车刀的安装

粗车时，螺纹车刀的刀尖应与机床主轴中心平齐，精车时，刀尖应略高 $0.1\sim0.3$ mm。刀尖的对称中心应与主轴轴线垂直，一般通过对刀样板来实现，如图 3.7 所示。

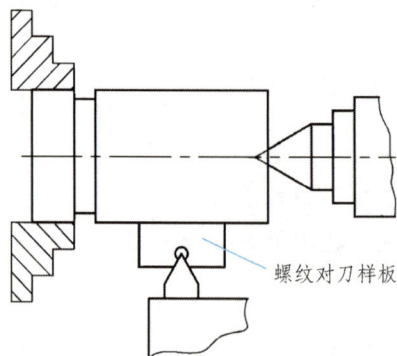

图 3.7　螺纹车刀的安装

（九）螺纹加工的起点与终点轴向尺寸

车螺纹开始时有一个加速过程，结束前有一个减速过程，在该段距离内，螺距不可能保持均匀。因此加工螺纹时，应一个螺纹的切入长度 δ_1 和一个切出长度 δ_2，一般 $\delta_1=2\sim5$ mm，$\delta_2=(1/2\sim1/5)\delta_1$。

【任务实施】

一、零件的图样分析

图 3.1 所示零件由圆柱面、圆锥面、圆弧面和螺纹表面及沟槽等组成，零件的 $\phi48\,0\,{-0.025}$ 与 $\phi30\,0\,{-0.021}$ 两处的尺寸精度为 IT7 级精度，表面粗糙度为 $Ra1.6$，且 $\phi48\,0\,{-0.025}$ 的轴心线与 $\phi30\,0\,{-0.021}$ 的轴心线有 $\phi0.03$ 的同轴度要求，其余表面的尺寸精度要求不高，表面粗糙度为 $Ra1.6$ 或 $Ra3.2$。材为 45#钢，切削加工性能较好，无热处理要求。

二、毛坯的选择

零件尺寸梯度较大，成批大量生产时，应采用锻造毛坯；单件小批量生产时应选择圆钢作为毛坯。现以单件加工为例，选择 $\phi50\times122$ 的圆钢作为其毛坯。

三、零件的数控加工工艺文件

精度为 IT7 级精度，表面粗糙度为 $Ra1.6$ 的表面，由表 3.1 知，需通过粗车→半精车→精车，方能达到其尺寸精度与表面粗糙度要求；其余表面的尺寸精度要求不高，表面粗糙度为 $Ra3.2$ 的表面，通过粗车→半精车，便可达到其尺寸精度与表面粗糙的要求。

（一）加工工序的划分

由上述分析知，要完成该零件的加工，大部分表面需粗、精两次加工才能达到其尺寸精度和表面质量要求。结合数控系统加工指令的合理运用和粗、精分开的原则该零件以一个独立的完整的数控程序段连续加工的内容作为一个工序。

（二）确定加工路线

加工时，按照先粗后精的顺序进行，粗加工后留 0.3 mm 的精车余量（用带刀尖圆角半径的车刀时，应考虑刀尖圆角半径对加工表面质量的影响，可根据情况加大精加工余量）；工步的顺序按照由近至远（由左至右）的原则进行。具体的加工路线是：

车端面→打中心孔→调头车端面定总长→打中心孔→粗 $\phi48$ 外圆→粗车两 $R15$ 圆弧面→粗 $\phi48$ 外圆至长度 62→左端倒角 $C1$→调头→粗车 M20 外圆→粗车锥面→粗车 $\phi30$ 外圆→粗车锥面→M20 螺纹段右端倒角→精车 M20 外圆→精车锥面→精车 $\phi30$ 外圆→精车锥面→切 4×2 mm 槽→车 M24 螺纹→调头→精 $\phi48$ 外圆→精车两 $R15$ 圆弧面→精 $\phi48$ 外圆→$2\times34°$ V 形槽。

（三）数控车床与数控系统选择

选择 CK6136 前置刀架数控车床，选用 FANUC 0i MATE TC、SINUMERIK 802D。

（四）零件的装夹

零件的加工长度较长，为增加安装刚性，采用一夹一顶的装夹方式。夹具选择三爪卡盘与活动顶尖。

（五）刀具选择

根据零件结构与加工工艺确定所使用刀具，如表 3.8 所示。

表 3.8　综合轴数控加工刀具卡

产品名称或代号				零件名称	综合轴	零件图号	
序号	刀具号	刀具名称	数量	加工表面	刀尖半径/mm		备注
1	T01	90°硬质合金外圆粗车刀	1	外圆、端面			
2	T02	93°硬质合金外圆车刀（刀尖角35°）	1	R15 圆弧面	0.4		
3	T03	90°硬质合金外圆精车刀	1	外圆	0.4		
4	T04	3 mm 硬质合金切槽刀	1	V 形槽、螺纹退刀槽			
5	T05	60°硬质合金外螺纹车刀	1	M20 螺纹表面			安装在 1 号刀位
6		3 mm 中心钻	1	两端中心孔			
编制		审核		批准		年　月　日	共　页　　第　页

（六）量具选择

根据零件的结构和尺寸精度选择量具为：150 mm × 0.02 mm 游标卡尺，25~50 mm 外径千分尺，M20 螺纹环规，15 ~ 25 R 规，0 ~ 320º（2′）万能角尺，粗糙度对比块。

（七）切削用量的确定

1. 背吃刀量

（1）粗车时：a_p=4 mm。

（2）精车时：a_p=0.6 mm（考虑刀尖圆弧半径）。

（3）车螺纹：按表 2.6 选取。

2. 主轴转速

先确定切削速度，然后计算主轴转速。

1）车外圆

根据表 1.11，粗车的切削速度为 100 ~ 120 m/min，精车的切削速度为 140 ~ 180 m/min。按最大的加工直径，根据公式 1.1 计算。

粗车：$n=1000V_C/\pi D=1000 \times 120/（3.14×48）=796.18$（r/min），取 n=800 r/min；

精车：$n=1000V_C/\pi D=1000 \times 180/（3.14×48）=1194.27$（r/min），取 n=1200 r/min。

2）切槽

切槽的切削速度一般取外圆切削速度的 60% ~ 70%。

V 形槽：$n=1000V_C/\pi D=1000 \times 100/（3.14×48）\times 0.6=398.09$（r/min），取 n=400 r/min；

螺纹退刀槽：$n=1000V_C/\pi D=1000 \times 100/(3.14×20)\times 0.6=955.41$（r/min），取 n=1000 r/min。

3）车螺纹

据式 3.7 计算主轴转速。

$$n \leqslant \frac{1200}{P} - k = (1200/2.5) - 80 = 400 \ (\text{r/min})$$

3. 进给速度

1）车外圆

粗车时，F =0.3 mm/r；精车时，常取 F =0.1 mm/r。

2）切槽

$$F = 0.08 \ \text{mm/r}。$$

3）车螺纹

螺纹加工的进给速度必须等于螺纹导程，F =2.5 mm/r。

（八）切削液选择

根据表 1.12，选择乳化液。

（九）数控加工工序卡

根据上述分析和计算，完成综合轴的工序卡（见表 3.9）。

表 3.9 综合轴数控加工工序卡

单位名称		产品名称或代号		零件名称		零件图号
				综合轴		
工序号		夹具名称		使用设备		车间
		三爪卡盘、回转顶针		CK6136		
工步号	工步内容	刀具号	量具名称及规格	主轴转速/（r/min）	进给速度/（mm/r）	背吃刀量/mm	备注
---	---	---	---	---	---	---	---
1	粗车ϕ48 外圆及 R15 圆弧面留 0.6 mm 精车余量	T02	150 mm×0.02 mm 游标卡尺	800	0.3	1.2	
2	粗车工件右端各表面留 0.6 mm 精车余量	T01	同上	800	0.3	4	
3	精车工件右端外圆表面至尺寸和表面质量要求	T03	25~50 mm 千分尺、粗糙度对比块	1200	0.1	0.6	
4	切 4×2 槽	T04	150 mm×0.02 mm 游标卡尺	1000	0.08		
5	车 M20 螺纹至尺寸和表面质量要求	T05	M20 螺纹环规	400	2.5		安装在1 号刀位
6	精车ϕ48 外圆及 R15 圆弧面至尺寸和表面质量要求	T02	25~50 mm 千分尺、15～25 R 规、粗糙度对比块	1200	0.1	0.6	圆弧底 F 值减半
7	车 V 形槽至尺寸和表面质量要求	T04	0～320º（2′）万能角尺、150 mm×0.02 mm 游标卡尺	400	0.08		
8							
编制		审核		批准		年　月　日　共　页　第　页	

四、加工程序的编制

（一）M20 螺纹相关尺寸的确定

（1）螺距 P 的确定

标注中未注螺距则为粗牙螺距，查表 3.2 得：P=2.5 mm

（2）螺纹大径尺寸确定

可用经验公式 3.6 计算，$d_{大}$=d-0.13P=20-0.13×2.5=19.675。也可以按 6h 查表 3.5 得螺纹的 ei=-0.335，根据该偏差确定螺纹到大径尺寸。

（3）螺纹小径尺寸确定

按公式 3.3 计算，d_1=d-1.299P=16.425。

注意：三角螺纹加工时，均应按照相关知识部分的公式和螺纹公差表，先确定内外螺纹的大径和小径，再根据所确定的尺寸进行编程。

（二）FANUC 0i 系统的加工程序

程序段号	FANUC0i 系统程序	程序说明
	O0011；	主程序
N10	G97 G99 G21 G40；	程序初始化
N20	M03 S800；	设置转速 800 r/min（粗加工左端）
N30	T0202；	选择 2 号刀具（93°硬质合金外圆车刀，刀尖角 35°）
N40	G00 X52 Z2；	快速移动到循环起点
N50	G73 U5.5 W0 R5；	设置总退刀量 5.5 毫米，粗加工 5 次
N60	G73 P70 Q130 U1.2 W0.2 F0.3；	精加工余量 1.2 mm（直径值），进给量 0.3 mm/r
N70	G00 X42；	快速移动到 X42 mm
N80	G01 X47.987 Z-1 F0.1；	倒角 C1
N90	Z-25；	加工到 Z-25
N100	G03 X41.987 Z-34 R15 F0.05；	车圆弧
N110	G02 X47.987 Z-55 R15；	车圆弧
N120	G01 Z-62 F0.1；	加工直线至 Z-62 mm 处
N130	X50；	退刀至 ϕ50 mm 处
N140	G00 X100 Z100；	快速对刀至换刀点
N150	M05；	主轴停止
N160	M00；	程序暂停，掉头，Z 向对刀（T01），修正刀补
N170	M03 S800；	设置转速 800 r/min（粗加工右端）
N180	T0101；	选择 1 号刀具（90°外圆粗车刀）
N190	G00 X50 Z2；	快速移动到循环起点
N200	G71 U4 R2；	调用 G71 循环，背吃刀量为 4 mm
N210	G71 P220 Q310 U1.2 W0.2 F0.3；	精加工余量为 1.2 mm（直径值）
N220	G00 X12；	快速移动至 X12 mm 处

续表

程序段号	FANUC0i 系统程序	程序说明
N230	G01 X19.729 Z-2 F0.1;	倒角 C2,
N240	Z-24;	加工至 Z-24 mm 处
N250	X20;	退刀至 X20 mm 处
N260	X28 Z-44;	车锥面
N270	X29;	退刀至 X29 mm 处
N280	X29.989 Z-44.5;	倒角 C0.5 mm
N290	Z-54;	加工至 Z-54 mm
N300	X48 Z-60;	车锥面
N310	X50;	退刀至 X50 mm 处
N320	G00 X100 Z100;	快速退刀至换刀点
N330	M05;	主轴停止
N340	M00;	程序暂停,将螺纹刀装到 1 号刀位上,并对刀
N350	M03 S1200;	调整转速为 1200 r/min(精加工右端)
N360	T0303;	选择 3 号刀具（90°外圆精车刀）
N370	G42 G00 X52 Z2;	快速定位到 X52 Z2 mm 处（调用刀尖圆弧半径补偿）
N380	G70 P220 Q310;	精加工右端外圆
N390	G40 G00 X100 Z100;	快速退刀至换刀点（取消刀尖圆弧半径补偿）
N400	T0404;	调用 4 号刀（切槽刀,切右端螺纹退刀槽）
N410	M03 S1000;	调整转速为 1000 r/min
N420	G00 X21 Z-23;	快速定位
N430	G01 X16 F0.08;	切槽至 X16 mm 处
N440	G04 X0.5;	暂停 0.5 s 保证槽底加工到位
N450	G00 X21;	快速退刀至 X21 mm 处
N460	Z-24;	快速移动至 Z-24 mm 处
N470	G01 X16;	切槽至 X16 mm 处
N480	G04 X0.5;	暂停 0.5 s.保证槽底加工到位
N490	G00 X22;	快速退刀至 X22 mm 处
N500	X100 Z100;	快速退刀至换刀点
N510	T0101;	调用 5 号刀（螺纹刀,安装在 1 号刀位）
N520	M03 S400;	调整转速为 400 r/min
N530	G00 X22 Z2;	快速定位到螺纹循环起点
N540	G92 X19 Z-22 F2.5;	螺纹加工
N550	X18.3;	
N560	X17.7;	
N570	X17.2;	

续表

程序段号	FANUC0i 系统程序	程序说明
N580	X16.8;	
N590	X16.5;	
N600	X16.425;	
N610	G00 X100 Z100;	快速退刀至换刀点
N620	M05;	主轴停止
N630	M00;	程序暂停
N640	M03 S1200;	设置转速 1200 r/min（精车左端）
N650	T0202;	选择 2 号刀具（93°硬质合金外圆车刀，刀尖角 35°）
N660	G42 G00 X52 Z2;	快速移动到循环起点（调用刀尖圆弧半径补偿）
N670	G70 P70 Q130;	精加工左端（取消刀尖圆弧半径补偿）
N680	G40 G00 X100 Z100;	快速移动到换刀点
N690	M03 S1000;	调整转速为 1000 r/min
N700	T0404;	选择 4 号刀具（切槽刀）
N710	G00 X50 Z−1;	快速定位
N720	M98 P20012;	调用两次切 V 形槽子程序进行切槽
N730	G00 X100 Z100;	快速退刀
N740	M30;	程序结束
	O0012;	切槽子程序
N10	G00 W−8.5;	利用相对坐标编程，向 Z 负方向移动 8.5 mm
N20	G01 X28 F0.05;	切槽至 ϕ28 mm 处
N30	G04 X0.5;	暂停 0.5 s，保证槽底完全加工
N40	G00 X50;	快速退刀至 ϕ50 mm 处
N50	W−3.5;	向 Z 负方向移动 3.5 mm
N60	G01 X48;	移动至槽左斜面起点
N70	X28 W3.057;	切削槽左斜面
N80	G04 X0.5;	暂停 0.5 s，保证槽底完全加工
N90	G00 X50;	快速退刀至 ϕ50 mm 处
N100	W3.943;	向 Z 正方向移动 3.943 mm
N110	G01 X48;	移动至槽右斜面起点
N120	G01 X28 W−3.057;	切削槽右斜面
N130	G04 X0.5;	暂停 0.5 s，保证槽底完全加工
N140	G00 X50;	快速退刀至 ϕ50 mm 处
N150	W−3.943;	快速定位至槽左端，保证下次循环起点正确
N160	M99;	子程序结束

（三）SINUMERIK 802D 系统的加工程序

程序段号	SINUMERIK802D 系统程序	程序说明
	Task11.MPF	主程序
N10	G90 G95 G97	绝对坐标编程、每转进给量 、恒转速
N20	M03 S800	设置转速 800 r/min
N30	T2D1	选择 2 号刀具（93°硬质合金外圆车刀，刀尖角 35°）
N40	G00 X52 Z2	快速移动到循环起点
N50	CYCLE95 （"Sub11", 1.2, 0.2, 1.2, 0, 0, 0.2, 0, 1, 0, 0, 0）	调用 CYCLE95 进行左端粗加工
N60	G00 X100 Z100	快速退刀至换刀点
N70	M05	主轴停止
N80	M00	程序暂停，掉头
N90	M03 S800	设置转速 800 r/min
N100	T1D1	选择 1 号刀具（90°外圆粗车刀）
N110	G00 X52 Z2	快速移动到循环起点
N120	CYCLE95 （"Sub12", 4, 0.200, 1.2, 0, 0.3, 0.2, 0, 1, 0, 0, 0）	调用 CYCLE95 进行右端粗加工
N130	G00 X100 Z100	快速退刀至换刀点
N140	M05	主轴停止
N150	M00	程序暂停，将螺纹刀装到 1 号刀位上，并对刀
N160	M03 S1200	调整转速为 1200 r/min
N170	T3D1	选择 3 号车刀（90°外圆精车刀）
N180	G42 G00 X52 Z2	快速定位至 X52 Z2 mm 处（调用刀尖圆弧半径补偿）
N190	Sub12	调用右端外轮廓子程序进行精加工
N200	G40 G00 X100 Z100	快速退刀至安全位置（取消刀尖圆弧半径补偿）
N210	T4D1	调用 4 号刀（切槽刀）
N220	M03 S1000	调整转速为 1000 r/min
N230	G00 X21 Z−23	快速定位
N240	G01 X16 F0.08	切槽至 X16 mm 处
N250	G04 F0.5	暂停 0.5 s 保证槽底加工到位
N260	G00 X21	快速退刀至 X21 mm 处
N270	Z−24	快速移动至 Z−24 mm 处
N280	G01 X16	切槽至 X16 mm 处
N290	G04 F0.5	暂停 0.5 s 保证槽底加工到位

续表

程序段号	SINUMERIK802D 系统程序	程序说明
N300	G00 X22	快速退刀至 X22 mm 处
N310	X100 Z100	快速退刀至换刀点
N320	T1D1	调用 5 号刀（螺纹刀，安装在 1 号刀位）
N330	M03 S400	调整转速为 400 r/min
N340	G00 X22 Z2	快速定位到螺纹循环起点
N350	CYCLE97（2.5, , 0, −20,20, 20, 2, 2, 1.645, 0.1, 30, 6,1, 3, 0）	调用 CYCLE97 进行螺纹加工
N360	G00 X100 Z100	快速退刀至换刀点
N370	M05	主轴暂停
N380	M00	程序暂停，掉头
N390	M03 S1200	设置转速 1200 r/min
N400	T2D1	选择 2 号刀具（93°硬质合金外圆车刀，刀尖角 35°）
N410	G42 G00 X52 Z2	快速定位到 X52 Z2 mm 处（调用刀尖圆弧半径补偿）
N420	Sub11	调用左端轮廓子程序进行精加工
N430	G40 G00 X100 Z100	快速退刀（取消刀尖圆弧半径补偿）
N440	M03 S400	调整转速为 400 r/min
N450	T4D1	选择 4 号刀具（切槽刀）
N460	G00 X50 Z−1	快速定位
N470	Sub13 L2	调用切槽两次子程序 Sub13 进行切槽
N480	G00 X100 Z100	快速退刀
N490	M30	程序结束
	Sub11.SPF	左端轮廓子程序
N10	G00 X42 Z2	快速定位到加工起点
N20	G01 X47.987 Z−1 F0.1	倒角 C1
N30	Z−25	加工至 Z−25 mm 处
N40	G03 X41.987 Z−34 CR=15 F0.05	车圆弧
N50	G02 X47.987 Z−55 CR=15	车圆弧
N60	G01 Z−62 F0.1	加工至 Z−62 mm 处
N70	X50	退刀
N80	M2	子程序结束

续表

程序段号	SINUMERIK802D 系统程序	程序说明
	Sub12.SPF	右端轮廓子程序
N10	G00 X12 Z2	快速移动至 X12、Z2 mm 处
N20	G01 X19.729 Z–2 F0.1	倒角 C2
N30	Z–24	加工至 Z–24 mm 处
N40	X20	退刀至 X20 mm 处
N50	X28 Z–44	车锥面
N60	X29	退刀至 X29 mm 处
N70	X29.989 Z–44.5	倒角 C0.5 mm
N80	Z–54	加工至 Z–54 mm
N90	X48 Z–60	车锥面
N100	X50	退刀至 X50 mm 处
N110	M2	子程序结束
	Sub13.SPF	切槽子程序
N10	G91 G00 Z–8.5	利用相对坐标编程，向 Z 负方向移动 8.5 mm
N20	G01 X–22 F0.05	切槽至 ϕ28 mm 处
N30	G04 F0.5	暂停 0.5 s，保证槽底完全加工
N40	G00 X22	快速退刀至 ϕ50 mm 处
N50	Z–3.5	向 Z 负方向移动 3.5 mm
N60	G01 X–2	移动至槽左斜面起点
N70	X–20 Z3.057	切削槽左斜面
N80	G04 F0.5	暂停 0.5 s，保证槽底完全加工
N90	G00 X22	快速退刀至 ϕ50 mm 处
N100	Z3.943	向 Z 正方向移动 3.943 mm
N110	G01 X–2	移动至槽右斜面起点
N120	G01 X–20 Z–3.057	切削槽右斜面
N130	G04 F0.5	
N140	G00 X22	快速退刀至 ϕ50 mm 处
N150	Z–3.943	快速定位至槽左端，保证下次循环起点正确
N160	G90	切换为绝对坐标编程
N170	M2	子程序结束

程序说明：

（1）CYCLE95 为轮廓加工循环，指令使用格式如下：

CYCLE95 （NPP, MID, FALZ, FALX, FAL, FF1, FF2, FF3, VARI, DT, DAM, _VRT），该指令中各参数的含义见表 3.10、表 3.11。

表 3.10　CYCLE95 循环指令参数表

参数名	类型	含　义
NPP	String	轮廓子程序名称
MID	Real	进给深度（无符号输入）
FALZ	Real	在纵向轴的精加工余量（无符号输入）
FALX	Real	在横向轴的精加工余量（无符号输入）
FAL	Real	轮廓的精加工余量
FF1	Real	非切槽加工的进给率
FF2	Real	切槽时的进给率
FF3	Real	精加工的进给率
VARI	Real	加工类型（1~12），见表 3.11
DT	Real	粗加工时用于断屑时的停顿时间
DAM	Real	粗加工因断屑而中断时所经过的长度
_VRT	Real	粗加工时从轮廓的退回行程，增量（无符号输入）

表 3.11　轮廓循环加工类型（VARI）

数值	纵向 / 横向	外部 / 内部	粗加工 / 精加工 / 综合加工
1	纵向	外部	粗加工
2	横向	外部	
3	纵向	内部	
4	横向	内部	
5	纵向	外部	精加工
6	横向	外部	
7	纵向	内部	
8	横向	内部	
9	纵向	外部	综合加工（先粗后精）
10	横向	外部	
11	纵向	内部	
12	横向	内部	

（2）CYCLE97 为螺纹加工循环，指令使用格式如下：

CYCLE97（PIT, MPIT, SPL, FPL, DM1, DM2, APP, ROP, TDEP, FAL, IANG, NSP,NRC, NID, VARI, NUMT），该指令中各参数的含义见表 3.12、表 3.13。

表 3.12　CYCLE97 循环指令参数表

参数名	类型	含　义
PIT	Real	螺距
MPIT	Real	螺纹尺寸值：3（用于 M3）…60（用于 M60）
SPL	Real	螺纹纵向起点
FPL	Real	螺纹纵向终点
DM1	Real	始点的螺纹直径
DM2	Real	终点的螺纹直径
APP	Real	空刀导入量（无符号输入）
ROP	Real	空刀退出量（无符号输入）
TDEP	Real	螺纹深度（无符号输入）
FAL	Real	精加工余量（无符号输入）
IANG	Real	进给切入角（为 0 或牙型半角，带符号）
NSP	Real	首圈螺纹的起始点偏移（无符号输入）
NRC	Int	粗加工次数
NID	Int	精加工空走次数
VARI	Int	加工类型（1～4），见表 3.13
NUMT	Int	螺纹头数（无符号输入）

表 3.13　螺纹循环加工类型（VARI）

值	外部/内部	恒定进给/恒定切削截面积
1	外部	恒定进给
2	内部	恒定进给
3	外部	恒定切削截面积
4	内部	恒定切削截面积

【专家提醒】

（1）对所使用数控机床的数控系统的编程指令格式和指令的特点应十分熟悉，便于合理与充分应编程指令为加工服务。

（2）毛坯余量均匀时，FANUC 0i 系统与 HNC-21T 应用 G73 指令进行编程。

（3）应尽可能采用循环功能指令和子程序进行编程以减少手工编程的工作量。

（4）掌握系统常见的报警信息的解决措施，便于及时排除报警。

（5）影响切削用量的因素很多，需根据具体的情况进行调整，应采用合理的切削用量进行加工；连续的精加工表面，可用恒限速控制功能。

（6）批量生产时，一般一个工序一个程序，单件生产可以由一个程序完成。

五、加工操作

（一）加工准备

操作使用的工量具及毛坯等按表 3.14 进行准备。

表 3.14　加工准备单

名　称	数　量	名　称	数　量
刀具（含刀片）	见表 3.8	刀台扳手	1
量具（检具）	见表 3.9	夹头扳手	1
钻夹头	1	毛坯（$\phi50\times122$ mm，45#钢）	1
回转顶尖	1		

（二）程序录入与校验

根据所用数控机床的数控系统录入程序，进行程序校验。

注意：FANUC0i 系统如在对刀后进行轨迹校验，应将刀具停在程序结束的坐标位置，否则会出现模拟程序后坐标混乱。

（三）工件加工

（1）工件装夹→安装刀具→车端面→打中心孔。

（2）调头装夹（保证工件左端加工长度要求）→车端面（保证总长）→打中心孔→对刀→装回转顶尖（顶住工件）→粗车 $\phi40$ 外圆→粗车 R15 凸圆弧→粗车 R15 凹圆弧→程序暂停。

（3）调头装夹（用一夹一顶装夹工件，满足工件右端长度的加工要求）→1 号刀号刀 Z 向重新对刀→修正 1 号刀 Z 向刀补→粗车 M20 大径→粗车 1：2.5 圆锥面→粗车 $\phi30$ 外圆→粗车锥面→程序暂停→取下 1 号刀→将螺纹车刀安装在 1 号刀位→螺纹车刀、切槽刀对刀→精车 M20 大径→精车 1：2.5 圆锥面→精车 $\phi30$ 外圆→精车锥面→切槽→车螺纹→程序暂停；

（4）调头（夹持 $\phi30$ 外圆，并用中心孔支撑）→3 号刀、4 号刀 Z 向重新对刀→修正 3 号刀、4 号刀 Z 向→精车 $\phi40$ 外圆→精车 R15 凸圆弧→精车 R15 凹圆弧→加工 V 形槽。

【专家提醒】

（1）操作设备时，必须严格按照设备安全操作规程进行操作。

（2）精加工的表面在装夹时应避免夹伤，必要时应用均匀的薄铜皮保护已加工表面。

（3）刀具安装时，刀具号应与刀位号一致。

（4）三爪卡盘的定心精度一般大于 0.05 mm，应尽量减少装夹次数，以保证工件的形位公差要求，当形位公差达不到要求时，单件生产采用找正安装或定心精度高的卡盘，批量生产采用专用夹具保证。

六、零件测量

（一）长度尺寸检测

该零件的全部长度尺寸均用游标卡尺完成检测。

（二）外圆柱表面检测

所有外圆柱表面先用游标卡测量，再用千分尺测量。

（三）圆弧面检测

R15 圆弧表面用 R 规通过透光检查。

（四）槽检测

螺纹退刀槽的尺寸与 V 形槽的线性尺寸用游标卡尺测量。V 形槽的角度尺寸用万能角尺测量。

（五）M20 螺纹检测

M20 螺纹用螺纹环规进行综合检测。螺纹环规如图 3.8 所示，螺纹塞规如图 3.9 所示。通规用"T"或"GO"表示，止规用"Z"或"NO GO"表示。

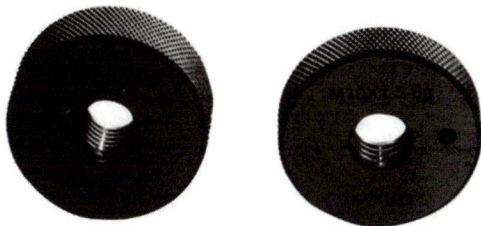

图 3.8　螺纹环规　　　　　　　　　　图 3.9　螺纹塞规

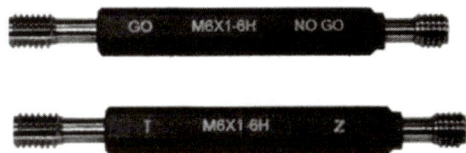

（六）粗糙度检测

表面粗糙度用粗糙度对比块进行对比检测。

（七）同轴度检测

将ϕ48外圆放在V形块上，用百分表检查ϕ30外圆的跳动值来判定同轴度误差是否合格。

（八）圆锥面检测

1. 锥角检测

1）万能角尺检测

单件小批量生产中，锥角一般用万能角尺检测锥角的大小。

2）圆锥套规（或塞规）检测

批量生产时，常用圆锥套规（或塞规）检查锥角大小，检测时用圆锥套规（或塞规）轻轻套在工件的圆锥面上，用手握住套规左、右两端分别上下摆动，如图3.10（a）所示。如果大端有间隙，说明锥角小，如图3.10（b）所示；小端有间隙，则锥角大，如图3.10（c）所示。左右两端均不能摆动，说明锥角基本正确，可用涂色法作精确检查。

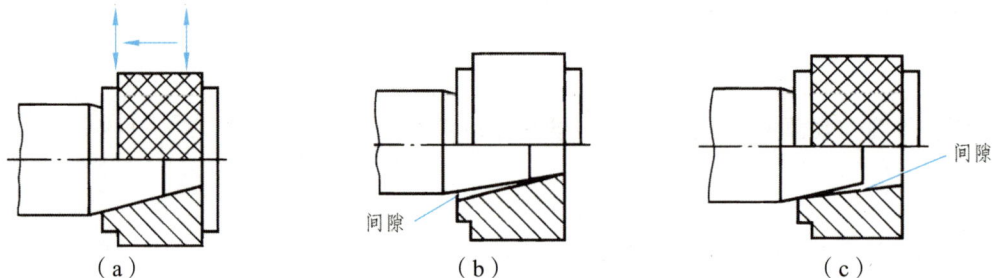

图3.10　锥形套规检测锥角

3）涂色法检测

用显示剂（印油、红丹粉）薄而均匀地在工件表面顺着圆锥素线涂上三条线，如图3.11（a）所示；用手握住圆锥套规（或塞规）轻轻套在工件上，稍加轴向推力。并将圆锥套规（或塞规）转动约半周，如图3.11（b）所示；如果三条显示剂全长都擦印均匀，则锥度正确，如图3.11（c）所示。如果显示剂被局部擦去，则说明锥角不正确或圆锥素线不直，如图3.12所示。

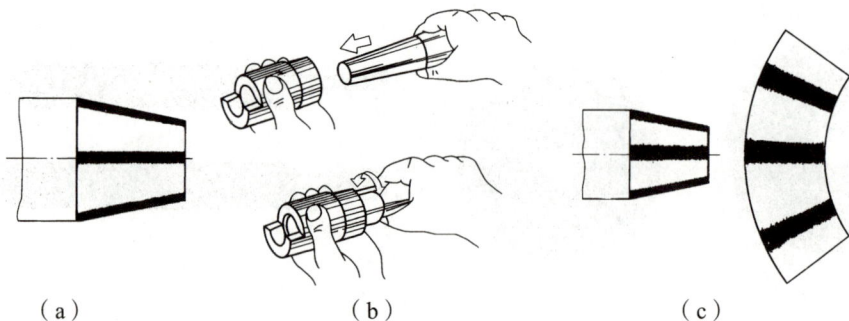

（a）　　　　　　　　　　（b）　　　　　　　　　　（c）

图3.11　涂色法检查圆锥面

（a）大端接触　　　　　　　（b）小端接触　　　　　　　（c）两端接触

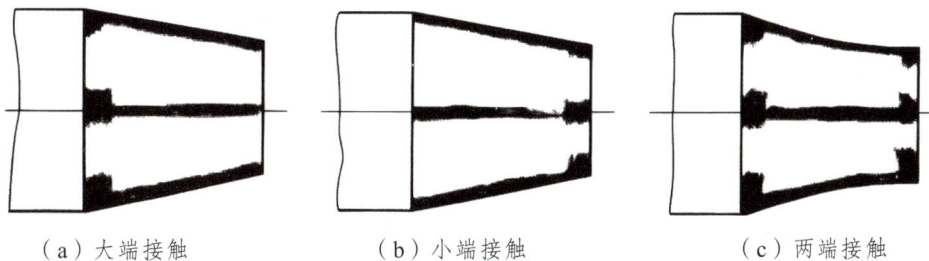

图 3.12　不合格的圆锥接触面

2. 接触面积检测

一般用涂色法检查，按图 3.11（a）和图 3.11（b）进行操作，然后观察圆锥表面显示剂的分布面积是否达到零件图的技术要求，判定接触面积是否合格。

【同步训练】

完成图 3.13～图 3.18 所示零件的数控加工工序卡、数控加工刀具卡及加工程序的编制，并操作机床加工出合格的零件。

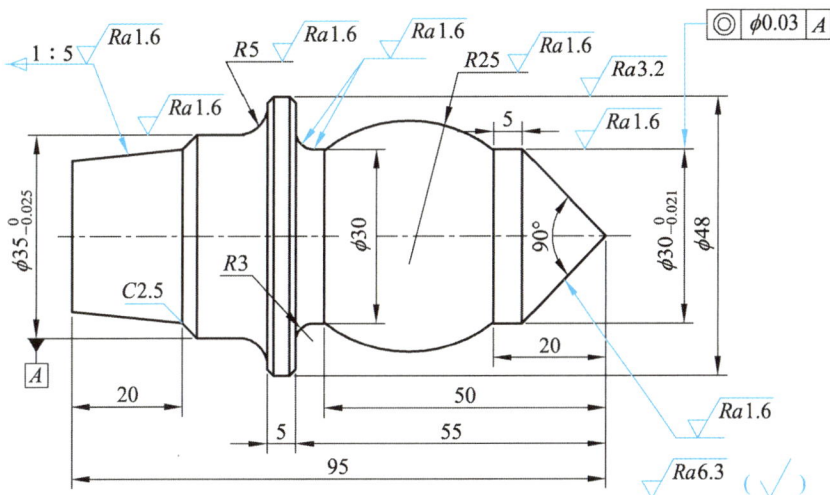

材料：45#钢

技术要求

1. 锐边倒钝；

2. 未注倒角 C1；

3. 不得用锉刀、砂布等抛光加工表面；

4. 未注公差按 GB/T 1804—2000 中 m（中等级）加工和检验。

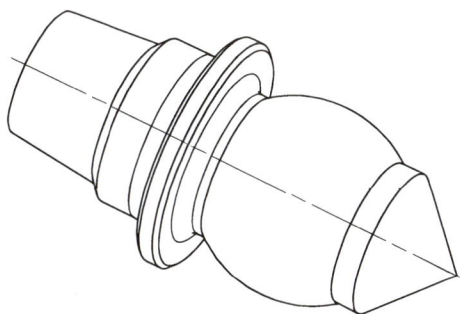

图 3.13　典型综合轴 1

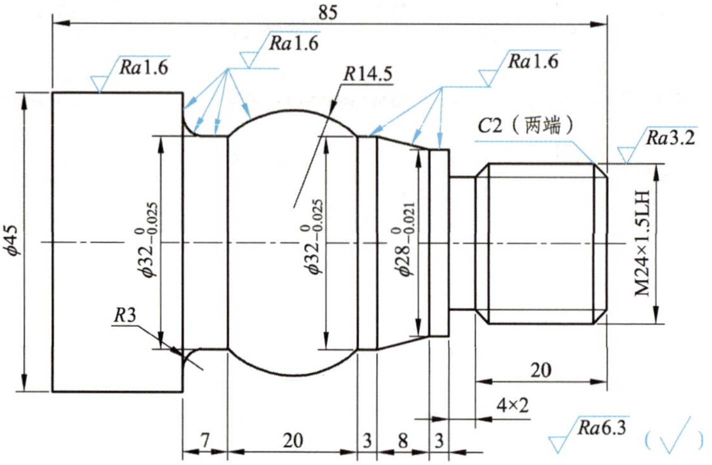

材料：45#钢

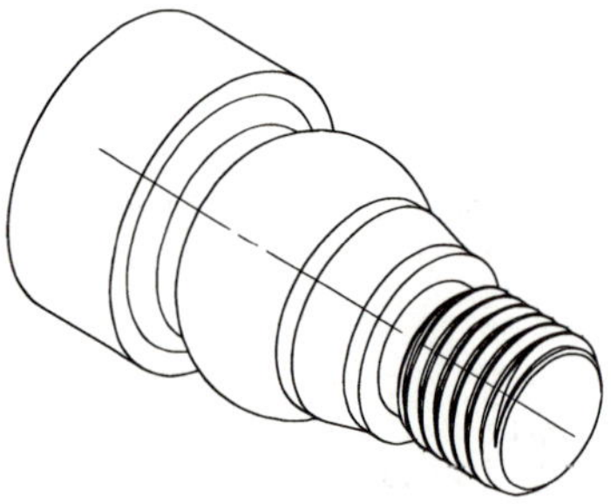

技术要求

1. 锐边倒钝；

2. 未注倒角 C1；

3. 不得用锉刀、砂布等抛光加工表面；

4. 未注公差按 GB/T 1804—2000 中 m（中等级）加工和检验。

图 3.14   典型综合轴 2

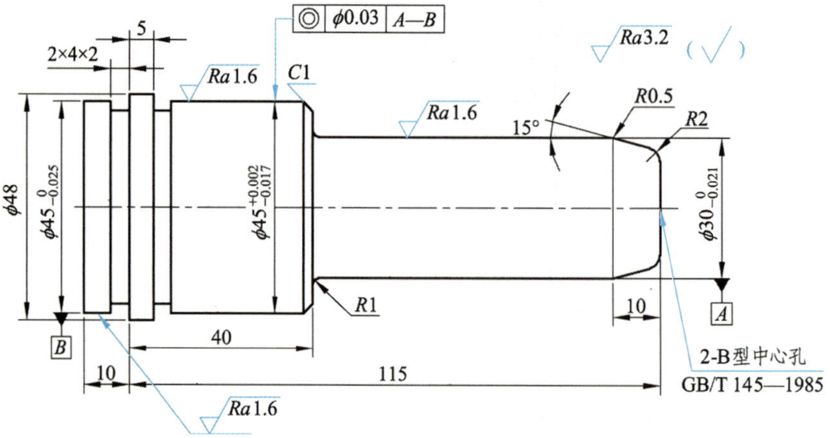

材料：T8A

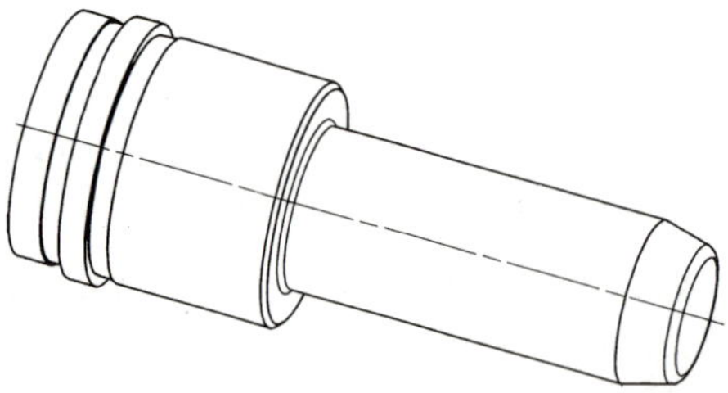

技术要求

1. 锐边倒钝；

2. 不得用锉刀、砂布等抛光加工表面；

3. 未注公差按 GB/T 1804—2000 中 m（中等级）加工和检验。

图 3.15   典型综合轴 3

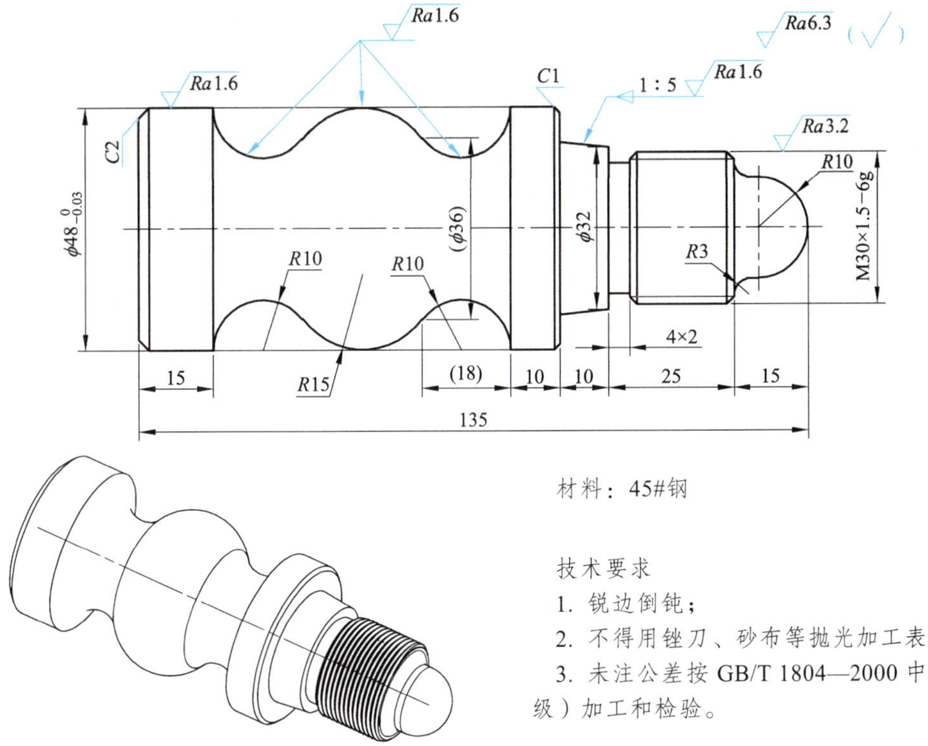

材料：45#钢

技术要求

1. 锐边倒钝；

2. 不得用锉刀、砂布等抛光加工表面；

3. 未注公差按 GB/T 1804—2000 中 m（中等级）加工和检验。

图 3.16　典型综合轴 4

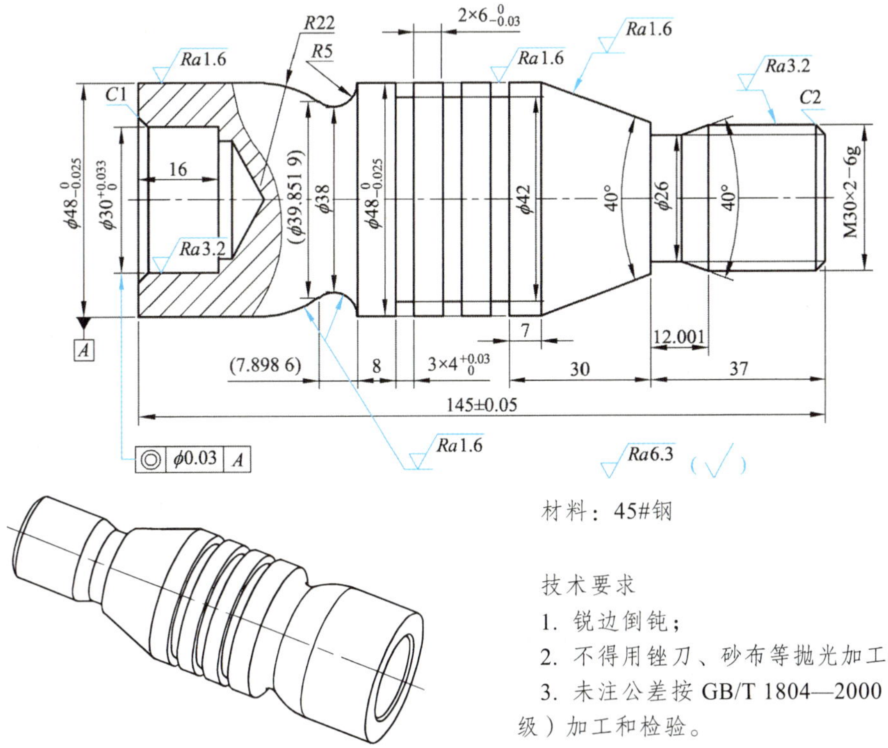

材料：45#钢

技术要求

1. 锐边倒钝；

2. 不得用锉刀、砂布等抛光加工表面；

3. 未注公差按 GB/T 1804—2000 中 m（中等级）加工和检验。

图 3.17　典型综合轴 5

127

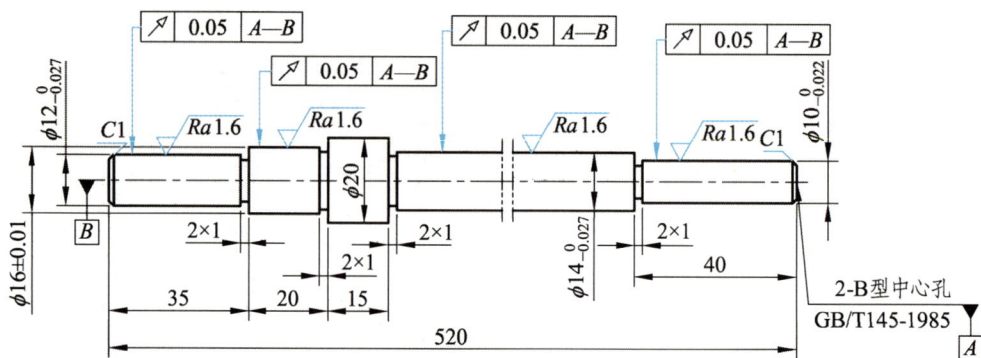

材料：45#钢

技术要求

1. 锐边倒钝；

2. 不得用锉刀、砂布等抛光加工表面；

3. 未注公差按 GB/T 1804—2000 中 m（中等级）加工和检验。

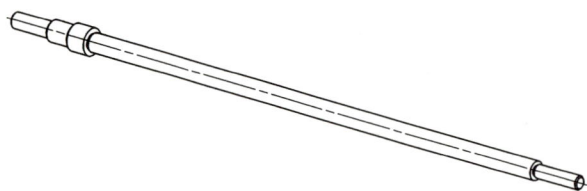

图 3.18　典型综合轴 6

任务二　端盖加工

【任务描述】

在数控车床上，完成图 3.19 所示零件的程序编制及加工。主要任务包括：

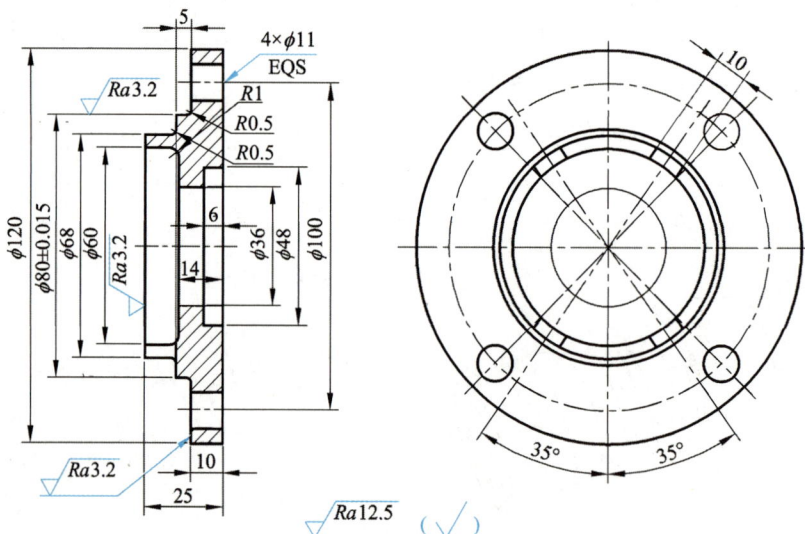

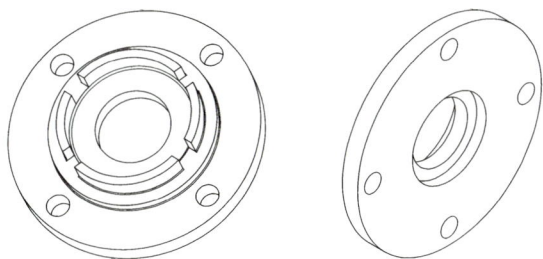

材料：HT150

技术要求

1. 锐边倒钝；

2. 时效处理；

3. 未注公差按 GB/T 1804—2000 中 m（中等级）加工和检验。

图 3.19　端盖

（1）合理制订盘盖类零件的数控加工工艺。

（2）根据加工工艺编制出数控加工程序。

（3）掌握孔加工工艺及方法。

（4）熟练操作机床，加工出合格零件。

（5）进行零件检测，并进行误差分析。

【相关知识】

一、孔加工概述

车床上加工的孔有通孔、阶梯孔、盲孔等，孔的长度与直径之比称为长径比（L/D）。通孔中，L/D 为 1～1.25 的孔的工艺性最好；L/D>5 的孔一般称为深孔，当其尺寸精度和表面粗糙度要求较高时，加工就很困难。阶梯孔的工艺性较差，当孔径相差越大，小孔的孔径又很小时，其工艺性就更差。盲孔的工艺性最差。

当 D<20 mm 时，一般采用钻、扩、铰的加工方式进行加工；当 D>20 mm 时，可采用镗削加工。在车床上加工孔，能达到的经济精度和经济表面粗糙度见表 3.15。当零件的尺寸精度和表面粗糙度超过表中的数值时，则应安排磨削、珩磨、研磨、抛光或滚压的工艺来达到相关的要求。

表 3.15　车床上孔加工能达到的经济精度和经济表面粗糙度

序号	加工方法		经济精度（公差等级）	经济表面粗糙度 Ra /μm	适用范围
1	钻		IT13～IT11	25～12.5	
2	钻→铰	D<15 mm	IT9～IT8	3.2～1.6	
3	钻→粗铰→精铰		IT8～IT7	1.6～0.8	
4	钻→扩		IT11～IT10	12.5～6.3	淬火钢以外的金属实心毛坯
5	钻→扩→铰	D<20 mm	IT9～IT8	3.2～1.6	
6	钻→扩→粗铰→精铰		IT8～IT7	1.6～0.8	
7	钻		IT13～IT11	12.5～6.3	
8	钻→半精镗		IT9～IT8	3.2～1.6	
9	钻→半精镗→精镗	D>20 mm	IT8～IT7	1.6～0.8	
10	粗镗		IT13～IT11	12.5～6.3	淬火钢以外的金属，毛坯上有孔的内孔加工
11	粗镗→半精镗		IT9～IT8	3.2～1.6	
12	粗镗→半精镗→精镗		IT8～IT7	1.6～0.8	

二、孔加工的切削用量

孔加工的切削用量可以查阅《机械加工工艺人员手册》或《金属切削用量手册》，本书摘录了其中相关的部分供读者参考。

（一）孔的加工余量

孔的加工余量参见表 3.16。

表 3.16 H7 与 H8 级精度孔的加工余量（在实体材料上加工） 单位：mm

加工孔的直径	直径							
	钻		粗加工		半精加工		精加工	
	第一次	第二次	粗镗	扩孔	粗铰	半精镗	精铰	精镗
3	2.9	—	—	—	—	—	3	—
4	3.9	—	—	—	—	—	4	—
5	4.8	—	—	—	—	—	5	—
6	5	—	—	5.85	—	—	6	—
8	7	—	—	7.85	—	—	8	—
10	9	—	—	9.85	—	—	10	—
12	11	—	—	11.85	11.95	—	12	—
13	12	—	—	12.85	12.95	—	13	—
14	13	—	—	18.85	13.95	—	14	—
15	14	—	—	14.85	14.95	—	15	—
16	15	—	—	15.85	15.95	—	16	—
18	17	—	—	17.85	17.95	—	18	—
20	18	—	19.8	19.8	19.95	19.9	20	20
22	20	—	21.8	21.8	21.95	21.9	22	22
24	22	—	23.8	23.8	23.95	23.9	24	24
25	23	—	24.8	24.8	24.95	24.9	25	25
26	24	—	25.8	25.8	25.95	25.9	26	26
28	26	—	27.8	27.8	27.95	27.9	28	28
30	15	28	29.8	29.8	29.95	29.9	30	30
32	15	30	31.7	31.75	31.93	31.9	32	32
35	20	33	34.7	34.75	34.93	34.9	35	35
38	20	36	37.7	37.75	37.93	37.9	38	38
40	25	38	39.7	39.75	39.93	39.9	40	40
42	25	40	41.7	41.75	41.93	41.9	42	42
45	30	43	43.7	44.75	44.93	44.9	45	45
48	36	46	47.7	47.75	47.93	47.9	48	48
50	36	48	49.7	49.75	49.93	49.9	50	50

注：（1）在铸铁上加工直径为 30 mm 与 32 mm 的孔可 h 用 ϕ28 与 ϕ30 钻头钻一次。

（2）表中镗孔的余量未考虑刀尖圆角半径的因素。

（二）钻、扩、铰的切削速度与进给速度

孔加工的切削速度与进给速度不仅与工件的材质有关，也与刀具的材质有关。本书中的钻、扩、铰方案只介绍了高速钢刀具的情况，如表 3.17～表 3.19 所示。

表 3.17　高速钢钻头钻孔的切削速度与进给速度

工件材料	牌号或硬度	切削用量	钻头直径（mm）			
			1～6	6～12	12～22	22～50
铸铁	HB160-200	切削速度（m/min）	16～24			
		进给速度（mm/r）	0.07～0.12	0.12～0.2	0.2～0.4	0.4～0.8
	HB200-241	切削速度（m/min）	10～18			
		进给速度（mm/r）	0.05～0.1	0.1～0.18	0.18～0.25	0.25～0.4
	HB300-400	切削速度（m/min）	5～12			
		进给速度（mm/r）	0.03～0.08	0.08～0.15	0.15～0.2	0.2～0.3
钢	35、45	切削速度（m/min）	8～25			
		进给速度（mm/r）	0.05～0.1	0.1～0.2	0.2～0.3	0.3～0.45
	15Cr、20Cr	切削速度（m/min）	12～30			
		进给速度（mm/r）	0.05～0.1	0.1～0.2	0.2～0.3	0.3～0.45
	合金钢	切削速度（m/min）	8～18			
		进给速度（mm/r）	0.03～0.08	0.08～0.15	0.15～0.25	0.25～0.35

表 3.18　高速钢钻头扩孔的切削速度与进给速度

工件材料	切削用量	孔的形状	扩孔钻直径（mm）				
			10～15	15～25	25～40	40～60	60～100
铸铁	切削速度（m/min）	通孔	10～18				
		沉孔	8～12				
	进给速度（mm/r）	通孔	0.15～0.2	0.2～0.25	0.25～0.3	0.3～0.4	0.4～0.6
		沉孔	0.15～0.2	0.15～0.3			
钢、铸钢	切削速度（m/min）	通孔	10～20				
		沉孔	8～14				
	进给速度（mm/r）	通孔	0.12～0.2	0.2～0.3	0.3～0.4	0.4～0.5	0.5～0.6
		沉孔	0.08～0.1	0.1～0.15	0.15～0.2		
铝、铜	切削速度（m/min）	通孔	30～40				
		沉孔	20～30				
	进给速度（mm/r）	通孔	0.15～0.2	0.2～0.25	0.25～0.3	0.3～0.4	0.4～0.6
		沉孔	0.15～0.2				

表 3.19　高速钢铰刀铰孔的切削速度与进给速度

工件材料	切削用量	铰刀直径（mm）				
		6 ~ 10	10 ~ 15	15 ~ 25	25 ~ 40	40 ~ 60
铸铁	切削速度（m/min）	2 ~ 6				
	进给速度（mm/r）	0.3 ~ 0.5	0.5 ~ 1.0	0.8 ~ 1.5	0.8 ~ 1.5	1.2 ~ 1.8
钢及合金钢	切削速度（m/min）	1.2 ~ 5				
	进给速度（mm/r）	0.3 ~ 0.4		0.4 ~ 0.5		0.5 ~ 0.6
铝及其合金	切削速度（m/min）	8 ~ 12				
	进给速度（mm/r）	0.3 ~ 0.5	0.5 ~ 1.0	0.8 ~ 1.5	0.8 ~ 1.5	1.5 ~ 2.0

（三）镗孔（车内孔）的切削用量

在车床上镗孔时，内孔车刀的刀柄细长，刚性差，排屑比较困难，因此车内孔的切削用量比车外圆的切削用量小。车内孔的背吃刀量粗镗时为 0.8 ~ 1.2 mm，精镗时为 0.2 ~ 0.5 mm；进给量比车外圆小 20% ~ 40%，粗镗时为 0.2 ~ 0.3 mm/r，精镗时为 0.1 mm/r 左右；切削速度比车外圆时低 10% ~ 20%。

三、深孔加工

（一）深孔加工的特点

（1）工艺系统刚性差。深孔加工的刀具都比较细长，使强度和刚度降低，在加工中容易产生振动和倾斜，导致孔的轴线歪斜。

（2）刀具的冷却散热条件差。一般切削加工中 80% 左右的切削热会随铁屑带走，而深孔加工中的铁屑不易及时排出，只能被带走 40% 左右，传给刀具的切削热比例增大，刃口的温度可达 600 ℃，使刀具的耐用度降低。

（3）切屑排出困难。由于深孔的排屑路线长，容易发生堵塞，不仅会划伤已加工表面，严重时还会引起刀具崩刃甚至折断。

基于上述问题，深孔加工的关键问题是刀具的刚性和排屑。此外工件的安装刚性也不容忽视，深孔加工时，工件采用"一夹一托"的装夹方式，如图 3.20 所示。

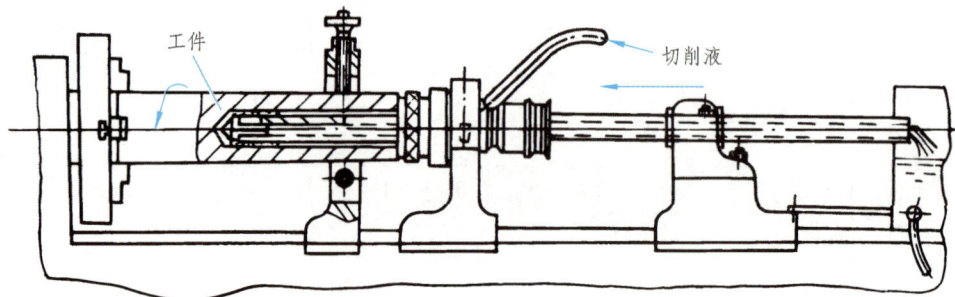

（a）内排屑方式

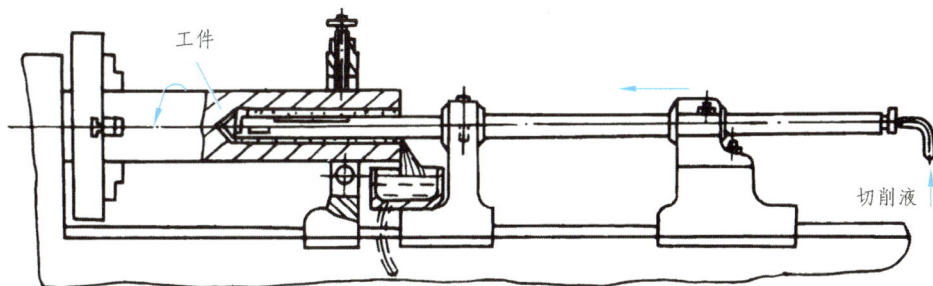

（b）外排屑方式

图 3.20　深孔加工的工件装夹、排屑及冷却方式

（二）深孔钻削刀具

1. 刀具结构

深孔钻的结构应便于冷却和排屑。常用的有枪钻和喷吸钻两种。枪钻是小直径深孔钻，其结构如图 3.21 所示，采用外排屑方式，如图 3.20（b）所示；喷吸钻适用于中等直径的深孔加工，其结构如图 3.22 所示，采用内排屑方式，如图 3.20（a）所示。

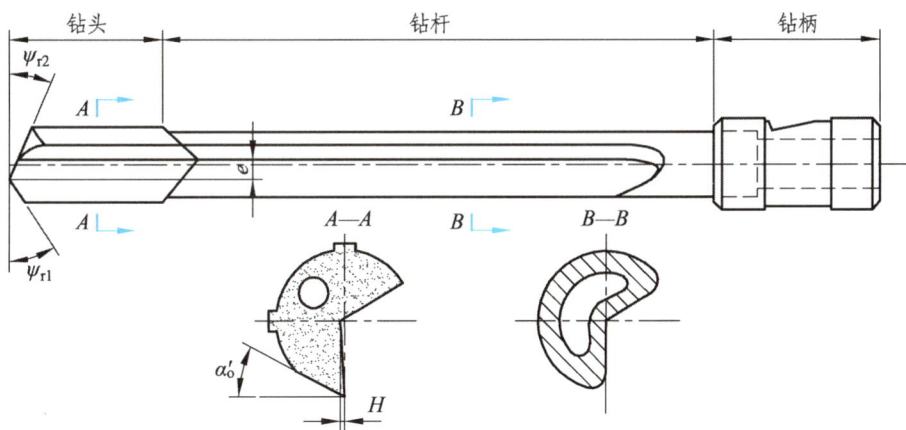

图 3.21　枪钻

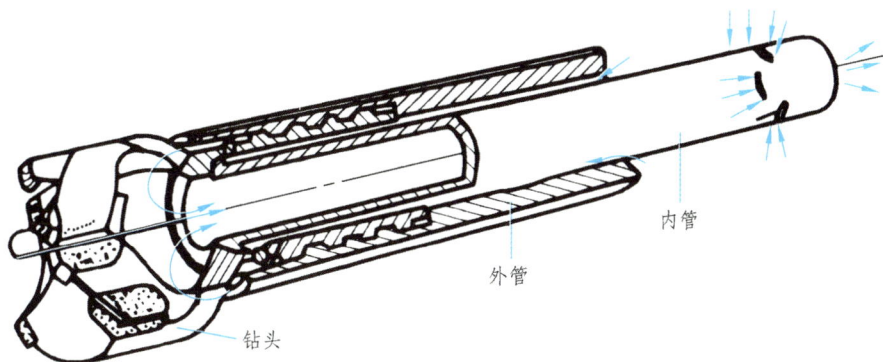

图 3.22　喷吸钻

2. 刀具的几何参数

深孔钻的几何参数应尽量减小切削力，一般选较大的主偏角。镗削铸铁或精镗时，取 $k_r = 90°$，粗镗钢件时，取 $k_r' = 60° \sim 75°$。

（三）减小深孔加工中切削力与切削热的工艺措施

（1）改变工件支承的摩擦方式。变滑动中心架为滚动中心架，工件与中心架接触处冷却要充分，精镗孔时，采用精密滚动轴承中心架。

（2）合理选用深孔加工刀具及其几何参数

（3）合理选用深孔加工的切削用量。

（4）采用主轴径向跳动与轴向窜动小、导轨直线度好、抗振性好的数控车床。

四、薄壁件加工

薄壁件的壁薄、刚度低，加工过程中易引起变形。解决工件的变形引起的加工误差应从以下几方面入手。

（一）装夹方式

在车床上加工薄壁套类零件时，一般采用三爪自动定心卡盘实施定位与夹紧，工件的内孔会略微变成三角形，如图 3.23 所示。为了避免夹紧变形引起的加工误差，可以通过改变夹紧力的施力方式和夹紧力的方向来减小夹紧变形。

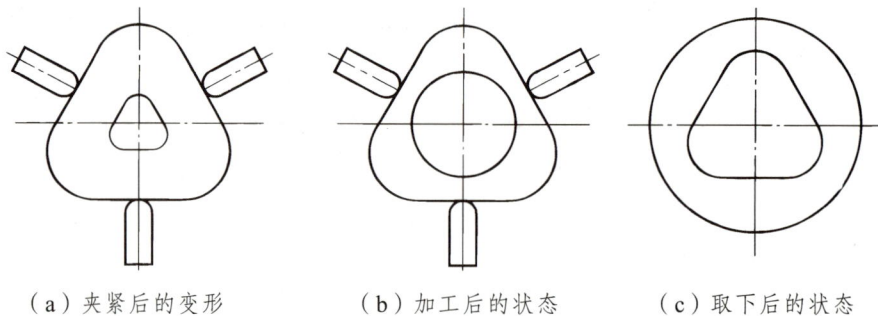

（a）夹紧后的变形 　　　（b）加工后的状态 　　　（c）取下后的状态

图 3.23　薄壁套的装夹变形

1. 改变夹紧的施力方式

采用三爪卡盘夹紧时，卡爪的作用力几乎集中在三个点上，载荷集中引起的变形量会加大，如果将三点的集中载荷均分布，变形量会大大减小，常用的方法如图 3.24 ~ 图 3.26 所示。开口环与软卡爪一般在单件小批量生产中使用，开口环的内孔尺寸应略大于套的外径尺寸，用软卡爪夹紧时，应根据套的外径尺寸软卡爪进行一次车削。用扇形软爪装夹工件一般在批量生产应用。

2. 改变夹紧力度方向

套类零件的径向刚性较差，径向夹紧时均会产生径向变形，如果变径向夹紧为轴向夹紧，则可以有效地防止径向变形，如图 3.27 所示。

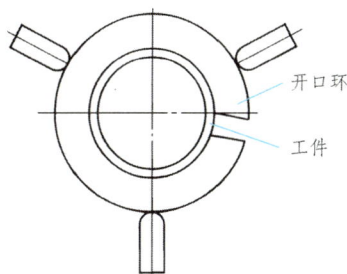

图 3.24　开口环装夹

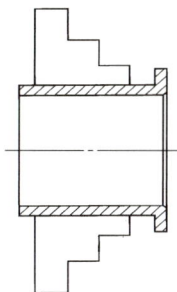

图 3.25　软爪装夹

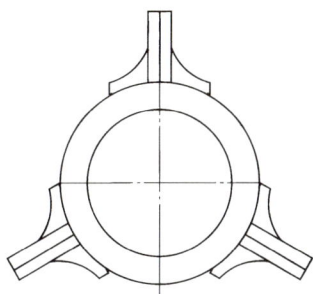

图 3.26　扇形软爪装夹

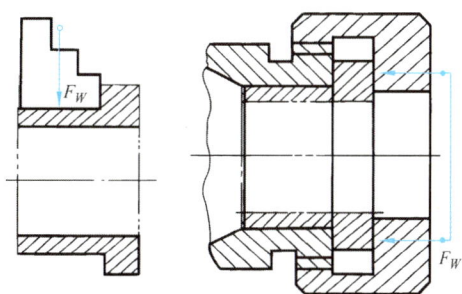

图 3.27　改变夹紧力方向

（二）刀具的几何角度

刀具的几何角度对加工过程中的切削力和切削热均有较大的影响。合理的刀具角度可以大大地减小切削力和切削热引起的变形。车钢件的薄壁套时，用高速钢车刀，γ_o=6°~30°，α_o=6°~12°；用硬质合金车刀，γ_o=5°~20°，α_o=4°~12°；k_r=93°。

（三）切削用量

合理的切削用量可以有效地减小切削力和切削热，从而减小工件的变形。粗加工的背吃刀量和进给速度可以大一些，精加工时，背吃刀量为 0.2~0.5 mm，进给量为 0.1~0.2 mm/r，切削速度为 6~120 m/min。

（四）切削液

粗加工时主要降低切削温度，高速钢刀具采用水溶液冷却；硬质合金刀具可以不用冷却液，必要时采用低浓度的乳化液或水溶液连续、充分冷却。精加工时主要改善已加工表面质量，高速钢道具刀具中低速精车时，用润滑性能好的极压切削油或高浓度的极压乳化液；硬质合金刀具采用的切削液与粗加工基本相同。

【任务实施】

一、零件的图样分析

图 3.19 所示零件由外圆柱面、圆弧面和圆柱孔表面等组成，零件上的开口槽和 4 个孔在

车床不能完成。零件上只有$\phi 80$外圆的尺寸精度为IT7级精度，表面粗糙度为$Ra3.2$，其余表面的尺寸精度要求不高，表面粗糙度为$Ra12.5$或$Ra3.2$，材为HT150，切削加工性能较好。

二、毛坯的选择

零件尺寸梯度较大，成批大量生产时，应采用铸造毛坯；单件小批量生产时可选用圆形毛坯。现以单件加工为例，选择$\phi 130\times 35$的毛坯。

三、零件的数控加工工艺文件

（一）加工工序的划分

由于零件的加工精度和表面质量要求不高也无较高的形位公差要求，按零件的装夹次数划分工序。

工序一：加工$\phi 120$外圆、右端面、$\phi 36$与$\phi 48$的内孔。

工序二：零件的左端表面的加工。

工序三：零件上的开口槽和$4\times \phi 11$孔加工（在数铣或加工中心上完成）。

（二）确定加工路线

工序一：车端面→车$\phi 120$外圆→钻孔$\phi 34$→镗$\phi 48$及$\phi 36$。

工序二：车端面定总长→粗镗$\phi 60$内孔→粗车$\phi 80$外圆及端面→粗$\phi 68$外圆及端面→镗$\phi 60$内孔→精车$\phi 68$外圆及端面→精车$\phi 80$外圆。

（三）数控车床与数控系统选择

选择CK6136前置刀架数控车床，选用FANUC 0i MATE TC、SINUMERIK 802D。

（四）零件的装夹

零件的刚性好，采用三爪卡盘夹持即可。

（五）刀具选择

根据零件结构与加工工艺确定所使用刀具，如表3.20所示。

表3.20　端盖数控加工刀具卡

产品名称或代号			零件名称	端盖	零件图号	
序号	刀具号	刀具名称	数量	加工表面	刀尖半径/mm	备注
1	T01	90°硬质合金外圆车刀	1	外圆、端面		
2	T02	90°硬质合金外圆车刀（右偏刀）	1	外圆、端面	0.4	
3	T03	镗刀（内孔车刀）	1	内孔	0.4	
4		$\phi 34$高速钢钻头	1	内孔		
编制		审核		批准		年　月　日　共　页　第　页

（六）量具选择

根据零件的结构和尺寸精度选择量具为 150 mm × 0.02 mm 游标卡尺，50 ~ 75 mm、75 ~ 100 mm 外径千分尺，25 ~ 50 mm、50 ~ 75 mm 内测千分尺，粗糙度对比块。

（七）切削用量的确定

1. 背吃刀量

粗车时：a_p=4 mm。

精车时：a_p =0.6 mm（考虑刀尖圆弧半径）。

镗孔时：a_p =1 mm。

2. 主轴转速

先确定切削速度，然后计算主轴转速。

1）车外圆

根据表 1.11，粗车的切削速度为 50 ~ 70 m/min，精车的切削速度为 80 ~ 110 m/min。按中间加工直径计算，利用式 1.1 计算。

粗车：$n=1000V_C/\pi D=1000 × 60/(3.14×80)=238.85$(r/min)，取 n=250 r/min；

精车：$n=1000V_C/\pi D=1000 × 100/(3.14×80)=398.09$(r/min)，取 n=400 r/min。

2）孔加工

（1）镗孔（车内孔）切削速度比车外圆是低 10% ~ 20%。

ϕ60 内孔：$n=1000V_C/\pi D=1000 × 100/(3.14×60) × 0.8=424.63$(r/min)，取 n=420 r/min。

ϕ36 内孔：$n=1000V_C/\pi D=1000 × 100/(3.14×36) × 0.8=707.71$(r/min)，取 n=700 r/min。

（2）钻孔的切削速度为 8 ~ 25 mm/min，如表 3.17 所示。

$n=1000V_C/\pi D=1000 × 15/(3.14×34)140.5$(r/min)，取 n=150 r/min。

3. 进给速度

1）车外圆

粗车时，F=0.3 mm/r；精车时，常取 F =0.1 mm/r

2）镗孔（车内孔）

进给速度比车外圆小 20% ~ 40%，取 F =0.2 mm/r

（八）切削液选择

加工铸铁一般不用冷却液。

（九）数控加工工序卡

根据上述分析和计算，完成端盖的工序卡，如表 3.21 与表 3.22 所示。

表 3.21　端盖数控加工工序卡 1

单位名称		产品名称或代号		零件名称		零件图号	
				端盖			
工序号	05	夹具名称		使用设备		车间	
		三爪卡盘		CK6136			
工步号	工步内容	刀具号	量具名称及规格	主轴转速/（r/min）	进给速度/（mm/r）	背吃刀量/mm	备注
1	车工件右端面	T01	150 mm×0.02 mm 游标卡尺	250	0.3	4	
2	车 ϕ120 外圆至尺寸保证长度 12 mm	T01	同上	250	0.3	4	
3	钻 ϕ34 孔			150	0.5	17	手动
4	镗 ϕ48 及 ϕ36 孔	T03	25～50 mm 内测千分尺	700	0.2	2	
编制		审核		批准		年　月　日	共　页　第　页

表 3.22　端盖数控加工工序卡 2

单位名称		产品名称或代号		零件名称		零件图号	
				端盖			
工序号	10	夹具名称		使用设备		车间	
		三爪卡盘		CK6136			
工步号	工步内容	刀具号	量具名称及规格	主轴转速/（r/min）	进给速度/（mm/r）	背吃刀量/mm	备注
1	车端面保证长度 25 mm，粗车 ϕ68 外圆，R0.5 圆弧，粗车 ϕ80 外圆左端面，粗车 ϕ80 外圆，粗车 ϕ120 外圆左端面（留 0.6 mm 余量）	T02	150 mm×0.02 mm 游标卡尺	250	0.3	4	
2	镗 ϕ60 内孔至尺寸和表面质量要求	T03	150 mm×0.02 mm 游标卡尺，50～75 mm 内测千分尺，粗糙度对比块	420	0.2	2	
3	精车 ϕ68 外圆，R0.5 圆弧，粗车 ϕ80 外圆左端面，粗车 ϕ80 外圆，粗车 ϕ120 外圆左端面至尺寸和表面质量要求	T02	150 mm×0.02 mm 游标卡尺，50～75 mm、75～100 mm 外径千分尺，粗糙度对比块	400	0.1	0.3	
编制		审核		批准		年　月　日	共　页　第　页

四、加工程序的编制

结合前述所制定的加工工艺及工艺参数,分别编制 FANUC 0i、SINUMERIK 802D 系统程序。

(一) FANUC0i 系统程序

程序段号	FANUC0i 系统程序	程序说明
	O0021;	右端粗加工程序
N10	G97 G99 G21 G40;	程序初始化
N20	M03 S250;	设置转速 250 r/min
N30	T0101;	选择 1 号刀具(外圆车刀)
N40	G00 X132 Z0;	快速定位在 X132、Z0 mm 处
N50	G01 X-2 F0.3;	车端面
N60	G00 X132 Z2;	快速定位到循环起点
N70	G71 U4 R2;	调用外圆粗车循环 G71,背吃刀量 4 mm(半径值)
N80	G71 P90 Q120 U0 W0 F0.3;	进给率 0.3 mm/r
N90	G00 X115;	快速移动到 X115 mm 处
N100	G01 X120 Z-0.5;	倒角 C0.5 mm
N110	Z-12;	加工至 Z-12 mm 处
N120	X130;	退刀至 X130 mm 处
N130	M05;	主轴停止
N140	M00;	程序暂停,T03 号刀对刀
N150	T0303;	选择 3 号刀(内孔镗刀)
N160	M03 S700;	调整转速为 700 r/min
N170	G00 Z2;	快速移动至 Z2
N180	X32;	快速移动至 X32
N190	G72 W2 R1.5;	调用端面粗车循环 G72,背吃刀量 2 mm
N200	G72 P210 Q280 U0 W0 F0.2;	进给量 0.2 mm/r
N210	G00 Z-16;	快速移动到 Z-16 mm 处
N220	G01 X36;	加工至 X36 mm 处
N230	Z-6.5;	加工至 Z-6.5 mm 处
N240	G01 X37 Z-6;	倒角 C0.5
N250	X48;	加工至 X48 mm 处
N260	Z-0.5;	加工至 Z-0.5 mm 处
N270	X50 Z0.5;	倒角 C0.5 mm
N280	Z2;	退刀至 Z2 mm
N290	G00 X100 Z100;	快速退刀至安全位置
N300	M05;	主轴停止
N310	M30;	程序结束

程序段号	FANUC0i 系统程序	程序说明
	O0022；	左端粗、精加工
N10	G97 G99 G21 G40；	程序初始化
N20	M03 S250；	
N30	T0202；	选择 2 号刀具（端面车刀）
N40	G00 X132 Z0；	快速移动到 X132，Z0 mm 处
N50	G01 X-2 F0.3；	车端面至 X-2 mm 处
N60	G00 X132 Z2；	快速定位到循环起点
N70	G72 W4 R2；	调用端面粗车循环，被吃刀量 4 mm
N80	G72 P90 Q200 U-1.2 W0.2 F0.3；	精加工余量 1.2 mm，进给量 0.3 mm/r
N90	G00 Z-15.5；	快速移动至 Z-15.5
N100	G01 X120 F0.1；	快速移动至零件表面
N110	X119 Z-15；	倒角 C0.5 mm
N120	X81；	加工至 X81 mm 处
N130	G03 X80 Z-14.5 R0.5 F0.05；	倒圆角
N140	G01 Z-10.5 F0.1；	加工至 Z-10.5
N150	X79 Z-10；	倒角 C0.5 mm
N160	X69；	加工至 X69 mm 处
N170	G03 X68 Z-9.5 R0.5 F0.05；	倒圆角
N180	G01 Z-0.5 F0.1；	加工外圆至 Z0.5 mm 处
N190	X66 Z0.5；	倒角 C0.5 mm
N200	Z2；	退刀至 Z2 mm 处
N210	M05；	主轴停止
N220	G00 X200 Z100；	快速退刀至换刀点
N230	T0303；	选择 3 号刀（内孔镗刀）
N240	M03 S420；	调整转速为 420 r/min
N250	G00 Z2；	快速移动至 Z2 mm 处
N260	X32；	快速移动至 X32 mm 处
N270	G72 W2 R1；	调用端面粗车循环 G72，车内孔
N280	G72 P290 Q360 U0 W0 F0.2；	精加工余量 1.2 mm，精工量 0.2mm/min
N290	G00 Z-11.5；	加工至 Z-11.5 mm
N300	G01 X36；	加工至 X36 mm 处
N310	X37 Z-11；	倒角 C0.5
N320	X58；	加工至 X58 mm 处
N330	G02 X60 Z-10 R1；	到圆角 R1
N340	G01 Z-0.5；	直线加工至 Z-0.5 mm 处

续表

程序段号	FANUC0i 系统程序	程序说明
N350	X62 Z0.5；	倒角 C0.5
N360	Z2；	退刀至 Z2 mm 处
N370	G00 X100 Z100；	快速退刀至安全位置
N380	M05；	主轴停止
N390	M03 S400；	调整转速为 400 r/min（精加工左端）
N400	T0202；	调用 2 号车刀（外圆端面车刀）
N410	G00 X122 Z2；	快速定位到循环起点
N420	G70 P90 Q200；	精加工左端各面
N430	G00 X100 Z100 M05；	快速退刀至换刀点
N440	M30；	程序结束

（二）SINUMERIK 802D 系统程序

程序段号	SINUMERIK 802D 系统程序	程序说明
	Task21.MPF	右端加工主程序
N10	G97 G95 G71 G40	程序初始化
N20	M03 S250	
N30	T1D1	选择 1 号刀具（外圆车刀）
N40	G00 X132 Z0	快速定位到 X132，Z0 mm 处
N50	G01 X-2 F0.3	车端面
N60	G00 X132 Z2	快速定位到循环起点
N70	CYCLE95（"Sub01", 4.000, 0.000, 0.000, 0.000, 0.300, 0.200, 0.000, 1, 0.000, 0.000, 0.000）	调用 CYCLE95 进行右端外圆面加工
N80	G00 X100 Z100	快速退刀至换刀点
N90	M05	主轴停止
N100	M00	程序暂停
N110	T3D1	选择 3 号刀（内孔镗刀）
N120	M03 S700	调整转速为 700 r/min
N130	G00 Z2	快速定位至循环起点
N140	X32	
N150	CYCLE95（"Sub02", 2, 0.000, 0, 0, 0.2, 0.1, 0, 4, 0, 0, 0）	调用 CYCLE95 进行内孔粗加工
N160	G00 Z2	快速退刀至工件以外
N170	X100 Z100	快速退刀至换刀点
N180	M05	主轴停止
N190	M30	程序结束

续表

程序段号	SINUMERIK 802D 系统程序	程序说明
	Sub01.SPF	右端外圆轮廓子程序
N10	G00 X115	快速移动至 X115 mm 处
N20	G01 X120 Z-0.5	倒角 C0.5 mm
N30	Z-12	加工至 Z-12 mm 处
N40	X130	退刀至 X130 mm 处
N50	M2	子程序结束
	Sub02.SPF	右端内孔轮廓子程序
N10	G00 X32	快速移动到 X-32 mm 处
N20	Z-16	快速移动到 Z-16 mm 处
N30	G01 X36	加工至 X36 mm 处
N40	Z-6.5	加工至 Z-6.5 mm 处
N50	G01 X37 Z-6	倒角 C0.5
N60	X48	加工至 X48 mm 处
N70	Z-0.5	加工至 Z-0.5 mm 处
N80	X50 Z0.5	倒角 C0.5 mm
N90	Z2	退刀至 Z2 mm
N100	M2	子程序结束
	Task22.MPF	左端加工主程序
N10	G97 G95 G71 G40	程序初始化
N20	M03 S250	
N30	T2D1	选择 2 号刀具（端面车刀）
N40	G00 X132 Z0	快速移动到 X132，Z0 mm 处
N50	G01 X-2 F0.3	车端面至 X-2 mm 处
N60	G00 X132 Z2	快速定位到循环起点
N70	CYCLE95（"Sub03", 4, 0.2, 1.2, 0, 0.3, 0.2, 0, 2, 0, 0, 0）	调用 CYCLE95 进行外圆粗加工
N80	G00 X100 Z100	快速退刀至换刀点
N90	M05	主轴停止
N100	M00	程序暂停
N110	T3D1	换 3 号车刀（内孔镗刀）
N120	M03 S420	
N130	G00 Z2	快速定位至循环起点
N140	X32	快速定位至循环起点
N150	CYCLE95（"Sub04", 2, 0, 0, 0, 0.2, 0.1, 0, 4, 0, 0, 0）	调用 CYCLE95 进行内孔加工

续表

程序段号	SINUMERIK 802D 系统程序	程序说明
N160	G00 X100 Z100	快速退刀至安全位置
N170	M05	主轴停止
N180	M00	程序暂停
N190	M03 S400	调整转速为 400 r/min（精加工左端）
N200	T2D1	调用 2 号车刀（外圆端面车刀）
N210	G00 X122 Z2	快速定位到循环起点
N220	Sub03	精加工左端各面
N230	G00 X100 Z100	快速退刀至换刀点
N240	M05	主轴暂停
N250	M30	程序结束
	Sub03.SPF	左端外圆加工子程序
N10	G00 Z−15.5	快速移动至 Z−15.5 mm 处
N20	G01 X120 F0.1	快速移动至零件表面
N30	X119 Z−15	倒角 $C0.5$ mm
N40	X81	加工至 X81 mm 处
N50	G03 X80 Z−14.5 CR=0.5 F0.05	倒圆角
N60	G01 Z−10.5 F0.1	加工至 Z−10.5
N70	X79 Z−10	倒角 $C0.5$ mm
N80	X69	加工至 X69 mm 处
N90	G03 X68 Z−9.5 CR=0.5 F0.05	倒圆角
N100	G01 Z−0.5 F0.1	加工外圆至 Z0.5 mm 处
N110	X66 Z0.5	倒角 $C0.5$ mm
N120	Z2	退刀至 Z2 mm 处
N130	M2	子程序结束
N140		
	Sub04.SPF	左端内孔加工子程序
N10	G00 Z−11.5	加工至 Z−11.5 mm
N20	G01 X36	加工至 X36 mm 处
N30	X37 Z−11	倒角 $C0.5$
N40	X58	加工至 X58 mm 处
N50	G02 X60 Z−10 CR=1	到圆角 $R1$
N60	G01 Z−0.5	直线加工至 Z−0.5 mm 处
N70	X62 Z0.5	倒角 $C0.5$
N80	Z2	退刀至 Z2 mm 处
N90	M2	子程序结束

五、加工操作

（一）加工准备

操作使用的工量具及毛坯等按表 3.23 进行准备。

表 3.23　加工准备单

名　　称	数　　量	名　　称	数 量
刀具（含刀片）	见表 3.20	刀台扳手	1
量具（检具）	见表 3.21、表 3.22	夹头扳手	1
钻夹头	1	毛坯（ϕ130 mm×35 mm，灰铸铁）	1

（二）程序录入与校验

根据所用数控机床的数控系统录入程序，进行程序校验。

（三）工件加工

（1）工件装夹→安装刀具→对刀→车右端面→车 120 外圆（保证长度 12 mm）→钻 34 孔→3 号刀对刀→镗 36 孔→镗 48 孔。

（2）调头装夹（保证工件左端加工长度要求）→2 号刀对刀→3 号刀 Z 向重新对刀→修正 3 号刀 Z 向刀补→车左端面（保证总长）→粗车 68 外圆→R0.5 圆弧→粗车 80 外圆左端面→粗车 80 外圆→R0.5 圆弧→粗车 120 外圆左端面→镗 60 孔→精车车 120 外圆左端面→精车 80 外圆→精车 80 外圆左端面→R0.5 圆弧→精车 68 外圆。

【专家提醒】

> 　　调头装夹时，夹持长度较短，不易装正，可用反爪通过端面定位，进行装夹。也可通过端面找正装夹。

六、零件测量

（一）长度尺寸检测

该零件的全部长度尺寸均使用游标卡尺完成检测。

（二）外圆柱表面检测

所有外圆柱表面先用游标卡测量，再用千分尺测量。

（三）内孔表面

所有内孔表面先用游标卡测量，再用内测千分尺测量。

（四）粗糙度检测

表面粗糙度用粗糙度对比块进行对比检测。

【同步训练】

完成图 3.28~图 3.31 所示零件的数控加工工序卡、数控加工刀具卡及加工程序的编制，并操作机床加工出合格的零件。

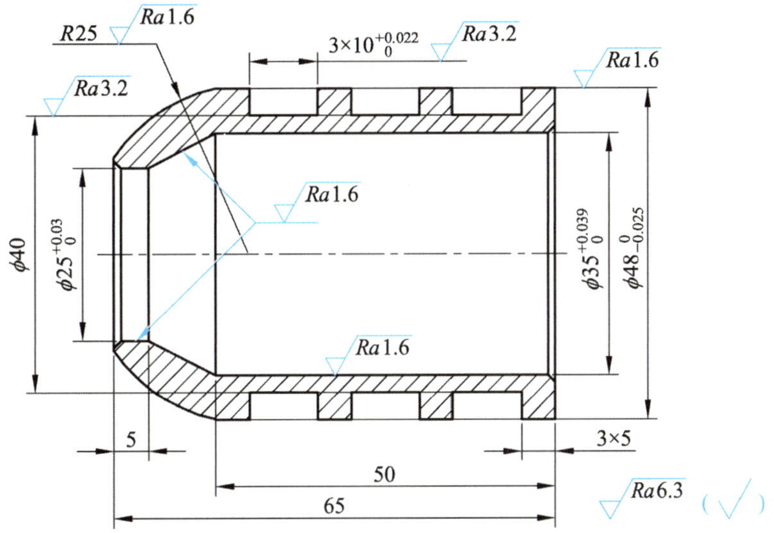

材料：45#钢

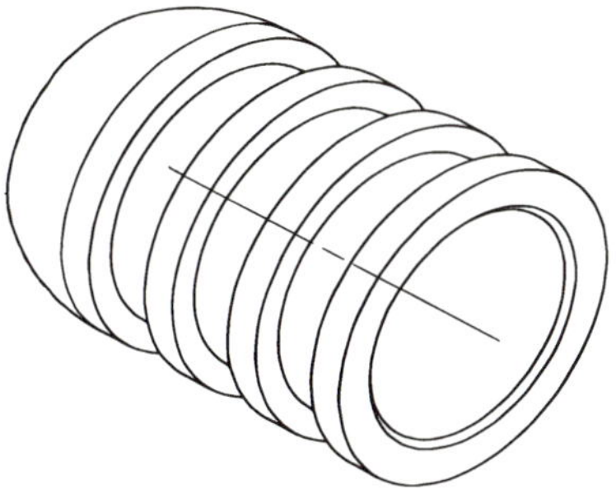

技术要求

1. 锐边倒钝；

2. 未注倒角 C1；

3. 不得用锉刀、砂布等抛光加工表面；

4. 未注公差按 GB/T 1804—2000 中 m（中等级）加工和检验。

图 3.28　端盖练习件 1

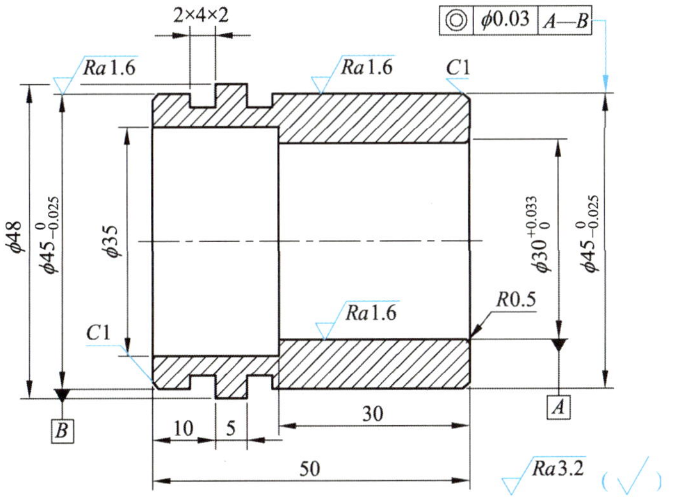

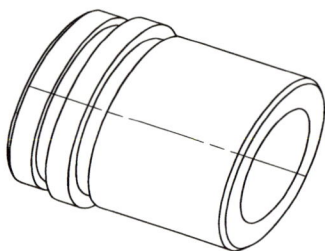

材料：45#钢

技术要求

1．锐边倒钝；

2．不得用锉刀、砂布等抛光加工表面；

3．未注公差按 GB/T 1804—2000 中 m（中等级）加工和检验。

图 3.29　端盖练习件 2

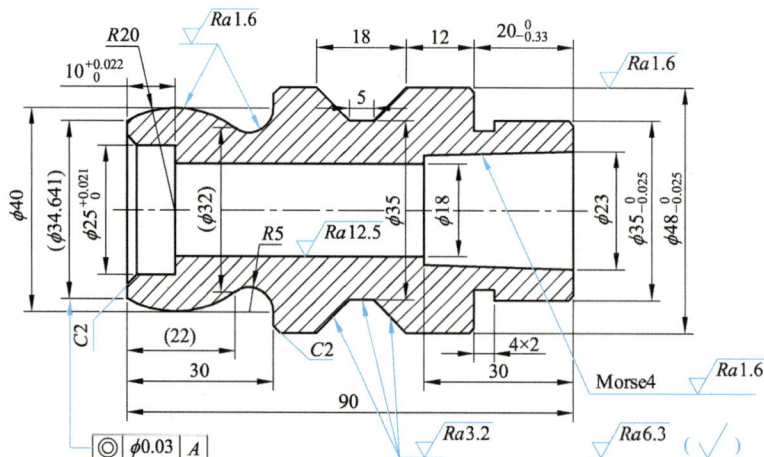

材料：45#钢

技术要求

1．未注倒角 C1；锐边倒钝；

2．不得用锉刀、砂布等抛光加工表面；

3．未注公差按 GB/T 1804—2000 中 m（中等级）加工和检验。

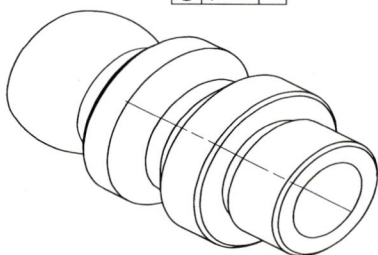

图 3.30　端盖练习件 3

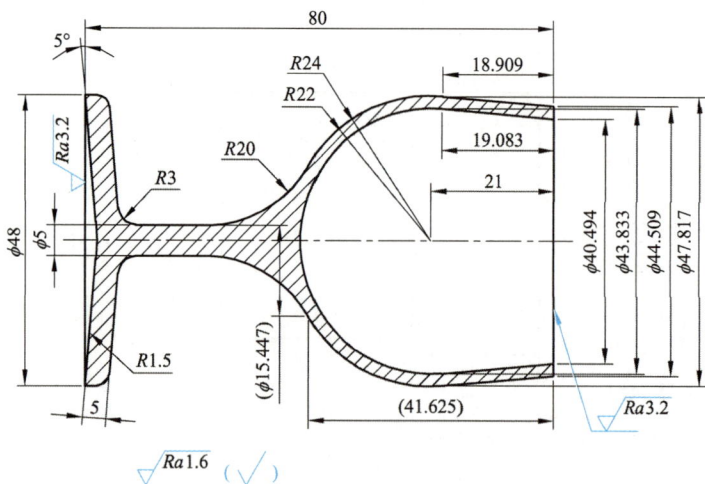

材料：1Cr18Ni9Ti

技术要求

1. 未注倒角 C1；锐边倒钝；

2. 不得用锉刀、砂布等抛光加工表面；

3. 未注公差按 GB/T 1804—2000 中 m（中等级）加工和检验。

图 3.31　端盖练习件 4

任务三　组合件的加工

【任务描述】

在数控车床上，完成图 3.32 所示零件的程序编制及加工，主要任务包括：

（1）能制订配合表面的数控加工工艺。

（2）能根据加工工艺编制出数控加工程序。

（3）熟悉轴套零件配合精度的保证方法。

（4）能熟练操作机床，加工出合格零件。

（5）能进行零件检测，并进行误差分析。

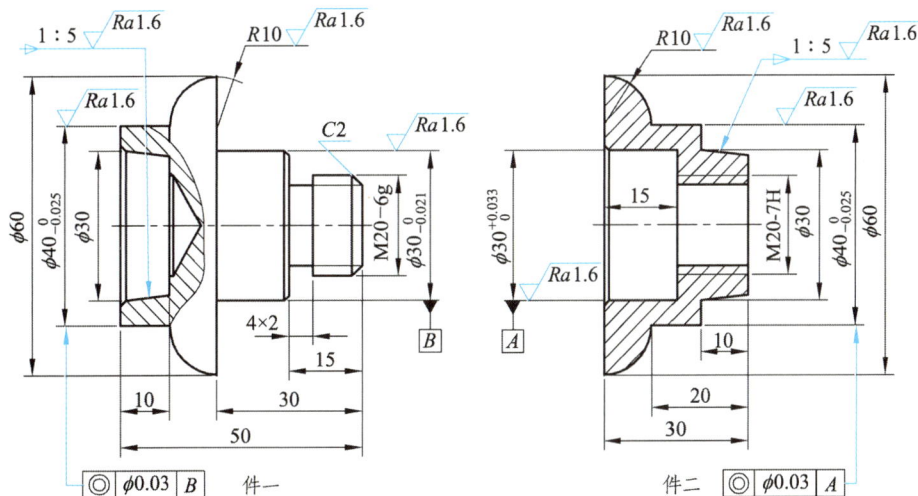

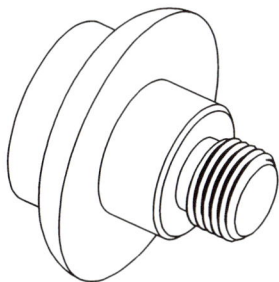

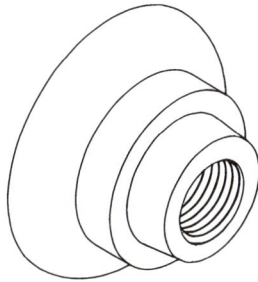

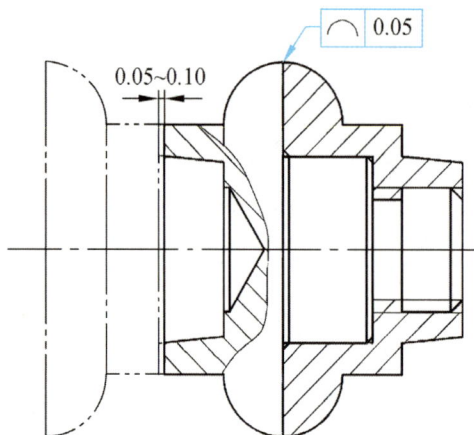

材料：45#钢

技术要求

1. 未注倒角 C1，除圆弧结合面外的锐边倒钝；

2. 不得用锉刀、砂布等抛光加工表面；

3. 未注公差按 GB/T 1804—2000 中 m（中等级）加工和检验；

4. 锥面结合面的接触面积不小于 60%。

图 3.32　组合件

【相关知识】

组合件是由两件及以上组合而成的零件。加工时，既要保证各单件的尺寸公差、表面质量和形位公差，还要便于加工和测量，组装后的组合件达到装配精度要求，必要时应作尺寸链与装配尺寸链的计算，对单件待尺寸公差进行调整。还要熟悉各种组合表面的加工要领，以保证加工要求和提高加工效率。

一、孔轴配合件加工

孔轴配合件加工关键在于保证配合精度要求。加工前，应认真分析零件图，明确加工过程中的注意事项：

（1）确定加工顺序，保证各单件的尺寸精度和表面质量要求。

（2）选择正确的装夹、定位方式，保证形位公差要求，减少形位公差对配合精度的影响。

二、锥面、曲面配合件加工

锥面、曲面配合件加工关键在于保证接触面的接触面积。一般先加工带内锥孔（或内曲面）的工件，保证其尺寸精度、表面质量和形位公差要求。再加工外圆锥表面（或外曲面）的工件，先保证其余表面的尺寸公差和表面质量要求，然后加工锥面（或曲面），用内锥孔（或内曲面）的工件检测其接触面积是否达到零件图的技术要求（检测时应有足够的修正余量），未达到，通过修正刀补，直至到达配合要求。

三、螺纹配合件加工

螺纹配合件加工一般先加工外螺纹的工件，保证其尺寸公差和表面质量要求，再加工内螺纹到工件，加工内螺纹时，用已加工好的外螺纹去配合、调整进行加工，到达要求。

【任务实施】

一、零件的工艺分析

图 3.32 所示组合件由两件组成，既有圆柱面配合、圆锥面配合，还有螺纹配合，件一的 $\phi40\ 0\ -0.025$ 与 $\phi30+0.021\ 0$ 外圆表面的尺寸精度为 IT7 级，表面粗糙度为 $Ra1.6$；件二的 $\phi40\ 0\ -0.025$ 外圆表面刀尺寸精度为 IT7 级，$\phi30+0.033\ 0$ 的尺寸精度为 IT8 级，表面粗糙度均为 $Ra1.6$；内螺纹的尺寸精度为 IT7 级，外螺纹的尺寸精度 IT6 级；圆锥表面和 $R10$ 圆弧面的表面的粗糙度 $Ra1.6$，其余表面的粗糙度为 $Ra3.2$，均为未注尺寸公差。材料为 45# 钢，切削加工性能较好，无热处理要求。

二、毛坯的选择

该零件尺寸梯度较大，批量生产应选用锻件毛坯，单件小批量生产时可选择圆钢作为毛坯。现以单件加工为例，选择 $\phi65 \times 52$ 与 $\phi65 \times 42$ 的圆钢作为其毛坯。

三、零件的数控加工工艺文件

（一）加工工序的划分

零件的尺寸精度和表面质量要求较高，需粗车→精车才能达到其尺寸精度及表面质量要求，按粗、精分开划分工序。

1. 件一的工序

工序一：工件右端 $\phi30$ 及 M20 螺纹表面粗加工，工件左端圆锥孔、$\phi40$ 外圆、$R10$ 圆弧表面粗加工及内孔。

工序二：工件左端圆锥孔、$\phi40$ 外圆、$R10$ 圆弧表面精加工至尺寸和表面质量要求，孔口倒角，精车 M20 螺纹大径及 $\phi30$ 至尺寸和表面质量要求，倒角，切槽，车螺纹。

2. 件二的工序

工序一：车左端面，内孔粗加工，车右端面，外轮廓粗加工。

工序二：锥面精加工，精加工内孔，孔口倒角，车内螺纹，车左端面至长度尺寸要求，精车 $\phi40$ 外圆、$R10$ 圆弧表面（两件配合后）。

（二）确定加工路线

1. 件一的加工路线

工序一：车右端面→粗车 M20 螺纹大径→粗车 $\phi30$ 外圆右端面倒角→粗车 $\phi30$ 外圆→粗车 $\phi60$ 外圆右端面→调头装夹→车左端面（保证长度尺寸）→粗车 $\phi48$ 外圆及 $R10$ 圆弧→钻孔 $\phi20$ 深 12→粗镗圆锥孔及孔口倒角。

工序二：精镗圆锥孔→精车 $\phi48$ 外圆及 $R10$ 圆弧→调头装夹→精车 M20 螺纹大径→调头装夹→精镗 $\phi38$ 孔→精车 $\phi30$ 外圆→切 5×2→车 M20-6g 外螺纹。

2. 件二的加工路线

工序一：车左端面→车 ϕ60 外圆至 ϕ50 长度 8 mm→钻通孔 ϕ16→粗镗 ϕ30 孔→调头夹持 ϕ50 外圆（端面靠紧卡爪端面）→车右端面→粗车圆锥表面→粗车 ϕ40 外圆→粗车 R10 圆弧面；

工序二：精车锥面→调头装夹→车左端面至总长尺寸→镗螺纹底孔至 ϕ17.294→精镗 ϕ30→孔口倒角→车 M20-7H 螺纹→将件二与件一配合后装夹→精车 ϕ50 外圆→精车 R10 圆弧表面。

（三）数控车床与数控系统选择

选择 CK6136 前置刀架数控车床，选用 FANUC 0i Mate TC、SINUMERIK 802D。

（四）零件的装夹

工件刚性好，均用三爪卡盘夹持。

（五）刀具选择

根据零件结构与加工工艺确定所使用刀具，如表 3.24 所示。

表 3.24　组合件数控加工刀具卡

产品名称或代号				零件名称		组合件	零件图号	
序号	刀具号	刀具名称	数量	加工表面			刀尖半径 /mm	备注
1	T01	90°硬质合金外圆粗车刀	1	外圆、端面、R10 圆弧面				
2	T02	镗刀	1	ϕ30 内孔、圆锥孔表面、内螺纹底孔			0.4	镗杆 ϕ14
3	T03	90°硬质合金外圆精车刀	1	外圆、外圆锥表面、R10 圆弧面			0.4	
4	T04	4 mm 硬质合金切槽刀	1	4×2 槽				
5	T05	60°硬质合金外螺纹车刀	1	M20-6g 螺纹表面				安装在 4 号刀位
6	T06	60°硬质合金内螺纹车刀	1	M20-7H 螺纹表面				安装在 4 号刀位
7		ϕ20 钻头	1	钻内锥孔底孔				手动
8		ϕ16 钻头	1	钻螺纹底孔				手动
编制		审核		批准		年　月　日	共　页	第　页

（六）量具选择

根据零件的结构和尺寸精度选择量具为：150 mm×0.02 mm 游标卡尺，25~50 mm 外径千分尺，R 规（7 ~ 14.5 mm），5~30 mm 内径外径千分尺，0 ~ 25 mm 深度千分尺，M20×2.5-6g 环规，M20×2.5-7H 塞规，0 ~ 320º（2′）万能角尺，粗糙度对比块。

（七）切削用量的确定

1. 背吃刀量

外圆：粗车时，a_p=4 mm；精车时，a_p=0.6 mm（考虑刀尖圆弧半径）。

内孔：粗镗时，a_p=1 mm；精镗时，a_p=0.3 mm（考虑刀杆刚性）。

2. 主轴转速

先确定切削速度，然后计算主轴转速。

1）车外圆

根据表 1.11，粗车的切削速度为 100～120 m/min，精车的切削速度为 140～180 m/min。利用式 1.1 计算。

粗车：$n=1000V_C/\pi D=1000 \times 120/(3.14 \times 60)=636.94(\text{r/min})$，取 n=700 r/min；

精车：$n=1000V_C/\pi D=1000 \times 180/(3.14 \times 60)=955.41(\text{r/min})$，取 n=1000 r/min。

2）孔加工

（1）镗孔。

粗镗：$n=1000V_C/\pi D=1000 \times 100/(3.14 \times 30) \times 0.8=849.26(\text{r/min})$，取 n=900 r/min。

精镗：$n=1000V_C/\pi D=1000 \times 140/(3.14 \times 30) \times 0.8=1\,188.96(\text{r/min})$，取 n=1200 r/min。

（2）钻孔。

ϕ20：$n=1000V_C/\pi D=1000 \times 15/(3.14 \times 30)=238.85(\text{r/min})$，取 n=200 r/min。

ϕ16：$n=1000V_C/\pi D=1000 \times 15/(3.14 \times 16)=298.57(\text{r/min})$，取 n=300 r/min。

3）切螺纹退刀槽

$n=1000V_C/\pi D=1000 \times 100/(3.14 \times 20) \times 0.6=955.41(\text{r/min})$，取 n=900 r/min。

4）车螺纹

据式 3.7 算主轴转速。

$$n \leqslant \frac{1200}{P}-k=（1200/2.5）-80=400（\text{r/min}）$$

3. 进给速度

1）车外圆

粗车时，F=0.3 mm/r；精车时，常取 F=0.1 mm/r

2）切槽

F=0.08 mm/r。

3）镗孔

粗镗：取 F=0.3 mm/r；精镗：取 F=0.1 mm/r

4）车螺纹

F=2.5 mm/r

（八）切削液选择

根据表 1.12，选择乳化液。

（九）数控加工工序卡

根据上述分析和计算，完成螺杆的工序卡如表 3.25 与表 3.26 所示。

表 3.25　组合件数控加工工序卡（件一）

单位名称			产品名称或代号		零件名称		零件图号	
					组合件			
工序号			夹具名称		使用设备		车间	
			三爪卡盘		CK6136			
工步号	工步内容	刀具号	量具名称及规格		主轴转速/（r/min）	进给速度/（mm/r）	背吃刀量/mm	备注
1	车右端面	T01			700	0.3		
2	粗车 M20 螺纹大径、ϕ30 外圆及 ϕ60 外圆右端面留 0.6 mm 精车余量	T01	150 mm×0.02 mm 游标卡尺		700	0.3	4	
3	车左端面保证总长，粗车 ϕ30 外圆及 R10 面留 0.6 mm 精车余量	T01	同上		700	0.3	4	
4	钻 ϕ20 孔深 12 mm		同上		200	0.3		手动
3	粗镗圆锥孔留 0.3 mm 精加工余量	T02	0~320º（2′）万能角尺，150 mm×0.02 mm 游标卡尺		900	0.3	1	
4	精镗圆锥孔至尺寸和表面质量要求，孔口倒角	T02	同上，		1220	0.1	0.3	
5	精车 ϕ40 外圆及 R10 至尺寸和表面质量要求	T03	150 mm×0.02 mm 游标卡尺，25~50 mm 千分尺，R 规，粗糙度对比块		1 000	0.1	0.6	圆弧 F 值减半
6	精车 M20 螺纹大径、ϕ30 外圆及 ϕ60 外圆右端面	T03	150 mm×0.02 mm 游标卡尺，25~50 mm 千分尺，粗糙度对比块		1 000	0.1	0.6	
7	切 4×2 槽	T04	150 mm×0.02 mm 游标卡尺		900	0.08		
8	车 M20 螺纹	T05	螺纹环规		400	2.5		安装在 4 号刀位
编制		审核		批准		年　月　日	共　页	第　页

表 3.26 组合件数控加工工序卡（件二）

单位名称			产品名称或代号		零件名称		零件图号
					组合件		
工序号		10	夹具名称		使用设备		车间
			三爪卡盘		CK6136		
工步号	工步内容		刀具号	量具名称及规格	主轴转速/（r/min）	进给速度/（mm/r）	背吃刀量/mm	备注
1	车左端面，车 ϕ60 外圆至 ϕ50 长度 8 mm		T01		700	0.3	4	
2	钻螺纹底孔 ϕ16			150 mm×0.02 mm 游标卡尺	300	0.3		手动
3	粗镗 ϕ30 孔，留 0.6 mm 精车余量		T02	同上	900	0.3	1	
4	粗车圆锥表面，粗车 ϕ40 外圆，粗车 R10 圆弧面，留 0.6 mm 精车余量		T01	同上	700	0.3	4	
5	精车锥面至尺寸和表面质量要求		T03	0～320º（2′）万能角，150 mm×0.02 mm 游标卡尺，粗糙度对比块	1000	0.1	0.6	
6	车左端面至总长尺寸		T01	150×0.02 mm 游标卡尺	600	0.2		
7	镗螺纹底孔至 ϕ17.294，精镗 ϕ30 至尺寸和表面质量要求，孔口倒角		T02	150 mm×0.02 mm 游标卡尺，5～35 mm 内测千分尺，粗糙度对比块	900	0.1	1	
8	车 M20-7H 螺纹		T06	螺纹塞规	400	2.5		安装在 4 号刀位
9	精车车 ϕ40 外圆及 R10 圆弧面至尺寸和表面质量要求		T03	150 mm×0.02 mm 游标卡尺，25～50 mm 千分尺，R 规，粗糙度对比块	1 000	0.1	0.6	圆弧 F 值减半
编制		审核		批准	年 月 日		共 页	第 页

四、加工程序的编制

结合前述所制定的加工工艺及工艺参数，分别编制 FANUC 0i、SINUMERIK 802D 系统的加工程序。

（一）FANUC 0i 系统程序

程序段号	FANUC0i 系统程序	程序说明
	O0051；	件 1
N10	G97 G99；	
N20	M03 S700；	
N30	T0101；	选择 1 号刀具（外圆车刀）
N40	G00 X67 Z0；	快速定位到工件右端面
N50	G01 X-2 F0.3；	车右端面
N60	G00 X65 Z2；	快速移动到循环起点（右端粗加工）
N70	G71 U4 R2；	调用 G71 粗车循环，被吃刀量 4 mm
N80	G71 P90 Q150 U1.2 W0.2 F0.3；	精加工余量 1.2 mm，进给量 0.3 mm/r
N90	G00 X12 F0.1；	快速移动至 X12 mm 处
N100	G01 X19.729　Z-2；	倒角 C2 mm
N110	Z-15；	加工至 Z-15 mm 处
N120	X28；	加工至 X28 mm 处
N130	X30 Z-16；	倒角 C0.5
N140	Z-30；	加工至 Z-30 mm 处
N150	X62；	退刀至 X62 mm 处
N160	G00 X100 Z100；	快速移动至换刀点
N170	M05；	主轴停止
N180	M00；	程序暂停
N190	M03 S700；	设置粗车转速 700 r/min
N200	T0101；	选择 1 号刀具（外圆粗车刀）
N210	G00 X67 Z0；	快速定位到工件端面
N220	G01 X-2 F0.3；	车左端面
N230	G00 X65 Z2；	快速移动到循环起点（左端粗加工）
N240	G71 U4 R4；	调用 G71 粗车循环，被吃刀量 4 mm
N250	G71 P260 Q310 U1.2 W0.2 F0.3；	精加工余量 1.2 mm，进给量 0.3 mm/r
N260	G00 X35；	快速移动至 X35 mm 处
N270	G01 X40 Z-0.5 F0.1；	倒角 C0.5 mm
N280	Z-10；	加工至 Z-10 mm 处
N290	G03 X60 Z-20 R10 F0.05；	车圆弧 R10 mm
N300	G01 Z-22 F0.1；	加工至 Z-22 mm 处
N310	X62；	退刀至 X62 mm 处

程序段号	FANUC0i 系统程序	程序说明
N320	M05；	主轴停止
N330	M00；	程序暂停
N340	G00 X100 Z100；	快速退刀至换刀点
N350	M03 S900；	调整转速为 900 r/min
N360	T0202；	选择 2 号车刀（内孔镗刀）
N370	G00 Z2；	快速移动至 Z2 mm 处
N380	X20；	快速移动至 X20 mm 处
N390	G71 U1 R1；	调用 G71 内孔粗车循环，被吃刀量为 1 mm
N400	G71 P410 Q440 U−0.6 W0.2 F0.3；	精加工余量 1.2 mm，进给量为 0.2 mm/r
N410	G00 X36；	快速移动至 X36 mm 处
N420	G01 X30 Z−1 F0.1；	倒角 C1 mm
N430	X28 Z−10；	车锥面至 X28，Z−10 mm 处
N440	X20；	退刀至 X20 mm 处
N450	G00 Z2；	快速退刀至工件以外
N460	M05；	主轴暂停
N470	M01；	程序选择性暂停
N480	M03 S1220；	调整转速为 1220 r/min
N490	T0202；	调用调整磨好后的 2 号刀具
N500	G00 Z2；	快速移动至 Z2 mm 处
N510	X20；	快速移动至 X20 mm 处
N520	G70 P410 Q440；	调用 G70 进行左端内孔精加工
N530	G00 Z2；	快速退刀至 Z2 mm 处
N540	X100 Z100；	快速移动至换刀点
N550	M05；	主轴停止
N560	M01	程序选择性暂停
N570	T0303；	调用 3 号车刀（外圆精车刀）
N580	M03 S1000；	调整转速为 1000 r/min
N590	G00 X62 Z2；	快速定位至循环起点
N600	G70 P260 Q310；	调用 G70 进行左端外圆精加工
N610	G00 X100 Z100；	快速移动至换刀点
N620	M05；	主轴停止
N630	M00；	程序暂停

续表

程序段号	FANUC0i 系统程序	程序说明
N640	T0303；	选择 3 号车刀（外圆精车刀）
N650	M03 S1000；	调整转速为 1000 r/min
N660	G00 X62 Z2；	快速定位至循环起点
N670	G70 P90 Q150；	调用 G70 进行右端外圆精加工
N680	G00 X100 Z100；	快速移动至换刀点
N690	M05；	主轴停止
N700	M01；	程序选择性暂停
N710	M03 S900；	调整主轴转速为 900 r/min
N720	T0404；	调用 4 号车刀（切槽刀）
N730	G00 X21 Z-13；	快速移动至 X21，Z-13 mm 处
N740	G01 X16 F0.08；	切槽至 X16 mm 处
N750	G04 X0.5；	暂停 0.5 s
N760	G00 X21；	退刀至 X21 mm 处
N770	Z-15；	移动至 Z-15 mm 处
N780	G01 X16；	切槽至 X16 mm 处
N790	G04 X0.5；	暂停 0.5 s
N800	G00 X25；	退刀至 X25 mm 处
N810	X100 Z100；	退刀至换刀点
N820	M05；	主轴停止
N830	M01；	程序选择性暂停
N840	T0404；	调用 5 号车刀（安装在 4 号刀位）
N850	M03 S400；	调整转速为 400 r/min
N860	G00 X22 Z2；	快速定位到螺纹循环起点
N870	G92 X19 Z-12.5 F2.5；	螺纹加工
N880	X18.3；	
N890	X17.7；	
N900	X17.3；	
N910	X16.9；	
N920	X16.75；	
N930	X16.75；	
N940	G00 X100 Z100；	快速退刀至换刀点
N950	M05；	主轴停止

续表

程序段号	FANUC0i 系统程序	程序说明
N960	M30；	程序结束
	O0002；	件 2 加工程序
N10	G97 G99；	择恒转速、每分钟进给量
N20	M03 S700；	设置粗车转速 700 r/min
N30	T0101；	选择 1 号刀具（外圆粗车刀车刀）
N40	G00 X67 Z0；	快速定位到工件端面
N50	G01 X−2 F0.3；	车右端面
N60	G00 X65 Z2；	快速移动到循环起点（左端装夹面加工）
N70	G71 U4 R2；	调用 G71 粗车循环，被吃刀量 4 mm
N80	G71 P90 Q110 U0 W0 F0.3；	
N90	G00 X50；	快速移动至 X50 mm 处
N100	G01 Z−8；	加工至 Z−8 mm 处
N110	X65；	加工至 X65 mm 处
N120	G00 X100 Z100；	快速退刀至换刀点
N130	M05；	主轴停止
N140	M00；	程序暂停
N150	T0202；	选择 2 号车刀（内孔车刀）
N160	M03 S900；	调整转速为 900 r/min
N170	G00 X16 Z2；	快速移动至循环起点（左端内孔粗加工）
N180	G71 U1 R1；	调用 G71 内孔粗车循环，被吃刀量为 1 mm（半径值）
N190	G71 P200 Q230　U−0.6 W0 F0.3；	精加工余量为 0.6 mm（直径值）
N200	G00 X36；	快速移动至 X36 mm 处
N210	G01 X30 Z−1 F0.1；	倒角 $C1$ mm
N220	Z−15；	加工至 Z−15 mm 处
N230	X16；	加工至 X16 mm 处
N240	G00 Z2；	快速退刀至 Z2 mm 处
N250	G00 X100 Z100；	快速移动至换刀点
N260	M05；	主轴停止
N270	M00；	程序暂停
N280	M03 S700；	调整转速为 700 r/min
N290	T0101；	调用 1 号车刀（外圆粗车刀）

续表

程序段号	FANUC0i 系统程序	程序说明
N300	G00 X65 Z2;	快速移动到循环起点（右端粗加工）
N310	G71 U4 R2;	调用 G71 粗车循环，被吃刀量 1.5 mm
N320	G71 P330 Q410 U1.2 W0.2 F0.3;	精加工余量 1.2 mm，进给量 0.3 mm/r
N330	G00 X28;	快速移动至 X28 mm 处
N340	G01 Z0 F0.1;	移动至锥面起点 Z0 处
N350	X30 Z-10;	加工锥面
N360	X39;	加工至 X39 mm 处
N370	X40 Z-10.5;	倒角 C0.5 mm
N380	Z-20;	加工至 Z-20 mm 处
N390	G03 X60 Z-30 R10 F0.05;	加工圆弧 R10 mm
N400	G01 Z-32;	加工至 Z-32 mm 处
N410	X65;	退刀至 X62 mm 处
N420	M05;	主轴停止
N430	M01;	程序选择性停止
N440	G00 X100 Z100;	快速移动至换刀点
N450	T0303;	调用 3 号刀（外圆精车刀）
N460	M03 S1000;	调整转速为 1200 r/min
N470	G00 X28 Z0;	精加工左端外圆（精车锥面）
N480	G01 X30 Z-10;	加工锥面
N490	X50;	退刀至 X50 mm 处
N500	G00 X100 Z100;	快速退刀至换刀点
N510	M05;	主轴停止
N520	M00;	程序暂停
N530	T0101;	选择 1 号车刀（外圆粗车刀）
N540	M03 S600;	调整爪子转速为 600 r/min
N550	G00 X62 Z0;	快速定位左至端面
N560	G01 X-2 F0.2;	车削左端面
N570	G00 X100 Z100;	快速移动至换刀点
N580	T0202;	调用 2 号车刀（内孔车刀）
N590	M03 S900;	调整转速为 900 r/min
N600	G00 X36 Z2;	快速移动至 X36 Z2 mm 处
N610	G01 X30 Z-1 F0.1;	倒角 C1 mm（精车内孔）

续表

程序段号	FANUC0i 系统程序	程序说明
N620	Z-15;	加工至 Z-15 mm 处
N630	X17.294;	加工至 X17.294 mm 处
N640	Z-32;	加工至 Z-32 mm 处
N650	X16;	退刀至 X16 mm 处
N660	G00 Z2;	快速退刀至 Z2 mm 处
N670	X100 Z100;	快速退刀至换刀点
N680	M05;	主轴停止
N690	M01;	车削选择性停止
N700	M03 S400;	调整转速为 400 r/min
N710	T0404;	调用 6 号车刀（螺纹刀，安装在 4 号刀位）
N720	G00 X16;	快速定位至 X16 mm 处
N730	Z2;	快速定位至 Z2 mm 处
N740	Z-13;	快速定位至 Z-13 mm 处
N750	G92 X17.75 Z-32 F2.5;	内螺纹加工
N760	X18.45;	
N770	X19.05;	
N780	X19.45;	
N790	X19.85;	
N800	X20;	
N810	G00 Z2;	快速退刀至 Z2 mm 处
N820	X100 Z100;	快速退刀至换刀点
N830	M05;	主轴停止
N840	M00;	程序暂停（将件 1、件 2 装配后装夹件 1）
N850	T0303;	选择 3 号车刀（外圆精车点）
N860	M03 S1000;	调整主轴转速为 1000 r/min
N870	G00 X40 Z-8;	快速定位至 X40 Z8 mm 处
N880	G01 Z-20 F0.1;	加工至 Z-20 mm 处
N890	G03 X60 Z-30 R10 F0.05;	加工圆弧 R10 mm
N900	G01 X62;	退刀至 X62 mm 处
N910	G00 X100 Z100;	快速移动至换刀点
N920	M05;	主轴停止
	M30;	程序结束

（二）SINUMERIK 802D 系统程序

程序段号	SINUMERIK 802D 系统程序	程序说明
	Task51.MPF	件 1 加工主程序
N10	G90 G95 G97	
N20	M03 S700	
N30	T1D1	选择 1 号刀具（外圆车刀）
N40	G00 X67 Z0	快速定位到工件右端面
N50	G01 X-2 F0.3	车右端面
N60	G00 X65 Z2	快速移动到循环起点（右端粗加工）
N70	CYCLE95 （"Sub01", 4, 0.2, 1.2, 0, 0.3, 0.2, 0, 1, 0, 0, 0）	调用 CYCLE95 进行右端外圆粗加工
N80	G00 X100 Z100	快速移动至换刀点
N90	M05	主轴停止
N100	M00	程序暂停
N110	M03 S700	设置粗车转速 700 r/min
N120	T1D1	选择 1 号刀具（外圆粗车刀）
N130	G00 X67 Z0	快速定位到工件端面
N140	G01 X-2 F0.3	车左端面
N150	G00 X65 Z2	快速移动到循环起点（左端粗加工）
N160	CYCLE95 （"Sub02", 4, 0.2, 1.2, 0., 0.3, 0.2, 0, 1, 0, 0, 0）	调用 CYCLE95 进行左端外圆粗加工
N170	M05	主轴停止
N180	M00	程序暂停
N190	G00 X100 Z100	快速退刀至换刀点
N200	M03 S900	调整转速为 900 r/min
N210	T2D1	选择 2 号车刀（内孔镗刀）
N220	G00 Z2	快速移动至 Z2 mm 处
N230	X20	快速移动至 X20 mm 处
N240	CYCLE95 （"Sub03", 1, 0.2, 1.2, 0, 0.3, 0.2, 0, 3, 0, 0, 0）	调用 CYCLE95 进行左端内孔粗加工
N250	G00 Z2	快速退刀至工件以外
N260	M05	主轴暂停
N270	M01	程序选择性暂停
N280	M03 S1220	调整转速为 1220 r/min
N290	T2D1	调用调整磨耗后的 2 号刀具

续表

程序段号	SINUMERIK 802D 系统程序	程序说明
N300	G00 Z2	快速移动至 Z2 mm 处
N310	X20	快速移动至 X20 mm 处
N320	Sub03	左端内孔精加工
N330	G00 Z2	快速退刀至 Z2 mm 处
N340	X100 Z100	快速移动至换刀点
N350	M05	主轴停止
N360	M01	程序选择性暂停
N370	T3D1	调用 3 号车刀（外圆精车刀）
N380	M03 S1000	调整转速为 1000 r/min
N390	G00 X62 Z2	快速定位至循环起点
N400	Sub02	左端外圆精加工
N410	G00 X100 Z100	快速移动至换刀点
N420	M05	主轴停止
N430	M00	程序暂停
N440	T0303	选择 3 号车刀（外圆精车刀）
N450	M03 S1000	调整转速为 1000 r/min
N460	G00 X62 Z2	快速定位至循环起点
N470	Sub01	右端外圆精加工
N480	G00 X100 Z100	快速移动至换刀点
N490	M05	主轴停止
N500	M01	程序选择性暂停
N510	M03 S900	调整主轴转速为 900 r/min
N520	T4D1	调用 4 号车刀（切槽刀）
N530	G00 X21 Z−13	快速移动至 X21，Z−13 mm 处
N540	G01 X16 F0.08	切槽至 X16 mm 处
N550	G04 F0.5	暂停 0.5 s
N560	G00 X21	退刀至 X21 mm 处
N570	Z−15	移动至 Z−15 mm 处
N580	G01 X16	切槽至 X16 mm 处
N590	G04 F0.5	暂停 0.5 s
N600	G00 X25	退刀至 X25 mm 处
N610	X100 Z100	退刀至换刀点

续表

程序段号	SINUMERIK 802D 系统程序	程序说明
N620	M05	主轴停止
N630	M01	程序选择性暂停
N640	T4D1	调用 5 号车刀（安装在 4 号刀位）
N650	M03 S400	调整转速为 400 r/min
N660	G00 X22 Z2	快速定位到螺纹循环起点
N670	CYCLE97 （2.5, , 0, -10,20, 20, 2, 2, 1.625, 0.1, 30, 0, 6,1, 3, 0）	调用 CYCLE97 进行螺纹加工
N680	G00 X100 Z100	快速退刀至换刀点
N690	M05	主轴停止
N700	M30	程序结束
	Sub01.SPF	右端外轮廓子程序
N10	G00 X12 F0.1	快速移动至 X12 mm 处
N20	G01 X19.729 Z-2	倒角 $C2$ mm
N30	Z-15	加工至 Z-15 mm 处
N40	X28	加工至 X28 mm 处
N50	X30 Z-16	倒角 $C0.5$
N60	Z-30	加工至 Z-30 mm 处
N70	X62	退刀至 X62 mm 处
N80	M2	子程序结束
	Sub02.SPF	左端外轮廓子程序
N10	G00 X35	快速移动至 X35 mm 处
N20	G01 X40 Z-0.5 F0.1	倒角 $C0.5$ mm
N30	Z-10	加工至 Z-10 mm 处
N40	G03 X60 Z-20 CR=10 F0.05	车圆弧 $R10$ mm
N50	G01 Z-22 F0.1	加工至 Z-22 mm 处
N60	X62	退刀至 X62 mm 处
N70	M2	子程序结束
	Sub03.SPF	左端内轮廓子程序
N10	G00 X36	快速移动至 X36 mm 处
N20	G01 X30 Z-1 F0.1	倒角 $C1$ mm
N30	X28 Z-10	车锥面至 X28, Z-10 mm 处
N40	X20	退刀至 X20 mm 处

续表

程序段号	SINUMERIK 802D 系统程序	程序说明
N50	M2	子程序结束
	Task02.MPF	件 2 加工主程序
N10	G90 G95 G97	
N20	M03 S700	
N30	T1D1	选择 1 号刀具（外圆粗车刀车刀）
N40	G00 X67 Z0	快速定位到工件端面
N50	G01 X−2 F0.3	车右端面
N60	G00 X65 Z2	快速移动到循环起点（左端装夹面加工）
N70	CYCLE95 （"Sub04", 4, 0, 0, 0, 0.3, 0.2, 0, 1, 0, 0, 0）	调用 CYCLE95 进行左端外圆加工
N80	G00 X100 Z100	快速退刀至换刀点
N90	M05	主轴停止
N100	M00	程序暂停
N110	T2D1	选择 2 号车刀（内孔车刀）
N120	M03 S900	调整转速为 900 r/min
N130	G00 X16 Z2	快速移动至循环起点（左端内孔粗加工）
N140	CYCLE95 （"Sub05", 1, 0.1, 0.3, 0, 0.3, 0.2, 0, 3, 0, 0, 0）	调用 CYCLE95 进行左端内孔粗加工
N150	G00 Z2	快速退刀至 Z2 mm 处
N160	G00 X100 Z100	快速移动至换刀点
N170	M05	主轴停止
N180	M00	程序暂停
N190	M03 S700	调整转速为 700 r/min
N200	T1D1	调用 1 号车刀（外圆粗车刀）
N210	G00 X65 Z2	快速移动到循环起点（右端粗加工）
N220	CYCLE95 （"Sub06", 4, 0.1, 0.6, 0, 0, 0.2, 0, 1, 0, 0, 0）	调用 CYCLE95 进行右端外圆粗加工
N230	M05	主轴停止
N240	M01	程序选择性停止
N250	G00 X100 Z100	快速移动至换刀点
N260	T3D1	调用 3 号刀（外圆精车刀）
N270	M03 S1000	调整转速为 1000 r/min
N280	G00 X28 Z0	精加工左端外圆（精车锥面）

续表

程序段号	SINUMERIK 802D 系统程序	程序说明
N290	G01 X30 Z-10	加工锥面
N300	X50	退刀至 X50 mm 处
N310	G00 X100 Z100	快速退刀至换刀点
N320	M05	主轴停止
N330	M00	程序暂停
N340	T1D1	选择 1 号车刀（外圆粗车刀）
N350	M03 S600	调整爪子转速为 600 r/min
N360	G00 X62 Z0	快速定位左至端面
N370	G01 X-2 F0.2	车削左端面
N380	G00 X100 Z100	快速移动至换刀点
N390	T2D1	调用 2 号车刀（内孔车刀）
N400	M03 S900	调整转速为 900 r/min
N410	G00 X36 Z2	快速移动至 X36 Z2 mm 处
N420	G01 X30 Z-1 F0.1	倒角 $C1$ mm（精车内孔）
N430	Z-15	加工至 Z-15 mm 处
N440	X17.294	加工至 X17.294 mm 处
N450	Z-32	加工至 Z-32 mm 处
N460	X16	退刀至 X16 mm 处
N470	G00 Z2	快速退刀至 Z2 mm 处
N480	X100 Z100	快速退刀至换刀点
N490	M05	主轴停止
N500	M01	车削选择性停止
N510	M03 S400	调整转速为 400 r/min
N520	T4D1	调用 6 号车刀（螺纹刀，安装在 4 号刀位）
N530	G00 X16	快速定位至 X16 mm 处
N540	Z2	快速定位至 Z2 mm 处
N550	Z-13	快速定位至 Z-13 mm 处
N560	CYCLE97 （2.5, , 0, -15,20, 20, 2, 2, 1.625, 0.1, 30, 0, 6,1, 4, 0）	调用 CYCLE97 进行螺纹加工
N570	G00 Z2	快速退刀至 Z2 mm 处
N580	X100 Z100	快速退刀至换刀点
N590	M05	主轴停止
N600	M00	程序暂停（将件 1、件 2 装配后装夹件 1）
N610	T3D1	选择 3 号车刀（外圆精车点）

续表

程序段号	SINUMERIK 802D 系统程序	程序说明
N620	M03 S1000	调整主轴转速为 1000 r/min
N630	G00 X40 Z-8	快速定位至 X40 Z8 mm 处
N640	G01 Z-20 F0.1	加工至 Z-20 mm 处
N650	G03 X60 Z-30 CR=10 F0.05	加工圆弧 R10 mm
N660	G01 X62 F0.1	退刀至 X62 mm 处
N670	G00 X100 Z100	快速移动至换刀点
N680	M05	主轴停止
N690	M30	程序结束
	Sub04.SPF	左端装夹面轮廓子程序
N10	G00 X50	快速移动至 X50 mm 处
N20	G01 Z-8	加工至 Z-8 mm 处
N30	X65	加工至 X65 mm 处
N40	M02	子程序结束
	Sub05.SPF	左端内孔轮廓子程序
N10	G00 X36	快速移动至 X36 mm 处
N20	G01 X30 Z-1 F0.1	倒角 C1 mm
N30	Z-15	加工至 Z-15 mm 处
N40	X16	加工至 X16 mm 处
N50	M02	子程序结束
	Sub06.SPF	右端外圆轮廓子程序
N10	G00 X28	快速移动至 X28 mm 处
N20	G01 Z0 F0.1	移动至锥面起点 Z0 处
N30	X30 Z-10	加工锥面
N40	X39	加工至 X39 mm 处
N50	X40 Z-10.5	倒角 C0.5 mm
N60	Z-20	加工至 Z-20 mm 处
N70	G03 X60 Z-30 R10 F0.05	加工圆弧 R10 mm
N80	G01 Z-32	加工至 Z -32 mm 处
N90	X65	退刀至 X62 mm 处
N100	M02	子程序结束

五、加工操作

（一）加工准备

操作使用的工量具及毛坯等按表 3.27 进行准备。

表 3.27　加工准备单

名　称	数　量	名　称	数　量
刀具（含刀片）	见表 3.24	刀台扳手	1
量具（检具）	见表 3.25、表 3.26	夹头扳手	1
钻夹头	1	毛坯（ϕ62×52 mm，45#钢）	1
		毛坯（ϕ62×42 mm，45#钢）	1

（二）程序录入与校验

根据所用数控机床的数控系统录入程序，进行程序校验。

（三）工件加工

1. 件一

（1）工件装夹→安装所用刀具→对刀→车右端面→粗车 M20 外圆大径→粗车 ϕ30 外圆→粗车 ϕ60 右端面。

（2）调头装夹（夹持 ϕ30 外圆）→T01 刀 Z 向重新对刀→修正 1 号刀 Z 向刀补→车左端面保证总长→粗车 ϕ40 外圆→粗车 R10 圆弧面→程序暂停→钻孔 ϕ20→粗镗圆锥孔→精镗圆锥孔→孔口倒角→精车 ϕ40 外圆→精车 R10 圆弧面。

（3）调头装夹→T03 刀 Z 向重新对刀→修正 3 号刀 Z 向刀补→精车 M20 大径→倒角→精车 ϕ30 外圆→倒角→精车 ϕ60 右端面→切 4×2 槽→程序暂停→取下切槽刀→安装 T05 号刀在 4 号刀位→对刀→车螺纹。

2. 件二

（1）工件装夹→取下外螺纹车刀，安装内螺纹车刀在 4 号刀位→T01 Z 向重新对刀→修正 1 号刀 Z 向刀补→车左端面→车 ϕ60 外圆至 ϕ50 长度 8 mm→钻通孔 ϕ16→T02 对刀→粗镗 ϕ30 孔。

（2）调头夹持 ϕ50 外圆（端面靠紧卡爪端面）→T03 及 T01 Z 向重新对刀→修正 1 号刀与 3 号 Z 向刀补→车右端面→粗车圆锥表面→粗车 ϕ40 外圆→粗车 R10 圆弧面→精车锥面。

（3）调头装夹→螺纹刀对刀→T01 及 T02 刀 Z 向重新对刀→修正 1 号刀与 2 号刀 Z 向刀补→车左端面至总长尺寸→镗螺纹底孔至 ϕ17.294→精镗 ϕ30→孔口倒角→车 M20-7H 螺纹→程序暂停→将件二与件一配合后装夹→精车 ϕ50 外圆→精车 R10 圆弧表面。

【专家提醒】

（1）先将件一的螺纹和锥面加工至尺寸要求。

（2）加工件二的螺纹时用件一螺纹去配合，通过修正刀补达到其要求，加工件二的锥面时应不断用件一的锥孔去配合检查，通修正刀补达到配要求。

（3）为了保证两件端面的配合间隙要求，锥孔的深度应为负偏差，外锥面的长度为正偏差，两者之和应为 0.05～0.10，如果超过要求可以通过减小外锥面的长度达到配合要求。

（4）为了到达配合后的曲面轮廓度要求，两件配合后精加工曲面。

六、零件测量

（一）长度尺寸检测

该零件的全部长度尺寸均用用游标卡尺完成检测，。

（二）外圆柱表面检测

所有外圆柱表面先用游标卡测量，再用千分尺测量。

（三）内孔表面

$\phi28$、$\phi30$ 孔先用游标卡测量，再用内测千分尺测量；$\phi26$ 孔用内径百分表测量。

（四）圆锥孔表面

圆锥孔表面的检测参见项目四的任务一。

（五）粗糙度检测

表面粗糙度用粗糙度对比块进行对比检测。

（六）同轴度检测

常规的检测方法是：将 $\phi48$ 外圆放在 V 形块上，在 $\phi28$ 的孔中装上芯棒，用百分表打芯棒外圆刀跳动来判定同轴度是否合格。

用三坐标测量检测。

（七）螺纹的检测

用螺纹环规和螺纹塞规作综合检测。

（八）轮廓度检测

用 R 规通过透光或用塞尺检测，精度要求较高时应用仪器检测。

【同步训练】

完成图 3.33 所示零件的数控加工工序卡、数控加工刀具卡及加工程序的编制，并操作机床加工出合格的零件。

件一

件二

件三

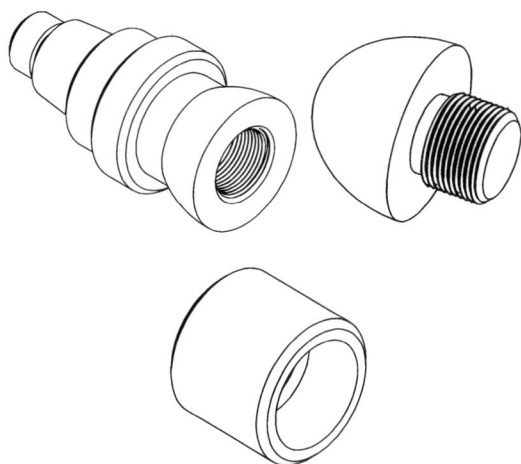

材料：45#钢

技术要求

1. 未注倒角 C2，锐边倒钝；

2. 不得用锉刀、砂布等抛光加工表面；

3. 未注公差按 GB/T 1804—2000 中 m（中等级）加工和检验；

4. 锥面结合面的接触面积不小于 60%；

5. 装配后，件一与件二可分离。

图 3.33　组合零件加工

项目四 数控车工的职业技能认定样例

【思政目标】

职业资格证书制度的推行，对广大劳动者系统地学习相关职业的知识和技能，提高就业能力、工作能力和职业转换能力有着重要的作用和意义，也为企业合理用工以及劳动者自主择业提供了依据。

通过本项目的学习，领会数控车工的国家职业标准（中、高级）。通过精选的理论试题和实操试题的训练，达到相应的国家职业标准的高级水平，为考取相应的职业资格证书奠定良好的基础。

一、数控车工中级理论试题

（一）单项选择题

1. 在市场经济条件下，职业道具有（　　）的社会功能。
   A. 鼓励人们自由选择职业　　　　　　B. 遏制牟利最大化
   C. 促进人们的行为规范化　　　　　　D. 最大限度地克服人们受利益驱动
2. 文明礼貌的职业道德规范要求员工做到（　　）。
   A. 待人热情　　　B. 忠于职守　　　　C. 办事公道　　　　D. 讲究卫生
3. （　　）应准备好工作中所需要的工具、仪器仪表以及技术资料等。
   A. 上班时　　　B. 下班前　　　　C. 上班前　　　　D. 下班时
4. 工程图样被誉为（　　）。
   A. 工程界的专用语言　　　　　　　　B. 工程界的基本语言
   C. 工程界的正确语言　　　　　　　　D. 工程界的通用语言
5. 移出断面图一般应用剖切符号表示剖切位置，用箭头表示投射方向，并注上（　　）。
   A. 数字　　　B. 备注　　　C. 字母　　　D. 名称
6. 通用量具中（　　）具有结构简单、使用方便、精度中等和测量尺寸范围大等特点，可以测量零件的外径、内径、长度、宽度、厚度、深度和孔距等。
   A. 游标卡尺　　　B. 齿厚游标卡尺　　　C. 游标深度尺　　　D. 游标量角尺
7. 在尺寸精度检验中（　　）的测量是最基本的测量，也是数控车加工中最常用的测量之一。
   A. 长度　　　B. 直径　　　C. 外径　　　D. 宽度
8. （　　）是指金属材料抵抗局部变形，特别是塑性变形、压痕或划痕的能力。
   A. 强度　　　B. 硬度　　　C. 塑性　　　D. 冲击韧性
9. 聚酰胺俗称尼龙或锦纶，强度、韧性、耐磨性、耐蚀性、吸振性、自润滑性、成形性好，摩擦系数小，（　　　）。

  A. 无毒无味　　　　　　　　　　B. 有毒无味

  C. 有毒有刺激性气味　　　　　　D. 无毒有刺激性气味

10. 按机床加工件大小和机床自身（　　　），可分为仪表机床、中型机床、大型机床、重型机床和超重型机床。

  A. 重量　　　　B. 质量　　　　C. 数目　　　　D. 尺寸

11. 为了确定和测量车刀的几何角度，需要选取三个辅助平面作为基准，这三个辅平面是切削平面、（　　　）和正交平面。

  A. 基面　　　　B. 切面　　　　C. 剖面　　　　D. 垂直面

12. （　　　）在机床整机中占有十分重要的位置，其设计、调试和维修保养，对于提高机床加工精度、延长机床使用寿命等都有着十分重要的作用。

  A. 机床设计系统　　　　　　　　B. 机床保养系统

  C. 机床维护系统　　　　　　　　D. 机床润滑系统

13. 台虎钳是用来夹持工件的（　　　）夹具，安装在工作台上，用以夹稳加工工件，为钳工车间必备工具。

  A. 专用　　　　B. 通用　　　　C. 标准　　　　D. 基本

14. 下列不是锯齿崩裂的原因的是（　　　）。

  A. 起锯角太大或近起锯时用力过大

  B. 锯削时突然加大压力，锯齿被工件棱边钩住而崩裂

  C. 锯条安装的过紧

  D. 锯薄板料和薄壁管子时没有选用细齿锯条

15. （　　　）有液压缸和液压马达，在液压千斤顶中为液压缸。

  A. 动力元件　　B. 控制元件　　C. 执行元件　　D. 辅助元件

16. 在机械加工领域，在线测量是指在生产线上进行的（　　　）测量。

  A. 精准　　　　B. 常规　　　　C. 实时　　　　D. 专业

17. 劳动合同的变更有（　　　）种情况。

  A. 1　　　　　B. 3　　　　　C. 7　　　　　D. 5

18. 轴类零件应根据不同的工作条件和使用要求选用不同的材料并进行不同的（　　　），以获得一定的强度、韧性和耐磨性。

  A. 以上都是　　B. 调质　　　　C. 正火　　　　D. 淬火

19. 当某表面需经多次加工时，各工序的加工尺寸和公差取决于各工序的加工余量及所采用加工方法的经济加工精度，计算的顺序是由（　　　）工序开始反向推算。

  A. 最后一道　　B. 一开始　　　C. 刚开始　　　D. 第一道

20. 切断刀（　　　）是否正确，直接影响切断刀的工作角度，对切断工件能否顺利进行、切断的工件平面是否平整有直接关系。

  A. 正火　　　　B. 淬火　　　　C. 装夹　　　　D. 调质

21. 由于切断刀的刀头强度比其他车刀低，切削进给量（　　　）时，切断刀后面与工件产生剧烈摩擦并引起振动。

  A. 合适　　　　B. 太小　　　　C. 太大　　　　D. 较大

22. （　　）应用范围广。

    A. 热塑性塑料　　　　B. 热固性塑料　　　　C. 通用塑料　　　　D. 工程塑料

23. 在进行机械加工时，必须把工件放在机床上，使它在夹紧之前就占有一个正确的位置，称为（　　）。

    A. 位置　　　　　　　B. 定位　　　　　　　C. 坐标　　　　　　　D. 基准

24. （　　）夹紧力较大，找正比较费时，但仔细校正可以达到较高的精度要求，适合单件小批量、形状不规则或装夹形式复杂且较重的工件。

    A. 二爪单动卡盘　　　　　　　　　　　　B. 一爪单动卡盘

    C. 四爪单动卡盘　　　　　　　　　　　　D. 三爪自定心卡盘

25. 当细长轴工件已经热校直且加工余量足够，装夹方法也合理时，在车削过程中产生弯曲变形，主要是由于（　　）过大所致。

    A. 切削力　　　　　　B. 压力　　　　　　　C. 拉伸力　　　　　　D. 切削速度

26. 产生竹节形变形原因之一车床大拖板和中拖板的间隙过大即当车刀从跟刀架支撑基准处接刀开始切削时，产生（　　），使车出的一段直径增大。

    A. 脱刀　　　　　　　B. 落刀　　　　　　　C. 跳刀　　　　　　　D. 让刀

27. 在车床上加工较长或加工工序较多的轴类工件，为保证工件同轴度要求，常采用（　　）方法。

    A. 四爪单动　　　　　B. 两顶尖装夹　　　　C. 三爪自定心　　　　D. 中心孔

28. 机械加工中，由机床、夹具、刀具和工件等组成的统一体，称为（　　）。

    A. 加工工艺　　　　　B. 机械系统　　　　　C. 工作系统　　　　　D. 工艺系统

29. 同一产品每批投入生产的数量称为（　　）。

    A. 批量　　　　　　　B. 单件　　　　　　　C. 大量　　　　　　　D. 批发

30. （　　）端面没车平，或中心处留有凸头，使中心钻不能准确定心而折断。

    A. 工件　　　　　　　B. 零件　　　　　　　C. 机械　　　　　　　D. 部件

31. 在车削短而小的套类工件时，为了保证内、外圆的同轴度，最好在一次装夹中把（　　）、外圆及端面都加工完毕。

    A. 内孔　　　　　　　B. 外孔　　　　　　　C. 中心孔　　　　　　D. 内圆

32. 内孔车刀同外圆车刀一样有各种（　　），又有其自己的独特之处，刃磨技术上较外圆车刀有所难度。

    A. 方式　　　　　　　B. 形状　　　　　　　C. 尺寸　　　　　　　D. 花纹

33. 低速精车时主轴转速 n 可选择 10~40 r/min，精进给量 f 可选择（　　）mm 左右，背吃刀量可选择 0.01~0.03 mm。

    A. 0.1　　　　　　　B. 0.3　　　　　　　C. 0.2　　　　　　　D. 0.4

34. 薄壁工件粗车时，由于切削余量较大，夹紧力大，切削用量相对较大，产生的切削力、切削热都大，所以变形也相应大一些，（　　）误差较大。

    A. 锐角度　　　　　　B. 圆柱度　　　　　　C. 直角度　　　　　　D. 顿角度

35. 一般切沟槽有宽有窄，窄至（　　）mm 左右，而且宽窄有公差要求，如窄的弹性挡圈有（卡簧）0.6~3 mm 的沟槽，宽的如退刀槽等。

    A. 0.6　　　　　　　B. 1　　　　　　　　C. 0.8　　　　　　　D. 1.2

36. （　　　）刚度好，定心准确，但与中心孔间因产生滑动摩擦而发热过多，容易将中心孔或顶尖"烧坏"，因此只适用于低速加工精度要求较高的工件。

    A. 固定顶尖　　　　B. 后顶尖　　　　C. 回转顶尖　　　　D. 前顶尖

37. 在加工外圆直径很大、内孔直径较小、定位长度较短的工件时，多以外圆为（　　　）来保证工件的位置精度。

    A. 完全定位　　　　B. 自由度　　　　C. 定位　　　　D. 基准

38. 螺纹车削走刀方法中，在高速车削普通螺纹时，用硬质合金车刀，只能采用（　　　），而不能采用左右切削法，否则高速排出的切屑会把螺纹另一侧拉毛。

    A. 前进法　　　　B. 直进法　　　　C. 斜进法　　　　D. 左右切削法

39. （　　　）刃磨方便、切削刃锋利、韧性好，能承受较大的切削冲击力，车出螺纹的表面粗糙度小。

    A. 螺纹车刀　　　　　　　　　　B. 高速钢螺纹车刀

    C. 硬质合金螺纹车刀　　　　　　D. 高速钢三角螺纹车刀

40. 圆弧太大时，容易造成外螺纹的牙底与内螺纹的牙尖产生干涉，拧不进去；圆弧太小时，影响螺纹（　　　）。

    A. 精度　　　　B. 质量　　　　C. 硬度　　　　D. 强度

41. （　　　）螺纹车刀还有左、右侧后角 α，刀尖圆弧半径 r，等几何形状的要求。

    A. 精致　　　　B. 常见　　　　C. 罕见　　　　D. 普通

42. 在实际操作时应注意的是，具有较大背前角的螺纹车刀在车削时会产生一个较大的背向（　　　），这个力有把车刀向工件里面拉的趋势。

    A. 分力　　　　B. 合力　　　　C. 摩擦　　　　D. 影响

43. 螺距 P 为（　　　）中径 D_2 或 d_2 为 16.376。

    A. 2.5　　　　B. 2　　　　C. 2.1　　　　D. 2.3

44. 将开合螺母闭合后，用开（　　　）车来车螺纹。

    A. 正顺　　　　B. 旋转　　　　C. 逆时　　　　D. 倒顺

45. 采用左右切削法时，小滑板(车刀)向左或向右的进刀量不能过大，精车时应小于(　　　)mm，否则会使牙底过宽或凸凹不平。

    A. 0.06　　　　B. 0.07　　　　C. 0.08　　　　D. 0.05

46. 内螺纹零件形状常见的有两种，即通孔、平底孔，其中通孔内螺纹相对容易（　　　）。

    A. 加工　　　　B. 改变　　　　C. 完成　　　　D. 变形

47. 移动床鞍使车刀移入孔内至孔的终端外约两个螺距长度（　　　），调整床鞍刻度环的零位或在刀杆上做标记，作为轴向退刀位置记号。

    A. 合理　　　　B. 变化　　　　C. 调整　　　　D. 停止

48. 如果工件螺纹表面局部没有润滑到位，没有润滑油痕迹，势必容易造成干摩擦，要详细检查工件螺纹的完整性，检查丝锥的（　　　）。

    A. 科学性　　　　B. 完整性　　　　C. 合理性　　　　D. 稳定性

49. 该工件所有外径和长度、倒角标注为英制单位，螺纹标注为英寸单位 5/8 in-11,其中，5/8 in 表示 5 英分，即 25.4mm×5/8=15.875 mm;11 表示每英寸长度上有螺纹牙数（　　　）个。

    A. 12　　　　B. 11　　　　C. 13　　　　D. 14

50. （   ）是采用螺纹量规对螺纹各主要尺寸进行综合检验的一种测量方法。

    A. 综合测量　　　　B. 中径测量　　　　C. 螺距测量　　　　D. 顶径测量

51. 一般盘类零件直径（   ）零件的轴向尺寸，如齿轮、带轮、法兰盘、端盖、联轴节、套环。

    A. 小于　　　　　　B. 等于　　　　　　C. 大于　　　　　　D. 以上都对

52. 先主后次原则中的（   ）是指尺寸、位置精度要求较高的基准面与工作表面。

    A. 主要表面　　　　B. 主次表面　　　　C. 基面先行　　　　D. 次要表面

53. 可以用（   ）或符号准确、简明地表示机器或部件的性能、装配、检验、调整要求，验收条件，试验和使用、维修规则等。

    A. 文字　　　　　　B. 数字　　　　　　C. 字母　　　　　　D. 箭头

54. 装配图中的性能要求指机器或部件的（   ）、参数、性能指标等。

    A. 格式　　　　　　B. 结构　　　　　　C. 规格　　　　　　D. 尺寸

55. （   ）用于各种精密零件，消除切削加工的内应力，保持尺寸的稳定性。

    A. 渗氮　　　　　　B. 渗碳淬火　　　　C. 淬火　　　　　　D. 调质

56. （   ）一般采用查表法获得。

    A. 工序余量　　　　B. 工步余量　　　　C. 工位余量　　　　D. 毛坯余量

57. 当工件长度大于（   ）倍直径时，应在工件右端用尾架顶尖支撑。

    A. 2　　　　　　　　B. 8　　　　　　　　C. 4　　　　　　　　D. 6

58. 孔的基本尺寸用（   ）表示。

    A. Da　　　　　　　B. d　　　　　　　　C. D　　　　　　　　D. da

59. 从加工的角度看，基本尺寸相同的零件，公差值（   ），加工就越困难。

    A. 小　　　　　　　B. 大　　　　　　　C. 越小　　　　　　D. 越大

60. 立式车床在结构布局上的主要特点是主轴（   ）布置，一个直径较大的圆形工作台呈水平布置，供装夹工件用。

    A. 竖直　　　　　　B. 横排　　　　　　C. 横直　　　　　　D. 竖排

61. 高速钢切断刀和切槽刀的几何角度：前角（   ），主后角 6°~8°。

    A. 4°~21°　　　　B. 5°~20°　　　　C. 6°~25°　　　　D. 20°~40°

62. 使用钻头在实体材料或工件上加工出孔的方法称为（   ）。

    A. 钻头　　　　　　B. 钻孔　　　　　　C. 钻型　　　　　　D. 钻削

63. 切槽方法中的（   ）是切断刀垂直于工件轴线进给，效率高，但要求系统刚度好。

    A. 反切法　　　　　B. 斜进法　　　　　C. 直进法　　　　　D. 左右借刀法

64. 数控车床操作前的准备工作：认真检查润滑系统工作是否正常，如机床长时间未开动，可先采用（   ）向各部分供油润滑，并注意及时添加润滑油。

    A. 指定代码方式　　B. 线上添加　　　　C. 自动方式　　　　D. 手动方式

65. 数控车床电气控制系统中电气部件的维护，需要定期检查电气部件，检查各插头、插座、电缆、继电器触点是否出现接触不良，是否有短路等故障；检查各印制电路板是否干净；检查主电源变压器、各电动机绝缘电阻是否在（   ）以上。

    A. 1 MΩ　　　　　B. 1 MΩ　　　　　C. 2 MΩ　　　　　D. 3 MΩ

66. 数控车床冷却系统日常维护中的切削液检查，每（   ）天检查切削液浓度及使用状况，并调配好切削液与水的比率，以防机床生锈。

　　　A. 2~3　　　　　　B. 2~7　　　　　　　　C. 2~4　　　　　　　　D. 2~5

67. FANUC-0i 数控系统的报警信息很多，其中程序错误报警的清除方式是（　　　）。

　　　A. 修改错误信息　　　　　　　　　　B. 修改数据
　　　C. 修改代码　　　　　　　　　　　　D. 修改程序或参数

68. 硬质合金刀具的耐热温度一般为（　　　）摄氏度。

　　　A. 300 ~ 400　　　B. 500 ~ 600　　　　　C. 800 ~ 1000　　　　D. 1100 ~ 1300

69. 切削脆性金属材料时，（　　　）容易产生在刀具前角较小、切削厚度较大的情况下。

　　　A. 崩碎切削　　　B. 节状切削　　　　　C. 带状切削　　　　　D. 粒状切削。

70. M98P21010 表示调用（　　　）次子程序。

　　　A. 1　　　　　　B. 2　　　　　　　　　C. 21　　　　　　　　D. 10。

（二）判断题

71. 金属材料抵抗冲击载荷作用而不破坏的能力称为冲击韧性。（　　　）

72. 组合机床是指以系列化、标准化的通用部件为基础，配以少量专用部件组成的专用机床。（　　　）

73. 润滑剂根据来源不同，有矿物性润滑剂、植物性润滑剂和动物性润滑剂。（　　　）

74. 习惯上规定正电荷移动的方向为电流的方向，因此电流的方向实际上与电子移动的方向相同。（　　　）

75. 在线测量技术中，产品在生产加工设备上无须拆卸，只通过自动化产品质量数据的测量。（　　　）

76. 垂直度检测时，将工件放在垂直导向块上也可测量垂直度误差。（　　　）

77. 刃磨角度正确的切断刀等于其工作角度正确。（　　　）

78. 除了黄铜和白铜外，所有的铜基合金都称为青铜。（　　　）

79. 四个卡爪独立运动，装夹可以自动定心。（　　　）

80. 跟刀架外侧支承爪调整过松会造成竹节形变形。（　　　）

81. 数控加工工艺是指采用数控机床加工零件时所运用的各种方法和技术手段的总和。（　　　）

82. 钻中心孔时，由于中心钻切削部分的直径很小，承受不了过大的切削力，稍不注意，很容易折断。（　　　）

83. 内孔车刀是用来车削毛坯孔（锻孔、铸孔、钻头钻出孔）的刀具，经过内孔车刀车削后，内孔的精度达到图样的要求。（　　　）

84. 薄壁工件粗车时，由于切削余量较大，夹紧力大，切削用量相对较大，产生的切削力、切削热都大，所以变形也相应大一些，直角度误差较大。（　　　）

85. 前顶尖有固定顶尖和回转顶尖两种。（　　　）

86. 定螺距刀片也称全牙型刀片。（　　　）

87. 原始三角形高度 H=0.866P。（　　　）

88. 实际测量时常用特制的较厚的螺纹样板来测量，有纵向前角的车刀刀尖角的测量。（　　　）

89. 用闭合与断开开合螺母的方法车螺纹时，车床丝杠的螺距应是工件螺距的整数倍，如不是整数倍，则应使用倒顺车法来车削螺纹，否则会使螺纹产生乱扣。（　　　）

90. 刀杆不应伸出过长，刀杆伸出的长度应比螺纹的深度长 10~20 mm。（　　　）

91. 把攻螺纹工具装在车床尾座锥孔内，丝锥 1 尾部的方榫装在工具的方孔中。（　　　）

92. 螺纹测量时应当注意不要用力过大，更不允许用扳手强行拧紧，否则不仅测量不准确，更易引起量规的严重磨损，降低量规的精度。（　　　）

93. 在数控机床上加工零件，一般按工序集中原则划分工序。（　　　）

94. 装配要求一般指装配方法和顺序，装配时的有关说明，装配时应保证的精度、密封性等要求。（　　　）

95. 加工阶段的划分也不应绝对化，应根据工件的质量要求、结构特点和生产批量灵活掌握。（　　　）

96. 轴通常指工件各种形状的外表面。（　　　）

97. 立式车床用于加工径向尺寸较大，轴向尺寸相对较小，且形状比较复杂的大型和重型零件，如各种盘、轮和壳体类零件。（　　　）

98. 刃磨钻头时需要注意：钻孔应对称。（　　　）

99. 孔径扩大中，刀夹摆动对孔径和孔的定位精度影响很大，因此当刀夹磨损严重时应及时更换新刀夹。（　　　）

100. 数控车床气动系统日常维护工作的主要任务是冷凝水排放和检查润滑油。（　　　）

二、数控车工中级理论试题参考答案

1.	C	2.	A	3.	C	4.	D	5.	C
6.	A	7.	A	8.	B	9.	A	10.	B
11.	A	12.	D	13.	B	14.	C	15.	C
16.	C	17.	D	18.	A	19.	A	20.	C
21.	B	22.	C	23.	B	24.	C	25.	A
26.	D	27.	B	28.	D	29.	A	30.	A
31.	A	32.	B	33.	B	34.	B	35.	B
36.	A	37.	D	38.	B	39.	B	40.	D
41.	D	42.	A	43.	A	44.	D	45.	D
46.	A	47.	D	48.	B	49.	B	50.	A
51.	D	52.	A	53.	A	54.	C	55.	D
56.	A	57.	C	58.	C	59.	C	60.	A
61.	B	62.	A	63.	C	64.	D	65.	A
66.	A	67.	D	68.	C	69.	A	70.	C
71.	T	72.	T	73.	T	74.	F	75.	F
76.	T	77.	F	78.	T	79.	F	80.	F
81.	T	82.	T	83.	T	84.	F	85.	F
86.	T	87.	T	88.	T	89.	T	90.	T
91.	T	92.	T	93.	T	94.	T	95.	T
96.	T	97.	T	98.	F	99.	T	100	T

三、操作技能考核模拟试卷

在数控车床上，完成图 4.1 所示零件的程序编制及加工

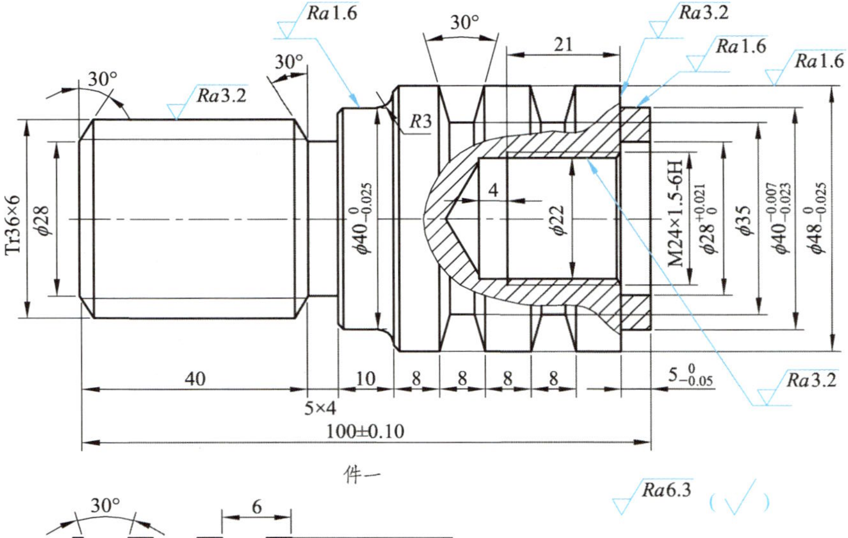

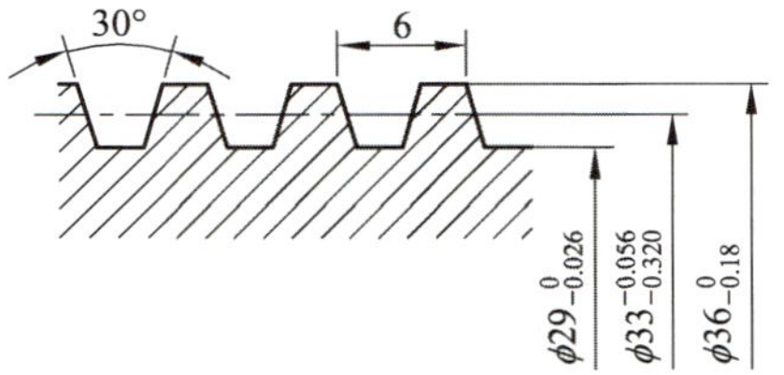

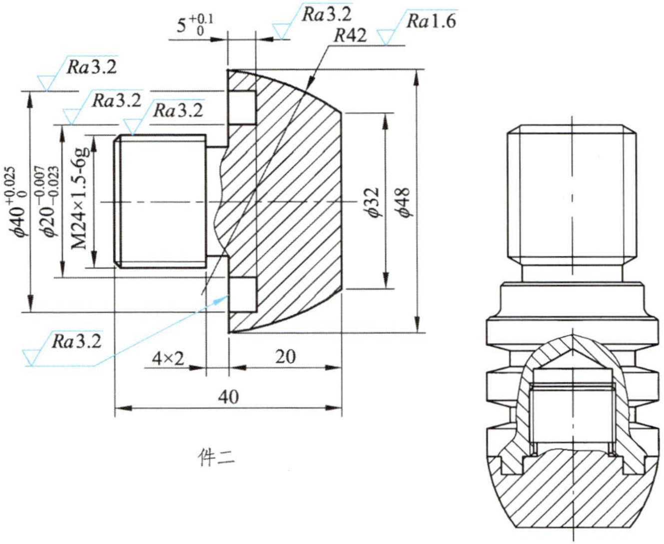

图 4.1　操作技能考核模拟图

技术要求

1. 未注公差按IT12加工，未注倒角C1；
2. 所有加工面不许用锉刀、砂布修饰．

$\sqrt{Ra6.3}$ （$\sqrt{}$ ）

件一

件二

评分标准表

单位名称					姓名		日 期		
定额时间	180分钟	起始时间			结束时间		总得分		
序号	考核项目		考核内容及要求		配分	评分标准	检测结果	扣分	得分
1	试件一	外圆	φ40	0 −0.025（2处）	4	每超差0.01扣1分			
2			φ48	0 −0.025	4	每超差0.01扣1分			
3			φ28	+0.021 0	4				
4			φ30		1	超过±0.1无分			
5			φ28		1	超过±0.1无分			
6		内孔	φ22		2	每超过+0.05扣1分			
7		长度	40		1	超过±0.2无分			
8			10		1	超过±0.2无分			
9			8	4处	8	超过±0.2无分			
10			25		1	超过±0.2无分			
11			5	0 −0.05	2	每超差0.05扣1分			
12			100	±0.10	3	超差无分			
13		螺纹	M24小径	+0.300 0	3	每超差0.1扣2分			
14			M24中径	+0.190 0	3	每超差0.1扣2分			
15			M24	牙形	2	牙形完整无缺陷			
16		梯形螺纹	大径φ36	0 −0.26	4	每超差0.1扣2分			
17			中径φ33	−0.056 −0.320	4	每超差0.1扣2分			
18			小径φ29	0 −0.18	4	每超差0.1扣2分			
19			螺距		2	超过±0.1无分			
20			牙形		2	牙形完整无缺陷			
21		倒角	1×45°	3处	1.5	每处超过±0.2扣0.5分			
22			4×30°	2处	1	每处超过±0.2扣0.5分			
23		槽	5×4		2	1处超差扣0.2分			
24			30°	2处	4	超过±10′无分			
25		圆弧	R3		1	1处超差扣0.2分			
26		粗糙度	Ra1.6	3处	1.5	1处超差扣0.5分			
27			Ra3.2	4处	2	1处超差扣0.5分			
28	试件二	圆	φ40	0 −0.025	4	每超差0.01扣2分			
29			φ28	−0.007 −0.02	4	每超差0.01扣2分			
30			φ48		1	超过±0.1无分			
31			φ32		1	超过±0.1无分			

续表

序号	考核项目		考核内容及要求		配分	评分标准	检测结果	扣分	得分
32			5	+0.1　0	2	每超差 0.05 扣 1 分			
33		长度	20		1	超过±0.2 无分			
34			40		1	超过±0.2 无分			
35		槽	4×2		2	超过±0.2 无分			
36		粗糙度	Ra1.6		0.5	超差无分			
37			Ra3.2	5 处	2.5	1 处超差扣 0.5 分			
38		倒角	1×45°		1	超过±0.2 无分			
39		螺纹	M24 大径	−0.032 −0.268	3	每超差 0.1 扣 2 分			
39			M24 中径	−0.032 −0.172	3	每超差 0.1 扣 2 分			
40			M24	牙形	2	牙形完整无缺陷			
41	配合		端面无间隙，螺纹配合良好		3	达不到要求无分			
42	其他项目		在完成工作任务的过程中，因操作不当导致事故，酌情扣 5～20 分，情况严重者取消鉴定资格。 因违规操作损坏鉴定设备，污染赛场环境等不符合职业规范的行为，视情节扣 5～10 分。 扰乱鉴定秩序，干扰考评员工作，视情节扣 5～10 分，情况严重者取消鉴定资格。						
记录员				监考员			考评员		

第二篇　数控铣床/加工中心的编程与操作

数控铣床是一种加工功能很强的数控机床。加工中心、柔性制造单元、柔性制造系统等都是在数控铣床、数控镗床的基础上产生的。数控铣床能够完成基本的铣削、镗削、钻削、攻螺纹及自动工作循环等工作，可加工各种形状复杂的凸轮、样板及模具零件等。

加工中心是从数控铣床发展而来的，与数控铣床的最大区别在于加工中心具有刀库及自动换刀装置，工件在一次装夹中便可完成多道工序的加工，同时还具有刀具库和自动换刀功能。加工中心所具有的这些丰富的功能，决定了加工中心程序编制的复杂性。

本篇主要讲解数控铣床/加工中心（Fanuc 系统）编程及加工的相关知识。重点对数控铣床/加工中心的坐标系建立、程序编制、刀具补偿、孔加工、刀具切削路线及相关参数等方面进行了详细介绍。

【知识目标】

（1）理解 Fanuc 0iM 系统的编程特点。

（2）熟悉 Fanuc 0iM 系统的基本编程指令。

（3）熟悉数控铣床加工工艺特点，了解相关工艺装备。

（4）理解合理地铣削走刀路线。

（5）理解刀具长度补偿、半径补偿的作用及使用方法。

（6）能认识数控铣床/加工中心常用的刀具。

（7）熟练掌握 Fanuc 宏程序的编程方法。

（8）掌握数控铣床/加工中心坐标系及其建立方法。

（9）掌握安全、合理的刀具切削路线。

（10）掌握数控车削加工切削用量的合理选择。

【思政目标】

培养学生的道德品质和职业素养,实现德技并重的教学目标,同时培养学生技术报国的意识,激发学生为国家发展贡献力量的使命感和责任感。

【学习目标】

(1)掌握数控铣床/加工中心的安全操作规程。
(2)能完成数控铣床/加工中心的基本操作。
(3)能完成数控铣床/加工中心的对刀及坐标设置。
(4)了解数控铣削加工工艺特点及应用范围。
(5)了解加工中心加工工艺特点及应用范围。
(6)掌握数控铣床/加工中心坐标系建立的方法。
(7)领会数控铣床/加工中心安全操作规程。

任务一 数控铣床安全操作与规程

【任务描述】

"安全生产,质量第一"是数控机床操作工应遵循的宗旨。只有全面掌握数控铣床/加工中心的安全操作规程,才能保障人身及财产安全,通过本任务的训练使数控铣床/加工中心操作工牢记安全操作规程,正确操作数控铣床/加工中心加工零件。

微课:机床开机与面板介绍

【相关知识】

一、加工前的基本注意事项

(1)按要求穿戴好劳动保护用品,不允许穿拖鞋、凉鞋、高跟鞋,严禁戴手套、围巾、戒指、项链等饰物进行机床操作,加工铁屑较多的工序应戴好防护镜。
(2)不要在机床周围放置障碍物,保持工作空间畅通。

二、加工前的准备工作

（1）开始工作前先对机床进行预热，使机床达到热平衡状态，检查机床的各部分是否完好，润滑系统工作是否正常。

（2）打开气源，确认气压正常。

（3）注意检查工件与刀具的装夹是否正确、可靠，装夹工件时应轻放，防止撞伤、撞坏工作台面。工作台、防护罩上严禁放置工具和杂物，如毛坯、手锤、扳手等，并严禁敲击。

（4）根据加工顺序安装相应刀具到刀库中，主轴上装有刀具的，刀库对应的刀座上不能安装刀具，检查是否定位好，确认刀具在刀具库中的位置，避免刀具错位发生切削事故；检查装在主轴孔上的刀是否在主轴孔内拉紧。

（5）刀具安装好后应进行一两次试切削。使用的刀具应与机床允许的规格相符，有严重破损的刀具要及时更换。调整刀具所用工具不要遗忘在机床内。

（6）加工程序输入机床后，必须先进行图形模拟，再进行机床试运行，并将刀具离开工件端面 200 mm 以上。

（7）手动或手轮方式移动机床时，应注意机床 X 轴、Y 轴、Z 轴的"+、-"方向，由慢到快移动机床。

（8）手动回参考点时，应使机床各轴距参考点 100 mm 以上，应先 Z 轴，其次是 X 轴、Y 轴。

（9）严禁随意更改数控系统内部制造厂设定的参数。

三、加工过程中的安全规则

（1）开动机床加工前，必须关好机床的防护门，加工过程中一般不要打开防护门。

（2）铁屑必须要用铁钩子或毛刷来清理，严禁用手触摸刀尖和清理铁屑。

（3）禁止用手或其他任何方式接触正在旋转的主轴、工件或其他运动部位。

（4）严禁在机床正常运转时打开电气控制柜门。

（5）严禁在机床旋转过程中测量工件，更不能用棉纱擦拭工件与打扫机床。

（6）加工过程中，操作者不得离开工作岗位，密切观察切削状态，确保机床、刀具的正常运行状况和工件质量，如遇异常情况，应及时按下"急停"按钮，以保证人身与机床安全。

（7）严禁两人同时操作一台机床，如果某项工作需要两人及其以上共同完成时，应注意相互协调一致。

（8）在加工过程中需暂停测量工件尺寸时，应在机床完全停止且主轴停转后方可进行测量，此时千万不要触及开始按钮，以免发生人身事故。

（9）测量工件、清除切屑、调整工件、装卸刀具等必须在停机状态进行。

（10）严禁对机床参数的修改，以防机床不正确地运行，造成不必要的事故。

四、工作任务结束后的相关工作

（1）打扫场地清洁卫生，清除切屑，擦拭机床、工量具，严禁用压缩空气清洁机床电气柜与 NC 单元。

（2）整理并清点工量具等，并按要求摆放。

（3）卸下主轴、刀库中的刀具，按调整卡或程序编号入库，并加好防锈油。

（4）工作台处于机床正中，机床运动部件上润滑油。

（5）按下急停按钮，依次关掉数控系统电源和机床电源。

（6）关闭气源。

任务二　数控铣床的基本操作

【任务描述】

（1）熟悉数控铣床坐标系统。

（2）掌握数控铣床加工零件的一般过程。

【相关知识】

一、数控铣床加工基础

数控铣床是一种加工功能很强的数控机床。加工中心、柔性制造单元、柔性制造系统等都是在数控铣床、数控镗床的基础上产生的。数控铣床能够完成基本的铣削、镗削、钻削、攻螺纹及自动工作循环等工作，可加工各种形状复杂的凸轮、样板及模具零件等。

（一）数控铣床加工特点

数控铣削加工除了具有普通铣床加工的特点外，还有如下特点：

（1）零件加工的适应性强、灵活性好，能加工轮廓形状特别复杂或难以控制尺寸的零件，如模具类零件、壳体类零件等。

（2）能加工普通机床无法加工或很难加工的零件，如用数学模型描述的复杂曲线零件以及三维空间曲面类零件。

（3）能加工一次装夹定位后，需进行多道工序加工的零件。

（4）加工精度高、加工质量稳定可靠。

（5）生产自动化程度高，可以减轻操作者的劳动强度，有利于生产管理自动化。

（6）生产效率高。

（7）对刀具的要求较高，应具有良好的抗冲击性、韧性和耐磨性。在干式切削状况下，要求有良好的红硬性。

（二）数控铣床加工对象

数控铣削主要包括平面铣削与轮廓铣削，也可以对零件进行钻、扩、铰、锪和镗孔加工与攻螺纹等。其主要适合于下列几类零件的加工。

1. 平面类零件

平面类零件是指加工面平行或垂直于水平面，以及加工面与水平面的夹角为一定值的零件，这类加工面可展开为平面。

如图 5.1 所示的三个零件均为平面类零件。其中，曲线轮廓面 A 垂直于水平面，可采用圆柱立铣刀加工。凸台侧面 B 与水平面成一固定角度，可以采用成型铣刀来加工。对于斜面 C，当工件尺寸不大时，可用专用夹具（如斜板）垫平后加工。

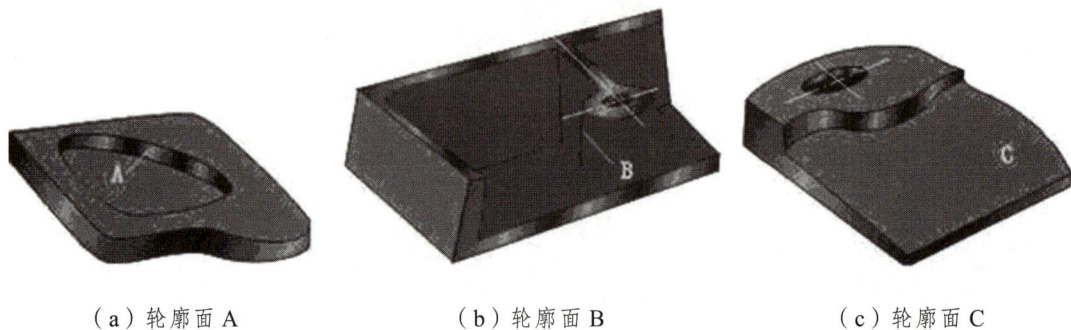

（a）轮廓面 A　　　　　　　（b）轮廓面 B　　　　　　　（c）轮廓面 C

图 5.1　平面类零件

2．曲面类零件

1）直纹曲面类零件

直纹曲面类零件是指由直线依某种规律移动所产生的曲面类零件。如图 5.2 所示零件的加工面就是一种直纹曲面，当直纹曲面从截面 a 至截面 b、c、d 变化时，其与水平面间的夹角也在变化。

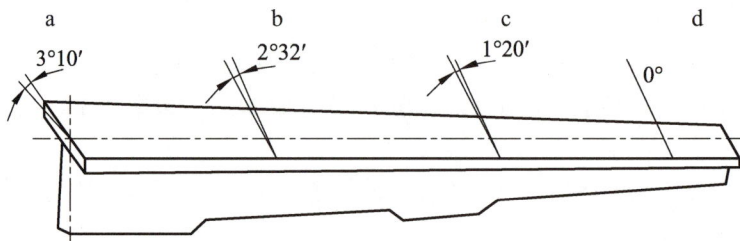

图 5.2　直纹曲面

需注意一点，直纹曲面类零件的加工面不能展开为平面。这类零件可在三坐标数控铣床上采用行切加工法实现近似加工，也可在四坐标或五坐标数控铣床上加工。

2）立体曲面类零件

加工面为空间曲面的零件称为立体曲面类零件。这类零件的加工面不能展成平面，一般使用球头铣刀切削，加工面与铣刀始终为点接触。

3．箱体类零件

箱体类零件一般是指具有一个以上孔系，内部有一定型腔或空腔，在长、宽、高方向有一定比例的零件。这类零件在机械、汽车、飞机制造等各个行业均得到广泛运用。如汽车的发动机缸体，变速箱体；机床的床头箱、主轴箱；柴油机缸体、齿轮泵壳体等。图 5.3 所示为控制阀壳体，图 5.4 所示为热力机车主轴箱体。

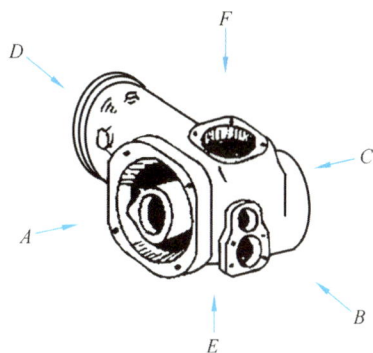

图 5.3　控制阀壳体

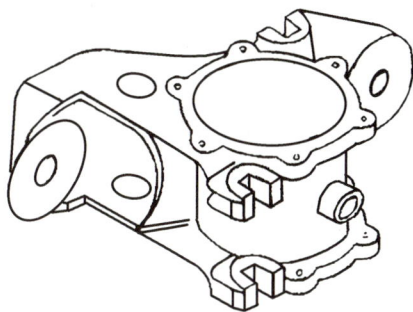

图 5.4　热力机车主轴箱体

箱体类零件一般都需要进行多工位孔系、轮廓及平面加工，公差要求较高，特别是形位公差要求较为严格，通常要经过铣、钻、扩、镗、铰、锪、攻丝等工序，需要刀具较多，在普通机床上加工难度大，工装套数多，费用高，加工周期长，需多次装夹、找正，手工测量次数多，加工时必须频繁地更换刀具，工艺难以制定，更重要的是精度难以保证。这类零件在数控铣床上或加工中心上加工，一次装夹可完成普通机床 60%~95%的工序内容，零件各项精度一致性好，质量稳定，同时节约加工成本，缩短生产周期。

二、加工中心加工基础

加工中心是从数控铣床发展而来的，与数控铣床的最大区别在于加工中心具有刀库及自动换刀装置，可在一次装夹中通过自动换刀装置改变主轴上的加工刀具，实现多工序集中加工。

加工中心一般分为立式、卧式和复合加工中心等。立式加工中心的主轴垂直于工作台，主要适用于加工板材类、壳体类工件，也可用于模具加工。卧式加工中心的主轴轴线与工作台台面平行，它的工作台大多为由伺服电动机控制的数控回转台，在工件一次装夹中，通过工作台旋转可实现多个加工面的加工，适用于箱体类工件加工。复合加工中心主要是指在一台加工中心上有立、卧两个主轴或主轴可偏摆，因而可在工件一次装夹中实现五个面的加工，通常也称之为万能加工中心。

（一）加工中心的特点

与普通机床加工相比，加工中心具有许多显著的工艺特点。

1. 工艺范围宽，能加工复杂曲面

与数控铣床一样，加工中心也能实现多坐标轴联动而容易实现许多普通机床难以完成或无法加工的空间曲线、曲面的加工，大大增加了机床的工艺范围。

2. 工序集中，一机多用

加工中心具备了多台普通机床的功能，可自动换刀，一次装夹后，几乎可完成全部加工部位的加工。

3. 具有高度柔性

所谓柔性即"灵活""可变"，是相对"刚性"而言的。过去，许多企业采用组合机床、专

用机床进行高效、自动化生产，但这些组合机床、专用机床是专门针对某种零件的某道工序而设计的，适用于产品稳定的大批量生产，无法适应多品种、中小批量生产。

现在，一般采用加工中心构成柔性制造系统（FMS），当加工对象改变后，只需变换加工程序、调整刀具参数等即可进行新零件加工，生产准备周期大大缩短，给新产品的研制开发产品的改进、改型提供了捷径。同时，由于加工中心具有自动换刀功能，在加工各种不同种类的零件、复杂曲面方面比数控铣床更有优势。

4. 加工精度高，表面质量好

加工的零件一致性好，质量稳定，加工中心的脉冲当量一般为 1 μm，高精度的加工中心可达 0.1 μm。其运动分辨率远高于普通机床。加工中心多采用半闭环甚至全闭环的位置补偿功能，有较高的定位精度和重复定位精度，在加工过程中产生的尺寸误差能及时得到补偿，能获得较高的尺寸精度。

5. 生产率高

加工中心刚度高、功率大，主轴转速和进给速度范围大且为无级变速，所以每道工序都可选择较大而合理的切削用量，减少了切削加工时间。加工中心加工时能在一次装夹中加工出很多待加工的部位，省去了通用机床加工时原有的不少中间工序（如划线、检验等）。并且加工中心具有自动变速、自动换刀和其他辅助操作自动化等功能，使辅助时间大为缩短。所以，它比普通机床的生产效率高 3~4 倍甚至更高，对复杂型面零件的加工，其生产效率可提高十几倍甚至几十倍。

6. 便于实现计算机辅助制造

计算机辅助设计与制造（CAD/CAM）已成为航空航天、汽车、船舶及各种机械工业实现现代化的必由之路。而将计算机辅助设计出来的产品图纸及数据变为实际产品的最有效途径，就是采取计算机辅助制造技术直接制造出零部件。加工中心等数控设备及其加工技术正是计算机辅助制造系统的基础。

（二）加工中心的加工对象

加工中心是一种工序集中、工艺范围较广的数控加工机床，能进行铣削、镗削、钻削和螺纹加工等多项工作，并特别适合于箱体类和孔系零件的加工。加工工艺范围如图 5.5~图 5.8 所示。

| 图 5.5 铣削加工 | 图 5.6 钻削加工 | 图 5.7 螺纹加工 |

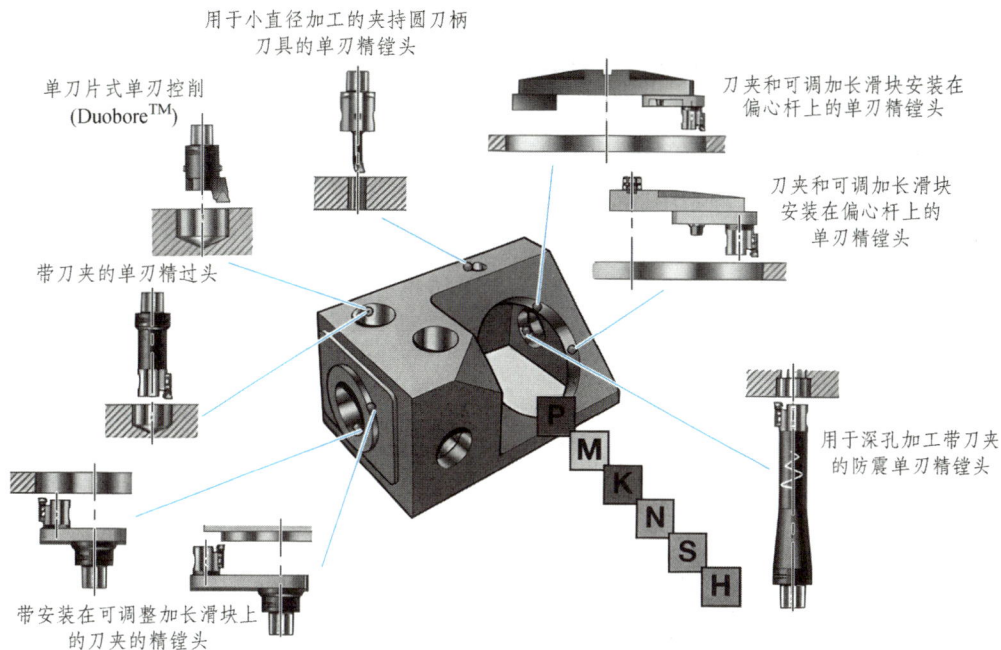

单刀片式单刃控削 (Duobore™)

用于小直径加工的夹持圆刀柄刀具的单刃精镗头

刀夹和可调加长滑块安装在偏心杆上的单刃精镗头

刀夹和可调加长滑块安装在偏心杆上的单刃精镗头

带刀夹的单刃精过头

用于深孔加工带刀夹的防震单刃精镗头

带安装在可调整加长滑块上的刀夹的精镗头

图 5.8　镗削加工

三、坐标系设定指令

(一)选择工件坐标系(G54~G59)

使用以上指令设定对刀参数值(即设定工件原点相对于机床坐标系的坐标值)。一旦指定了 G54~G59 之一,则该工件坐标系原点即为当前程序原点,后续程序段中的工件绝对坐标均为相对此程序原点的值。该数据输入机床存储器后,在机床重新开机时仍然存在。

编程格式:

G54 G90 G00/G01 X_ Y_ Z_;

如图 5.9 所示,在系统内设定了两个工件坐标系:G54(X-50.Y-50.Z-10.)、G55(X-100.Y-100.Z-20.)。此时,建立了原点在 O' 的 G54 工件坐标系和原点在 O'' 的 G55 工件坐标系。

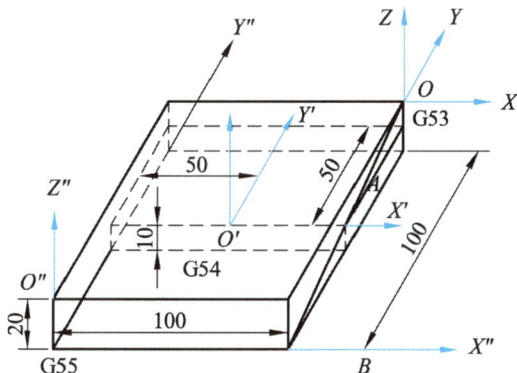

图 5.9　设定工件坐标系

（二）选择机床坐标系（G53）

该指令使刀具快速定位到机床坐标系中的指定位置。

编程格式：

G53 G90 X_ Y_ Z_ ;

其中　X、Y、Z——机床坐标系中的坐标值。

例如：G53 G90 X-100. Y-100. Z-20. ;

则执行后刀具在机床坐标系中的位置如图 5.10 所示。

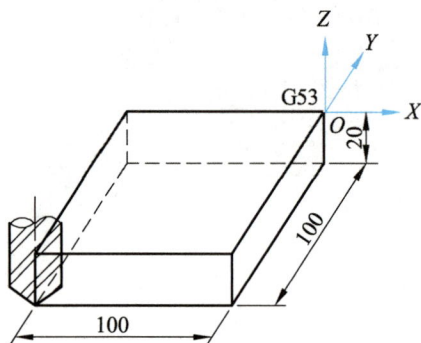

图 5.10　G53 选择机床坐标系

（三）设定工件坐标系（G92）

该指令的作用是通过设定起刀点即程序开始运动的起点，从而建立工件坐标系。应该注意的是，该指令只是设定坐标系，机床（刀具或工作台）并未产生任何运动。这一指令通常出现在程序的第一段，用法与数控车床 G50 相似。

编程格式：

G92 X_ Y_ Z_ ;

其中　X、Y、Z——指定起刀点相对于工件原点的坐标位置。

如图 5.11 所示，将刀具置于一个合适的起刀点，执行程序段 "G92 X20. Y10. Z10. ;"，则建立起工件坐标系。采用此方式设置的工件原点是随刀具起始点位置的变化而变化的。

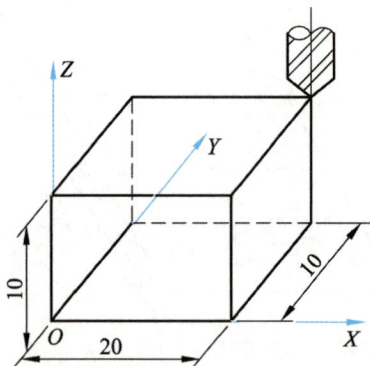

图 5.11　G92 设定工件坐标系

注意：

G92 指令与 G54～G59 指令都是用于设定工件坐标系的，但它们在使用中是有区别的。G92 指令通过程序（起刀点的位置）来设定工件坐标系；G92 所设定的工件坐标原点与当前刀具所在位置有关，这一加工原点在机床坐标系中的位置随当前刀具位置的不同而改变。G54～G59 指令是通过执行程序前在系统中设定工件坐标系。一经设定，加工坐标原点在机床坐标系中的位置是不变的，它与刀具的当前位置无关。

另外，在采用 G54 方式时，通过 G92 指令编程后，也可建立一个新的工件坐标系，如图 5.12 所示。在 G54 方式时，当刀具定位于 XOY 坐标平面中的（200，160）点时，执行程序段 "G92 X100. Y100.;"，就由向量 A 偏移产生了一个新的工件坐标系 X'O'Y' 坐标平面。

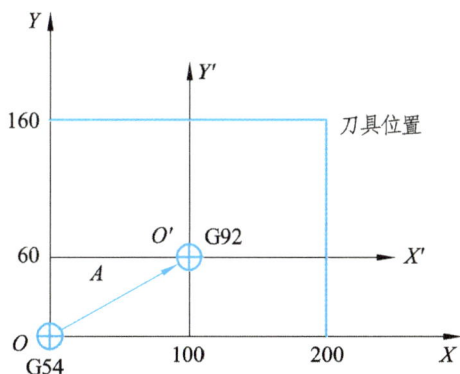

图 5.12　重新设定 X'O'Y' 坐标平面

（四）局部坐标系设定（G52）

当在工件坐标系中编制程序时，为了方便编程，可以设定工件坐标系的子坐标系，子坐标系称为局部坐标系。

编程格式：

G52 X_ Y_ Z_ ；设定局部坐标系

G52 X0 Y0 Z0；取消局部坐标系

说明：使用该指令可以在工件坐标系（G54~G59）中设定局部坐标系。局部坐标系的原点设定在工件坐标系中以 X、Y、Z 坐标值指定的位置（如图 5.13 所示，以 IP_ 表示）。当局部坐标系设定时，后面的以绝对值方式指令的移动是局部坐标系中的坐标值。在工件坐标系中用 G52 指定局部坐标系的新零点，可以改变局部坐标系。为了取消局部坐标系并在工件坐标系中指定坐标值，应使局部坐标系零点与工件坐标系零点一致。

注意：

（1）当一个轴用手动返回参考点功能返回参考点时，该轴的局部坐标系零点与工件坐标系零点一致（即取消局部坐标系功能）。

（2）局部坐标系设定不改变工件坐标系和机床坐标系。

（3）G52 暂时消除刀具半径补偿中的偏置。

（4）在绝对值方式中，在 G52 程序段以后应立即指定运动指令。

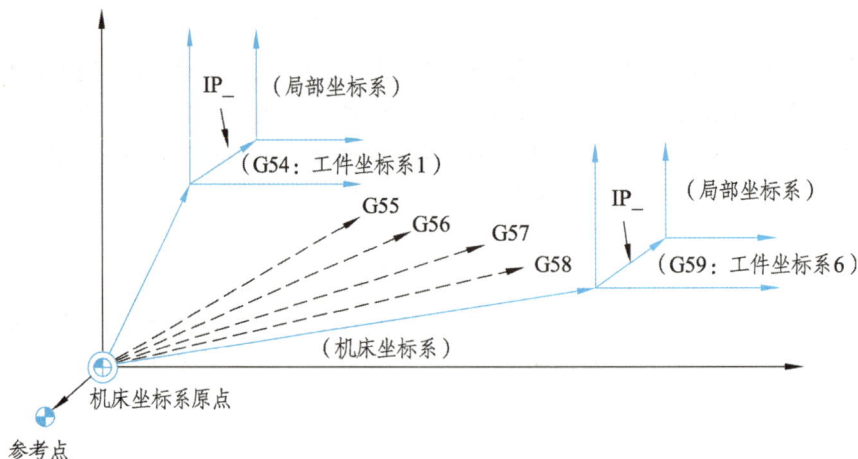

图 5.13　设定局部坐标系

四、数控铣床的对刀

在数控车床部分，已介绍了两轴机床的对刀方法，在数控铣床对刀中，原理同样适用。下面介绍数控铣床的对刀方法。

微课：数控铣-对刀

（一）Z 轴对刀

在数控铣床对刀中，Z 轴对刀常用的方法有：试切对刀、Z 轴设定仪对刀、机外对刀仪对刀。分别介绍如下（设工件上表面几何中心为工件原点）：

1. 试切对刀

试切对刀是使用刀具底面试切毛坯上表面，当刚好接触毛坯时，当前机床坐标的 Z 值即为对刀值。输入坐标系 G54 或刀具补偿中即可，如图 5.14 所示。

（a）试切

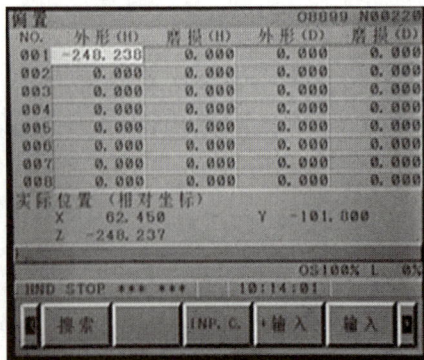

（b）Z 轴对刀值输入

图 5.14　Z 轴试切对刀

2. Z 轴设定仪对刀

使用 Z 轴设定仪间接测量刀具距离毛坯上表面的高度，通过简单数学计算得出 Z 轴对刀值。Z 轴设定仪如图 5.15 所示。

（a）表式 Z 轴设定仪　　　　　　　　　（b）电子式 Z 轴设定仪

图 5.15　Z 轴设定仪

下面以带表式 Z 轴设定仪为例，说明其使用方法。

如图 5.16 所示，Z 轴设定仪的柱体标准高度 H 值通常为 $50_{+0.0050}$ mm。使用前应先对其进行调零。

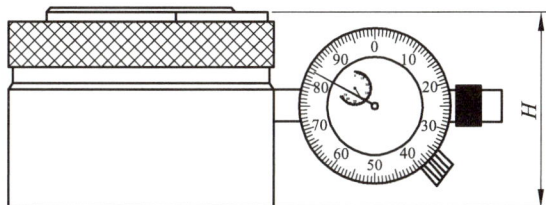

图 5.16　Z 轴设定仪尺寸

用静止的刀具底面接触 Z 轴设定仪的凸台部分并下压凸台至表针刚好指零（表针刚好旋转一圈），采用以下公式计算 Z 对刀值。

$$Z = Z_1 - H$$

式中　Z_1——表针指零时的机床刀具 Z 坐标值；

H——Z 轴设定仪的柱体标准高度

Z 轴设定仪对刀是在刀具不运转的情况下进行，刀具不切削毛坯，能够充分保证对刀安全，且保证了毛坯的完整性，因此该方法无论是毛坯件对刀还是工序件对刀均能使用，对刀精度较高，应用较广泛。

（二）X/Y 轴对刀

X、Y 轴对刀常用的方法有：试切对刀及寻边器对刀。分别介绍如下：

1. 试切对刀

试切对刀是采用刀具侧刃试切毛坯侧边的方法进行计算对刀值，具体操作方法如下（以 X 轴分中对刀为例）：

（1）手轮方式将刀具快速移动至毛坯附近，主轴正转。

（2）慢速移动刀具靠近毛坯 X 轴一侧，当刀具刚好靠上毛坯时停止试切，将相对坐标 X 值清零。

（3）同样方法试切 X 轴另一侧面，记录相对坐标 X 值（记为 X_1）。

（4）停止主轴，抬高刀具并移动至 X_1/2 处，当前位置所对应的机床坐标系 X 值即是 X 轴对刀值（记为 X）。

（5）将 X 值输入 G54 参数中（或将光标置于 X 栏，输入"X0"点击"测量"，当前的机床坐标系 X 值被自动输入 X 栏），完成对刀。

具体过程如图 5.17 所示，Y 轴对刀方法与 X 轴相同，但应试切 Y 方向的毛坯侧面。

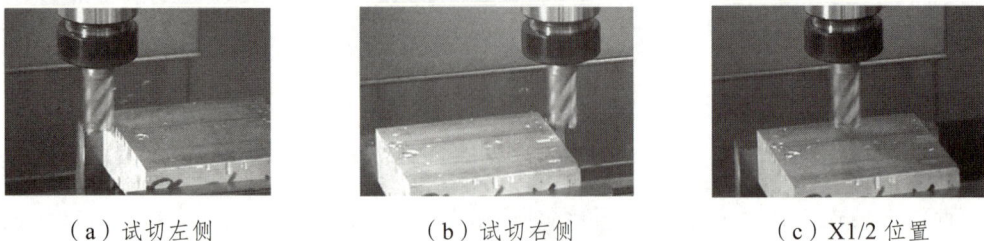

（a）试切左侧　　　　　　　　（b）试切右侧　　　　　　　（c）X1/2 位置

图 5.17　X 轴试切对刀

2. 寻边器对刀

寻边器常用的有机械式寻边器、光电式寻边器（见图 5.18），在此介绍光电式寻边器的使用方法。

（a）机械式寻边器　　　　　　　　　　　　（b）光电式寻边器

图 5.18　寻边器

光电式寻边器的结构如图 5.19 所示，分为后盖、电池、外壳、LED 指示灯、测头杆、测头 6 部分，使用时，左侧的外圆柱部分被安装在刀柄上，在寻边时，使最右侧的测头接触毛坯侧面，当 LED 指示灯会发光，同时会发生蜂鸣声，表明测头刚好与毛坯接触，便可进行计算或参数设置。

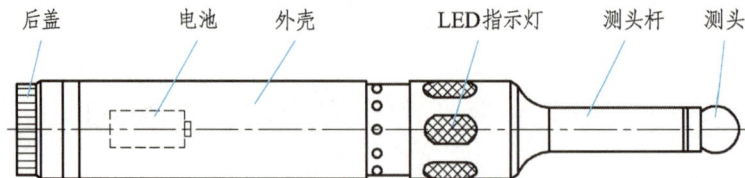

后盖　　　电池　　外壳　　　　　LED指示灯　　测头杆　　测头

图 5.19　光电式寻边器结构

具体操作方法如下（以 X 轴分中对刀为例）：

（1）将寻边器快速移动至毛坯附近（主轴静止）。

（2）移动寻边器使测头靠近毛坯 X 轴一侧面至 LED 指示灯亮且蜂鸣器发声。

（3）将相对坐标系中 X 值清零。

（4）移动至 X 轴另一侧寻边至灯亮和发声，记录相对坐标系中的 X 值（记为 X_1）。

（5）移动 X 轴至 $X_1/2$ 位置，当前位置所对应的机床坐标系 X 值即是 X 轴对刀值。

（6）同前面方法一样输入对刀值，完成对刀。

注意：

寻边器使用应正确，以防损坏测杆，如图 5.20 所示。

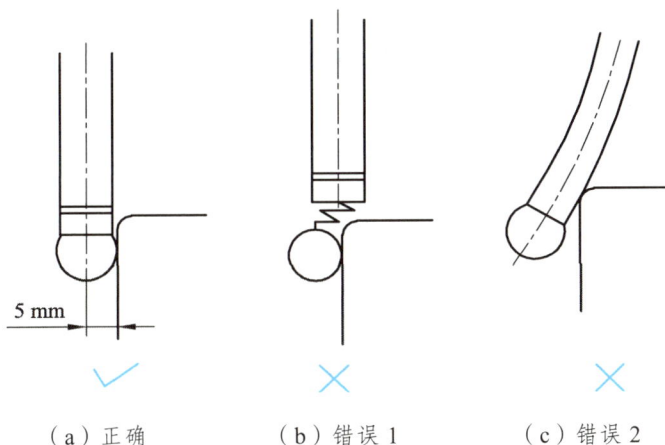

（a）正确   （b）错误 1   （c）错误 2

图 5.20 测量位置

五、加工中心的对刀

和数控铣床一样，加工中心也可采用数控铣床的方式对进行对刀。但由于加工中心工序集中，常常采用多把刀具加工，在机床中对刀会占用大量的时间，效率低下。因此加工中心通常采用机外对刀仪，只需要测量所用各把刀具的基本尺寸，并输入数控系统，以便加工中调用，即可完成加工中心的对刀。

机外对刀仪的基本结构如图 5.21 所示。图中，对刀仪平台 7 上装有刀柄夹持轴 2，用于安装被测刀具（图 5.22 所示为带刀柄的被测刀具）。通过快速移动单键按钮 4 和微调旋钮 5 或 6，可调整刀柄夹持轴 2 在对刀仪平台 7 上的位置。当光源发射器 8 发光，将刀具刀刃放大投影到显示屏幕 1 上时，即可测得刀具在 X（径向尺寸）、Z（刀柄基准面到刀尖的长度尺寸）方向的尺寸。

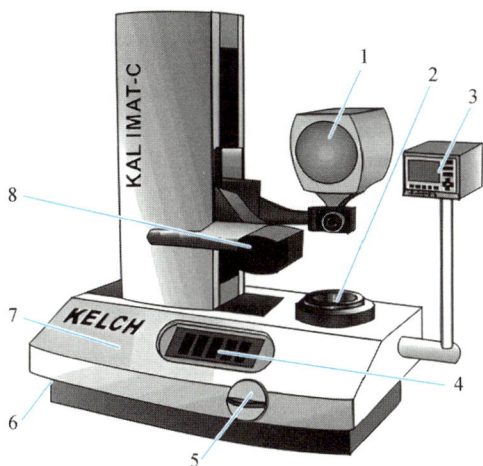

图 5.21 对刀仪的基本结构

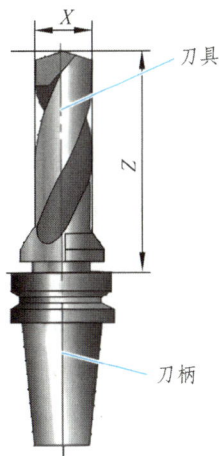

图 5.22 钻削刀具

具体对刀操作过程如下：

（1）将被测刀具与刀柄联接安装为一体。

（2）将刀柄插入对刀仪上的刀柄夹持轴 2，并紧固。

（3）打开光源发射器 8，观察刀刃在显示屏幕 1 上的投影。

（4）通过快速移动单键按钮 4 和微调旋钮 5 或 6，可调整刀刃在显示屏幕 1 上的投影位置，使刀具的刀尖对准显示屏幕 1 上的十字线中心，如图 5.23 所示。

（5）测得 X 为 16，即刀具直径为 $\phi 16$ mm，该尺寸可用作刀具半径补偿。

（6）测得 Z 为 150.003，即刀具长度尺寸为 150.003 mm，该尺寸可用作刀具长度补偿。

（7）将被测刀具从对刀仪上取下并装入加工中心，将测得刀具尺寸输入加工中心的刀具补偿页面，即可使用。

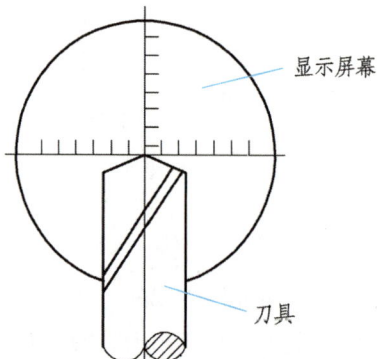

图 5.23　机外对刀示意

至此，我们完成了一把刀具的对刀过程。在实际使用中，为提高对刀效率，往往采用一个基准芯棒作为基准刀具。应用该基准芯棒在机床上进行对刀，并将相应的值输入到 G54。当其他刀具在机外对刀仪上对刀后，测量其相对基准刀具的尺寸偏差值，再直接输入到机床系统刀具参数表中，即可加工。

【知识拓展】

本章将以 VDL800 立式数控铣床为例，介绍机床操作相关知识。

一、机床操作安全注意事项

（1）操作机床前，应仔细阅读机床说明书和系统操作手册，充分理解机床的技术规格和功能，按规定的方式操作。

（2）机床操作者必须经过培训方能上岗。

（3）穿着合适的工作服。

（4）经常检查机床和机床周围是否有障碍。

（5）不要用潮湿的手操作电器设备。

（6）参阅所使用机床的说明书中规定的检查部位，定期对其进行检查、调整与保养。

（7）机床的系统参数禁止随意改动。

（8）禁止随意拆卸、改动安全装置或标志及防护装置。

（9）在机床内工作时，必须切断主电源。

（10）禁止把玩高压气枪。

二、开关机与回零

（一）开机与关机

1. 开机顺序

（1）打开空气压缩机及机床空气开关。

（2）打开线路总电源。

（3）打开机床电源。

（4）打开控制面板上的控制系统电源（"ON"按钮），系统自检。

（5）系统自检完毕后，旋开急停开关并复位。

2. 关机顺序

关机前应将工作台（X、Y 轴）放于中间位置，Z 轴处于较高位置。

（1）按下急停开关。

（2）关闭控制系统电源（"OFF"按钮）。

（3）关闭机床电源。

（4）关闭线路总电源。

（5）关闭空气压缩机和空气开关。

（二）回零

在数控机床开机后，应首先进行回零操作，对于立式数控铣床，为了保证安全，一般应先将 Z 轴回零，然后将 X、Y 轴回零。在回零之后，应及时退出零点，将工作台处于床身中间位置，主轴处于较高位置。

三、安装与校正夹具

在数控铣削加工中，使用的夹具种类较多。在此，以数控铣削加工中使用较为广泛的平口钳作为对象，介绍其安装与校正方法。

（一）平口钳的安装

将平口钳放于机床工作台面上，并使用固定螺栓初步固定平口钳。

（二）平口钳的校正

平口钳的校正即是通过打表等方法使平口钳的固定钳口（钳口平面）与机床坐标 X 轴或 Y 轴平行（通常将钳口平面与 X 轴平行）。打表校正所使用的工具是百分表及磁性表座（如图 5.24 示），具体方法如下：

（a）百分表

（b）磁性表座

图 5.24　百分表与磁性表座

（1）将百分表及磁性表座固定于机床主轴箱。

（2）移动机床坐标，使百分表靠近钳口。

（3）将表头压入钳口面并将其调零。

（4）沿钳口面拖动百分表，观察表针变化以判断平口钳是否校正。

（5）当表针变化在允许的范围内时紧固平口钳。

（6）将百分表远离平口钳后取出工具，完成校正。

四、毛坯装夹与刀具安装

（一）毛坯装夹

毛坯装夹的顺序：

（1）在毛坯装夹之前，应确保毛坯被夹持面无毛刺，选择合适的面为基准。

（2）选择合适的被夹持面与定位面，去除毛刺；

（3）通过垫铁调整毛坯高度，使毛坯的被夹持面与钳口靠齐，毛坯底面与钳口底面贴紧，夹紧毛坯；

（二）刀具的安装与拆卸

（1）将刀具装入刀柄。去除刀具与刀柄上的杂质，先将弹簧夹头装入旋紧螺母，再将旋紧螺母旋入刀柄，然后将刀具放入弹簧夹头内用手轻度旋紧，最后将刀柄放入锁刀座（如图 5.25 所示）并用扳手旋紧，完成安装。

微课：数控铣-刀具的安装

（2）主轴上刀柄的安装。将刀柄装入主轴前，应擦净刀柄，将机床工作状态调节为"手动"；按下主轴侧板上的"松刀按钮"不放；将刀柄送入主轴锥孔，松开"松刀按钮"，完成刀柄的安装。注意刀柄上的键槽与主轴的端面键对正。

（3）主轴上刀柄的拆卸。在拆卸刀柄前，先使用高压气枪将主轴周围的杂质清除干净，将机床工作状态调节为"手动"；握住刀柄，按下"松刀按钮"，将其取出，完成卸刀。

图 5.25　锁刀座

五、面板与 MDI 键盘操作

(一) 机床面板

VDL800 数控铣床面板如图 5.26 示。

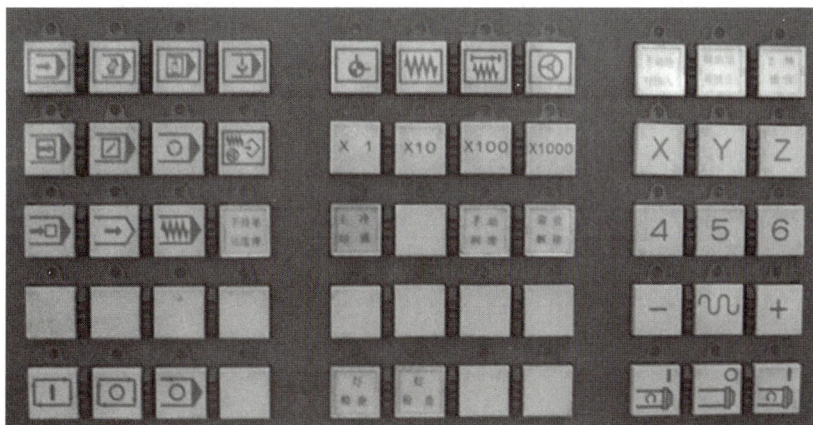

图 5.26　VDL800 机床面板

表 5.1 中列出了部分按钮的名称及功能。

表 5.1　按钮说明

按钮	名称	功能说明
	手持单元选择	与"手轮"按钮配合使用，用于选择手轮方式
	辅助功能锁住	在自动运行程序前，按下此按钮，程序中的 M、S、T 功能被锁住不执行
	Z 轴锁住	在手动操作或自动运行程序前，按下此按钮，Z 轴被锁住，不产生运动

续表

按钮	名称	功能说明
	主冷却液	按下此按钮，冷却液打开；复选此按钮，冷却液关闭
	手动润滑	按下此按钮，机床润滑电机工作，给机床各部分润滑；松开此按钮，润滑结束；一般不用该功能
	限位解除	用于坐标轴超程后的解除。当某坐标轴超程后，该按钮灯亮，点按此按钮，然后将该坐标轴移出超程区。超程解除后需回零
X 1 X10 X100 X1000	增量倍率	当选择了"手轮"功能时，可以通过该 4 个按钮选择手轮移动倍率

（二）MDI 键盘

MDI 键盘如图 5.27 所示。数控铣床 MDI 键盘操作方法与数控车床操作方法相同，在此不作介绍。

图 5.27　MDI 键盘

六、手轮操作

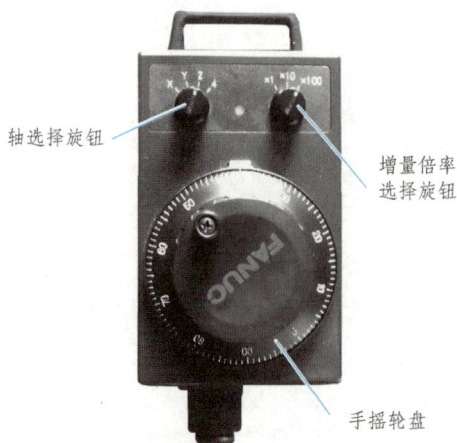

图 5.28　手轮

在数控机床手动操作中，特别是对刀操作时，手轮使用非常普遍，它能很方便地控制机床坐标轴的精细运动。手轮主要由三部分组成：轴选择旋钮、增量倍率选择旋钮及手摇轮盘（如图 5.28 所示）。

（一）手轮操作生效

当需要使用手轮时，操作方法如下：

（1）选中机床面板上的 "" 与 "手持单元选择" 按钮。

（2）通过手轮上的 "轴选择旋钮" 选择需要移动的坐标轴。

（3）通过 "增量倍率选择旋钮" 选择合适的移动倍率。

（4）旋转 "手摇轮盘" 移动坐标轴。

（二）关闭手轮

当不需要使用手轮时，关闭手轮的操作如下：

（1）将 "轴选择旋钮" 旋至第 4 轴（通常数控铣床上设有 3 个坐标轴，第 4 轴为扩展轴，选择该轴时不生效）；若机床上安装有第 4 轴，则将 "轴选择旋钮" 旋至 X 轴。

（2）将 "增量倍率选择旋钮" 旋至 "X1"（即最小增量倍率）。

（3）复选机床面板上的 "手持单元选择" 按钮，将其失效，将 "手轮" 状态切换为 "编辑" 状态，关闭手轮。

注意：在使用手轮移动坐标轴时，要特别注意轮盘的旋向与坐标轴运动方向之间的关系，否则很容易出现撞刀事故。

七、自动加工

（一）加工准备

在自动加工前，认真检查程序输入是否正确、对刀参数值及刀补参数值是否正确、机床工作台上是否有不该放置的物品等，做好加工前的准备工作。

（二）校验程序

采用空运行方式以及模拟刀路轨迹的方式检验程序及参数是否正确。

（1）空运行校验。选择 MDI 键盘上的 "刀具偏置" → "坐标系" →00 组 G54，在 Z 值框中输入高度方向的安全数值；依次选择机床面板上的 "空运行" → "自动" → "循环启动"，程序进入 "空运行" 运动状态，观察刀路是否正确；当校验程序无误后，取消 "空运行"，将程序复位，将 "刀具偏置" 中的安全数值（10 mm）改为 0，便可进行自动加工。

（2）模拟刀路轨迹校验。模拟刀路轨迹是指使用系统的图形模拟功能将所编程序的刀路轨迹通过显示器显示给操作者，操作者通过检查此刀路轨迹是否与所编程序路线一致，以校验程序是否正确。

注意：使用模拟刀路轨迹校验完程序后，必须取消 "机床锁住" 及 "空运行" 功能并回零，然后方可进行加工。

（三）自动运行程序

当通过前面的程序校验工作，完成程序校验后，便可进行自动加工。加工时应注意以下几点：
（1）关闭好防护门，初始运行时采用单段方式，确保无误后方可进行自动方式连续运行。
（2）加工过程中精力集中，确保机床运行安全。

任务三　工件的装夹

机床夹具是机床上使用的一种工艺装备，用它可以迅速准确地定位安装工件，使工件获得并保证在切削加工中所需要的正确位置。为了提高装夹效率及准确性，在数控铣床/加工中心夹具的正确使用显得特别重要。

【任务描述】

在数控铣床/加工中心上常用的夹具类型有通用夹具、组合夹具、专用夹具、成组夹具等，本任务主要介绍数控铣床/加工中心中常用的夹具。

在选择夹具时需要考虑产品的质量保证、生产批量、生产效率及经济性。一般在选择夹具时，从以下几方面进行考虑：
（1）精度要求。
（2）刚度要求。
（3）敞开性要求。
（4）快速装夹要求。
（5）排屑容易。

【相关知识】

一、通用铣削夹具

通用铣削夹具有螺栓压板、平口虎钳、分度头和三爪卡盘等。

（一）螺栓压板

利用 T 形槽螺栓和压板将工件固定在机床工作台上，常用螺栓压板如图 5.29 所示，安装方式如图 5.30 所示。装夹工件时需根据工件装夹精度要求，使用百分表等找正工件。

图 5.29　螺栓压板

（a）安装方式一　　　　　（b）安装方式二

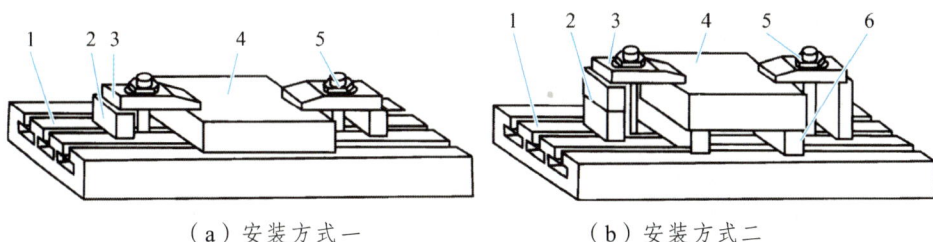

1—工作台；2—支撑块；3—压板；4—工件；5—双头螺栓；6—等高垫铁。

图 5.30　螺栓压板安装工件

使用时，需要对工件进行校正，一般通过打表使工件一侧面与机床坐标 X 轴或 Y 轴平行。打表校正所使用的工具是百分表（或千分表）及磁性表座，如图 5.24 所示。

具体操作方法如下（见图 5.31）：

（1）将百分表及磁性表座固定于机床主轴箱，将工件适当压紧。

（2）移动机床坐标，使百分表靠近需找正的一侧。

（3）将表头压入工件侧面并将其调零。

（4）沿工件侧面拖动百分表，观察表针变化以判断工件是否校正，不正时用铜棒或榔头轻微敲击调整。

（5）当表针变化在允许的范围内时紧固螺栓。

（6）将百分表远离工件后取出工具，完成校正。

百分表

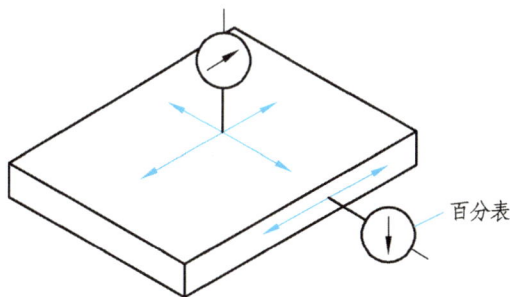

图 5.31　工件找正

（二）机用平口虎钳

平口虎钳属于通用可调夹具，同时也可以作为组合夹具的一部分，适用于多品种小批量生产加工。由于其具有通用性强、夹紧快速、操作简单、定位精度较高等特点，因此被广泛应用。

数控铣削加工中一般使用精密平口虎钳（定位精度为 0.01 ~ 0.02 mm）或工具平口虎钳（定位精度为 0.001 ~ 0.005 mm）。当加工精度要求不高或采用较小夹紧力即可满足要求的零件时，常用机械式平口虎钳，靠丝杠螺母相对运动来夹紧工件，如图 5.32（a）所示；当加工精度要求较高，需要较大的夹紧力时，可采用较高精度的液压式平口虎钳，如图 5.33（b）所示。

201

平口虎钳安装时应根据加工精度要求，控制钳口与 X 或 Y 轴的平行度（一般通过打表找正，如图 5.33 所示），零件夹紧时要注意控制工件变形及上翘现象。图 5.34 所示为使用平口虎钳安装的几种情况。

（a）机械式平口虎钳　　　　　　　　（b）液压式平口虎钳

图 5.32　机用平口虎钳

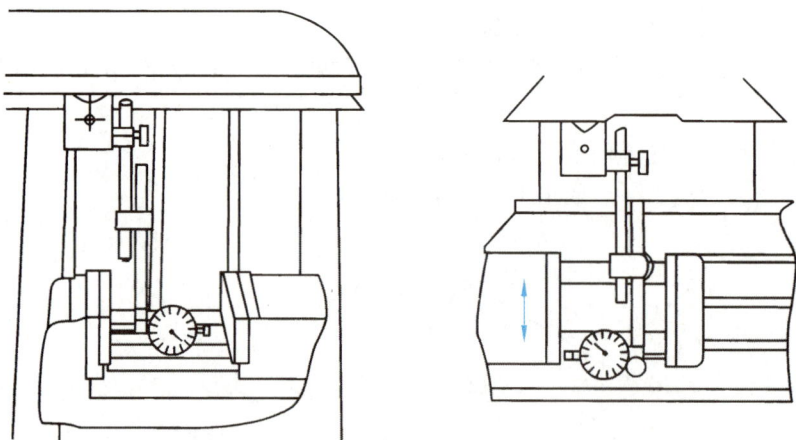

图 5.33　平口虎钳找正

（a）正确安装方式

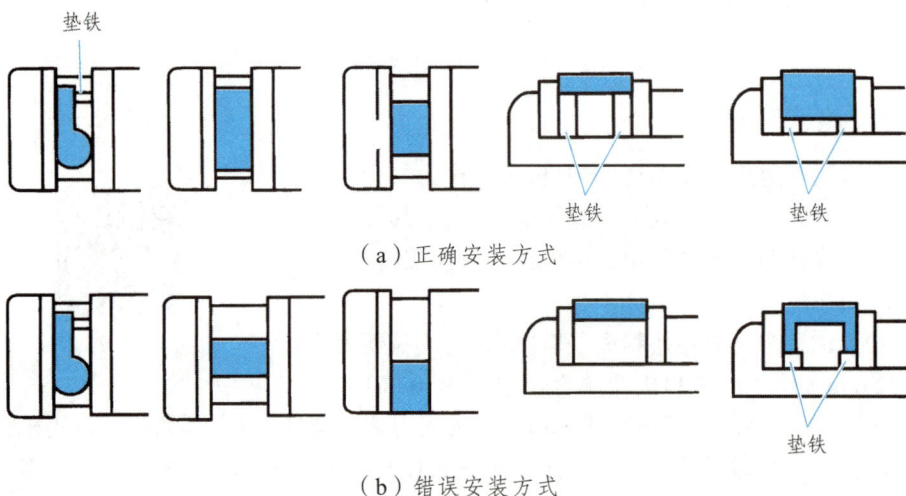

（b）错误安装方式

图 5.34　使用平口虎钳安装工件

（三）铣床用卡盘

当需要在数控铣床上加工回转体零件时，可以采用三爪卡盘装夹；对于非回转零件可采用四爪卡盘装夹，如图 5.35 所示。在使用时，用 T 形槽螺栓将卡盘固定在机床工作台上即可。

（a）三爪卡盘　　　　　　　　　　　　　（b）四爪卡盘

图 5.35　铣床用卡盘

二、专用铣削夹具

该类型的夹具是专门为某一项或类似的几项工件设计制造的夹具，一般用于大批量生产或研制产品。其结构固定，仅适用于一个具体零件的具体工序，这类夹具设计应该力求简化，使制造时间尽量缩短。在图 5.36 中，铣削某一零件上表面时无法采用常规夹具，故用 V 形槽的压板结合做成了一个专用夹具，铣削零件上表面。

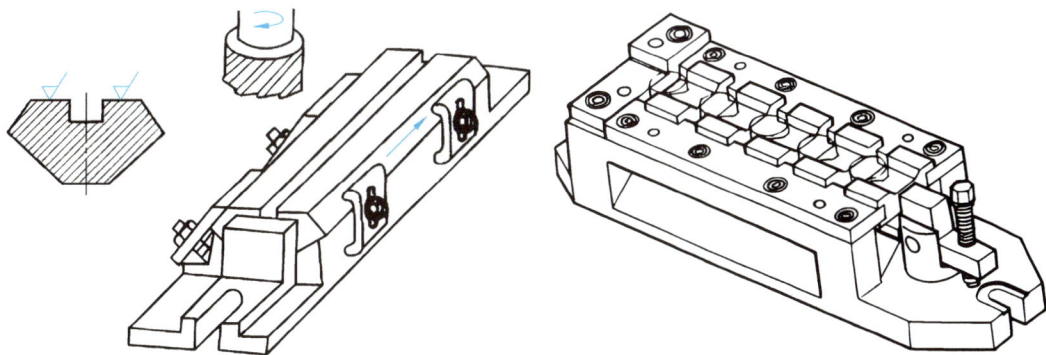

图 5.36　专用夹具

三、多工位夹具

可以同时装夹多个工件，减少换刀次数，以便于一面加工，一面装卸工件，有利于缩短辅助加工时间，提高生产率，适合中小批量生产，如图 5.37 所示。

（一）OK 夹

OK 夹结构简单，制造成本较低，能提供较大夹紧力，且体积较小，便于安装，适合小型工件的多个装夹，现已广泛应用于铣床加工，其结构如图 5.38 所示。

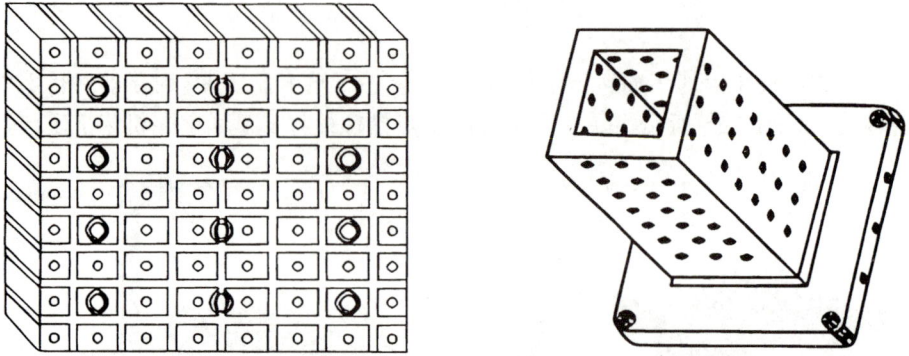

图 5.37　多工位夹具

图 5.38　OK 夹结构图

（1）当 A 往下压时，BC 同时向外平行贴地推进达到夹持工件的目的。

（2）当 A 往上松时，BC 同时向内平行贴底后移达到解锁工件的目的。

注：当 A 往上松时因内置有不锈钢弹簧 B、C 不会跟着 A 向上动，只会同时向内平行贴底后移。

OK 夹的夹紧力由中间的螺栓提供，常见的夹紧方式有手动和气动两种方式：手动夹紧方式是通过手动旋紧螺栓提供夹紧力，夹具制造简单，价格低廉；气动夹紧方式通过气缸给中间的螺栓提供一个向下的拉紧力从而达到夹紧的目的，操作快捷简单，可同时控制多个 OK 夹的夹紧或放松动作，特别适合于大批量生产，但需要额外配备气动配件，制造成本相比手动夹紧较高。OK 夹的使用示例如图 5.39 所示。

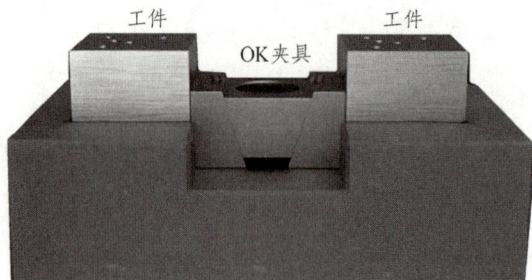

夹具单边撑开0.5~2.0

图 5.39　OK 夹的使用示例

（二）一体蛤蟆夹

蛤蟆夹是机床使用的一种通用楔形夹具，因其外形酷似蛤蟆而得名，需和机床配合使用，铣床和刨床上使用较多，适用于手工作业的夹紧和定位作用。特点是工作面上无剁面，精度比台钳高，作用和台钳相似。

在完成对工件夹紧时，水平方向的夹紧力在沿调节螺栓所在的斜面进行力分解，能够得到一个垂直于斜面的分力以及一个沿斜面向下的分力，沿斜面向下的分力可以防止在夹紧工件的过程中前端滑块向上翘起，如图 5.40 所示。

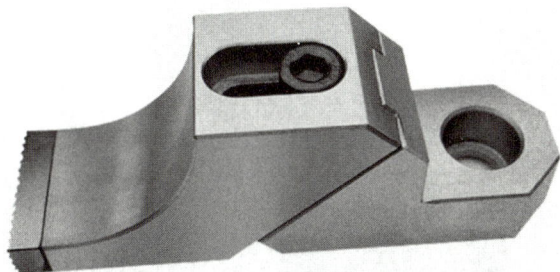

图 5.40　蛤蟆夹示意图

四、模块组合夹具

该夹具是由一套结构尺寸已经标准化、系列化的模块式元件组合而成，根据不同零件，这些元件可以像搭积木一样，组成各种夹具，可以多次重复使用，适合小批量生产或研制产品时的中小型工件在数控铣床上进行铣削加工，如图 5.41 所示。

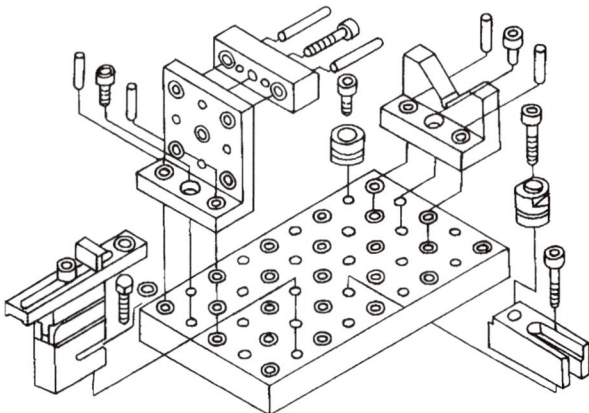

图 5.41　组合夹具示意图

五、液压、气压、磁力夹具

（一）液压卡盘

适合生产批量较大，采用其他夹具又特别费工、费力的场合，能减轻工人劳动强度和提高生产率，但此类夹具结构较复杂，造价较高，而且制造周期较长。液压卡盘如图 5.42 所示。

图 5.42　液压卡盘

（二）真空吸盘

由于真空吸盘的特殊结构，在与物体接触后会形成一个临时性的密闭空间。我们通过气动管路或者一定的装置，抽走或者稀薄密闭空间里面的空气。这样密闭空间里面的气压就低于外界的一个大气压了，从而提供夹紧力，真空吸盘如图 5.43 所示。

图 5.43　真空吸盘示意图

（三）磁力吸盘

磁力吸盘，是机械厂，模具厂，等机加工领域广泛应用的磁性夹具，可以大大提高导磁性钢铁材料装夹效率。磁力吸盘是以高性能的稀土材料钕铁硼（$N>40$）为内核，通过手扳动吸盘手柄转动，从而改变吸盘内部钕铁硼的磁力系统，提供较大的磁力，达到被加工工件的吸持或释放，磁力吸盘如图 5.44 所示。

图 5.44　磁力吸盘示意图

六、回转工作台

数控机床中常用的回转工作台有分度工作台和数控回转工作台。

（一）分度工作台

分度工作台只能完成分度运动，不能实现圆周进给，它是按照数控系统的指令，在需要分度时将工作台连同工件回转一定的角度，如图 5.45 所示。分度时也可以采用手动分度，一般只能回转规定的角度（如 90°、60°和 45°等）。

图 5.45　分度工作台

（二）数控回转工作台

数控回转工作台的主要作用是根据数控装置发出的指令脉冲信号，完成圆周进给运动，进行各种圆弧加工或曲面加工，也可以进行分度工作。数控回转工作台可以使数控铣床增加一个或两个回转坐标，通过数控系统实现四坐标或五坐标联动，可有效地扩大工艺范围，加工更为复杂的工件。数控卧式铣床一般采用方形回转工作台，实现 A、B 或 C 坐标运动，如图 5.46所示。

图 5.46　数控回转工作台

任务四 铣 刀

数控铣床是一种加工功能很强的数控机床。加工中心、柔性制造单元、柔性制造系统等都是在数控铣床、数控镗床的基础上产生的。数控铣床能够完成基本的铣削、镗削、钻削、攻螺纹及自动工作循环等工作，可加工各种形状复杂的凸轮、样板及模具零件等。加工中心（Machining Center，MC）是高效、高精度数控机床，工件在一次装夹中便可完成多道工序的加工，同时还具有刀具库和自动换刀功能。

【任务描述】

数控铣床/加工中心上使用的刀具是通过刀柄与主轴相连，刀柄通过拉钉和主轴内的拉紧装置固定在主轴上，由刀柄夹持刀具传递速度、扭矩。本任务重点对数控常用的铣刀及刀柄系统进行详细介绍。

【相关知识】

一、数控铣削刀具

（一）立铣刀

立铣刀主要用于立式铣床上铣削加工平面、台阶面、沟槽、曲面等。针对不同的加工要素及加工效率，立铣刀有以下几种常用形式。

1. 平底立铣刀

该类刀具的主切削刃分布在铣刀的圆柱面上，副切削刃分布在铣刀的端面上，且端面中心有顶尖孔，如图 5.47 所示。因此，铣削时一般不能沿刀具轴向进给，只能沿刀具径向做进给运动。平底立铣刀的刀具直径为 2 ~ 80 mm，当直径较小时，一般做成整体式结构，当直径较大时，一般做成机夹式。

平底立铣刀的应用非常广泛，但切削效率较低，主要用于平面轮廓零件的粗精加工以及曲面类零件的粗加工。

图 5.47 平底铣刀

2. 键槽铣刀

键槽铣刀可视为特殊的平底立铣刀，刀具齿数为 2 个，如图 5.48 所示。键槽铣刀底面切削刃过中心，无顶尖孔，可进行轴向切削进给。底面刀齿上的切削刃为主切削刃，圆柱面上的切削刃为副切削刃，刀具的直径为 1 ~ 65 mm。一般螺旋角较小，使得底面刀齿的强度增加。

键槽铣刀主要用于加工封闭键槽或需要 Z 向直接下刀的封闭轮廓。

图 5.48　键槽铣刀

3. 球头铣刀

该类刀具底面不是平面，而是带有切削刃的球面，如图 5.49 所示，在铣削时不仅能沿刀具轴向做进给运动，而且也能沿刀具径向做进给运动，球头与工件接触往往为一点，在系统控制下可以加工出各种复杂表面。刀体形状有圆柱形和圆锥形，结构上也可分为整体式和机夹式，当直径较小时，一般为整体式，直径较大时为机夹式。

球头铣刀主要用于模具产品的曲面半精加工和精加工。

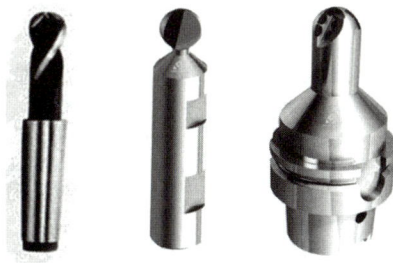

图 5.49　球头铣刀

4. 环形铣刀

环形铣刀又称 R 刀或牛鼻刀，刀具圆柱面与底面有过渡圆弧，类似球头铣刀的切削方式，如图 5.50 所示。结构上可分为整体式和机夹式两种，一般用于平面零件的粗加工和半精加工。

图 5.50　环形铣刀

（二）面铣刀

面铣刀主要用于加工各种大平面。面铣刀的主切削刃分布在铣刀的柱面或圆锥面上，副切削刃分布在铣刀的端面上，如图 5.51 所示。面铣刀按结构可分为整体式、焊接式、机夹式和可转位机夹式，因可转位机夹式面铣刀调节方便，易于更换，目前使用较为广泛。

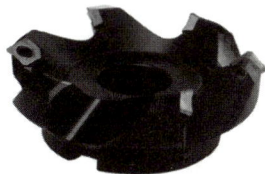

图 5.51　面铣刀

（三）成型铣刀

成型铣刀主要用于加工模具和异形工件的特型面，如凹、凸圆弧面与型腔面等，如图 5.52 所示。

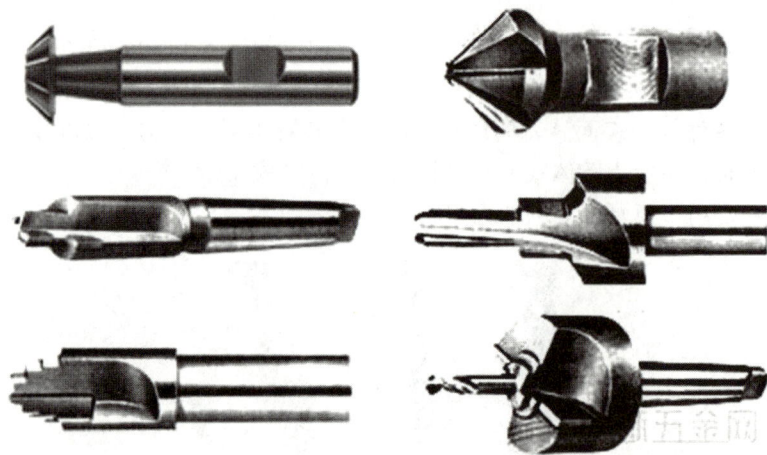

图 5.52　常见成型铣刀

（四）三面刃铣刀

三面刃铣刀主要用于卧式铣床上加工槽、台阶面等。三面刃铣刀的主切削刃分布在铣刀的圆柱面上，副切削刃分布在两端面上。该铣刀按刀齿结构可分为直齿、错齿和镶齿三种形式。如图 5.53 所示为直齿三面刃铣刀铣削台阶面。该类铣刀结构简单、制造方便，但副切削刃前角为零，切削条件较差。该铣刀直径为 50～200 mm，宽度为 4～40 mm。

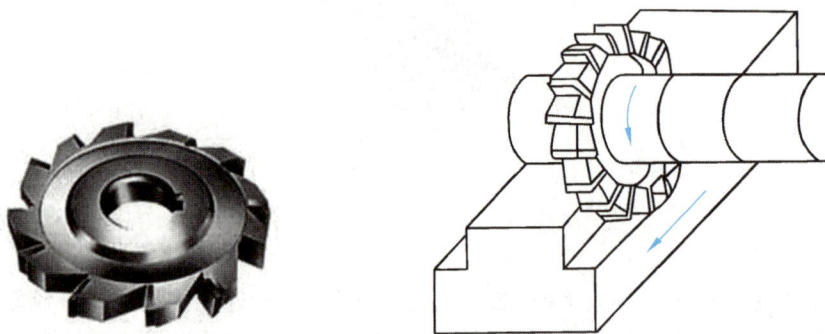

图 5.53　三面刃铣刀

（五）圆柱铣刀

圆柱铣刀主要用于卧式铣床上加工平面，一般为整体式，如图 5.54 所示。该类铣刀材料一般为高速钢，主切削刃分布在圆柱面上，无副切削刃。该铣刀有粗齿和细齿之分，粗齿刀具齿数较少，刀齿强度高，容屑空间大，重磨次数多，适用于粗加工；细齿刀具齿数多，工作较平稳，适用于精加工。圆柱铣刀直径为 50～100 mm。

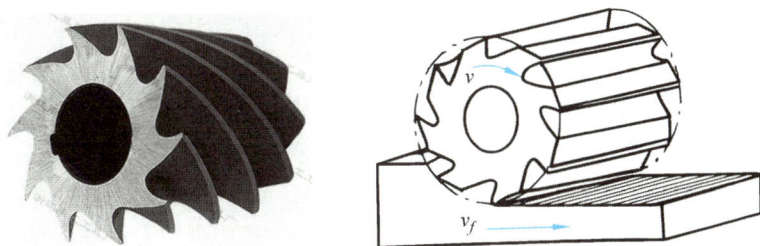

图 5.54　圆柱铣刀

（六）镗刀

镗孔所用的刀具称为镗刀，如图 5.55 所示。镗刀切削刃部分的几何角度和车刀、铣刀的切削部分基本相同。常用的有整体式镗刀、可转位机夹式镗刀，一般装在可调镗头上配合使用。镗刀主要用于加工精度要求较高的孔，但孔径不宜太小。

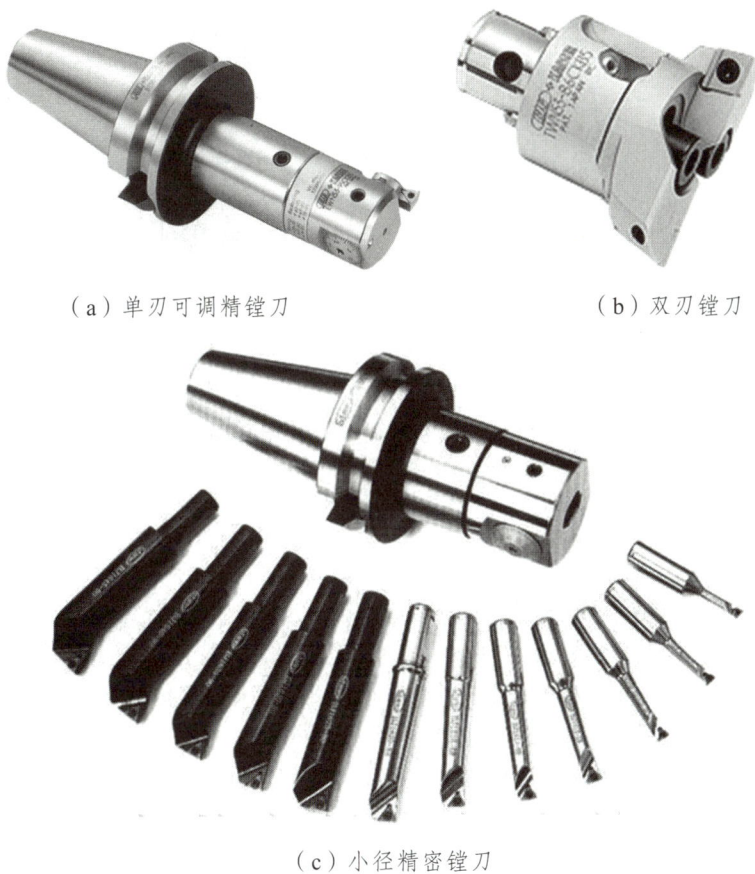

（a）单刃可调精镗刀

（b）双刃镗刀

（c）小径精密镗刀

图 5.55　镗刀

二、刀柄系统

数控铣床或加工中心上使用的刀具是通过刀柄与主轴相连，刀柄通过拉钉和主轴内的拉紧装置固定在主轴上，由刀柄夹持刀具传递速度、扭矩，如图 5.56 所示。而主轴锥孔通常分为两大类，即锥度为 7：24 的通用系统和 1：10 的 HSK 真空系统。

锥度为 7：24 的通用刀柄通常有五种标准和规格：NT（传统型）、DIN 69871（德国标准）、ISO 7388/1（国际标准）、MAS BT（日本标准）以及 ANSI/ASME（美国标准）。

而 HSK 真空刀柄的德国标准是 DIN69873，有六种标准和规格：HSK-A、HSK-B、HSK-C、HSK-D、HSK-E 和 HSK-F。常用的有三种：HSK-A（带内冷自动换刀）、HSK-C（带内冷手动换刀）和 HSK-E（带内冷自动换刀，高速型）。HSK 真空刀柄靠刀柄的弹性变形，不但刀柄的 1：10 锥面与机床主轴孔的 1：10 锥面接触，而且使刀柄的法兰盘面与主轴面也紧密接触，这种双面接触系统在高速加工、连接刚性和重合精度上均优于 7：24 的刀柄。

最常用的刀柄与主轴孔的配合锥面一般采用 7：24 的锥度，这种锥柄不自锁，换刀方便，与直柄相比有较高的定心精度和刚度。现今，刀柄与拉钉的结构和尺寸已标准化和系列化，在我国应用最为广泛的是 BT40 与 BT50 系统刀柄和拉钉。

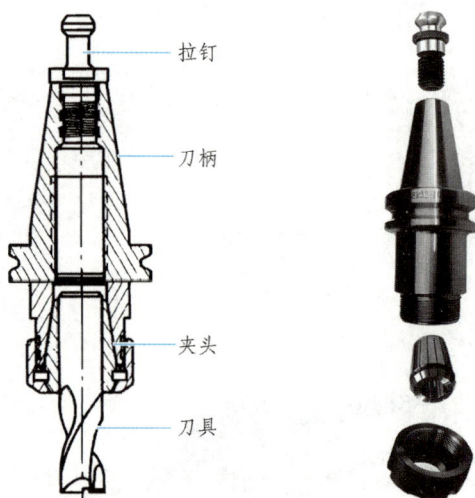

图 5.56 刀柄的结构

（一）刀柄结构

按照夹紧方式，可将刀柄分为以下几类（见图 5.57）：

（1）弹簧夹头式刀柄。该类刀柄使用较为广泛，采用 ER 型卡簧进行刀柄与刀具之间的连接，适用于夹持直径 16 mm 以下的铣刀进行铣削加工；若采用 KM 型卡簧，则为强力夹头刀柄，它可以提供较大的夹紧力，适用于夹持直径 16 mm 以上的铣刀进行强力铣削。

（2）侧固式刀柄。该类刀柄采用侧向夹紧，适用于切削力大的加工，但一种尺寸的刀具需配备对应的一种刀柄，规格较多。

（3）热装夹紧式刀柄。该类刀柄在装刀时，需要加热刀柄孔，将刀具装入刀柄后，冷却刀柄，靠刀柄冷却收缩以很大的夹紧力同心地夹紧刀具。这种刀柄装夹刀具后，径向跳动小、夹紧力大、刚性好、稳定可靠，非常适合高速切削加工，但由于安装与拆卸刀具不便，不适用于经常换刀的场合。

（4）液压夹紧式刀柄。该类刀柄采用液压夹紧刀具，夹持效果非常好，刚性好，可提供较大的夹紧力，非常适合高速切削加工。

（a）弹簧夹头式刀柄　　　　　　　　　（b）侧固式刀柄

（c）热装夹紧式刀柄　　　　　　　　　（d）侧固式液压夹头刀柄

图 5.57　按刀具夹紧方式分类

按照所夹持的刀具可以分为以下几类（见图 5.58）：

（1）圆柱铣刀刀柄：用于夹持圆柱铣刀。

（2）锥柄钻头刀柄：用于夹持莫氏锥度刀杆的钻头、铰刀等，带有扁尾槽及装卸槽。

（3）面铣刀刀柄：与面铣刀盘配套使用。

（4）直柄钻夹头刀柄：用于装夹直径在 13 mm 以下的中心钻、直柄麻花钻等。

（5）镗刀刀柄：用于各种高精度孔的镗削加工，有单刃、双刃以及重切削等类型。

（6）丝锥刀柄：用于自动攻丝时装夹丝锥，一般具有切削力限制功能。

（a）圆柱铣刀刀柄　　　　　　　　　　（b）锥柄钻头刀柄

（c）面铣刀刀柄　　　　　　　　　　　（d）直柄钻夹头刀柄

（e）镗刀刀柄

图 5.58　按夹持刀具分类

另外，按照允许转速有低速刀柄和高速刀柄。主轴转速在 8000 r/min 以下的刀柄为低速刀柄；主轴转速在 8000 r/min 以上的高速加工的刀柄需采用高速刀柄，其上有平衡调整环，必须经动平衡检测后方可使用。

（二）夹头结构

弹簧夹头有两种，一种是 ER 弹簧夹头，一种是 KM 弹簧夹头，如图 5.59 所示。其中 ER 弹簧夹头的夹紧力小，适用于切削力较小的场合；KM 弹簧夹头的夹紧力大，适用于强力切削。

（a）ER 弹簧夹头　　　　　　　　　　　　　　（b）KM 弹簧夹头

图 5.59　弹簧夹头

（三）拉钉结构

ISO 规定有 A 型、B 型两种形式的拉钉，如图 5.60 所示。其中，A 型拉钉用于不带钢球的拉紧装置；B 型拉钉用于带钢球的拉紧装置。

拉钉的尺寸已经标准化，其中，BT40 刀柄拉钉通常使用 M16 螺纹，BT50 刀柄拉钉通常使用 M24 螺纹。

（a）A 型拉钉　　　　（b）B 型钉

图 5.60　拉钉结构

（四）刀具安装辅件

只有配备相应的刀具安装辅件，才能将刀具装入相应的刀柄中。常用的刀具安装辅件有锁刀座、专用扳手等，如图 5.61 所示。一般情况下需要将刀柄放在锁刀座上，并使刀柄上的键槽对准锁刀座上的键，才能用专用扳手拧紧或松开刀具。

（a）锁刀座　　　　　　　　　　　　　　　　（b）专用扳手

图 5.61　刀具安装辅件

【思政目标】

通过数控铣床的编程与加工，培养学生的质量意识和责任担当，引导学生建立正确的职业观、人生观和价值观，培养学生对行业的认同和对职业的热爱。

【学习目标】

（1）掌握数控铣床加工零件的一般工作过程。
（2）能熟练使用刀具长度、半径补偿。
（3）能安排合理的走刀路线。
（4）能熟练编制轮廓加工程序。
（5）掌握 Fanuc 系统比例缩放、镜像、旋转等编程指令。
（6）掌握铣削用量的合理选择。
（7）熟练掌握 Fanuc 系统孔加工循环指令。
（8）掌握子程序的作用和指令编程方法。
（9）掌握宏程序程序的作用及指令编程方法。
（10）掌握 Fanuc 宏程序参数传递的编程方法。

任务一　数控铣床编程基础

【任务描述】

分析如图 6.1 所示的零件加工工艺并编写出精加工程序（工件材料为 LY12；工件水平方向的余量为 0.2 mm，垂直方向已加工到位；表面质量要求 $Ra3.2$）。

【相关知识】

本任务在数控车床编程知识基础上，介绍数控铣床指令及编程方法。表 6.1 给出了 FANUC-0i Mate-MC 数控系统铣削编程常用 G 代码及功能（其中带★指令为电源接通时初始模态 G 代码）。

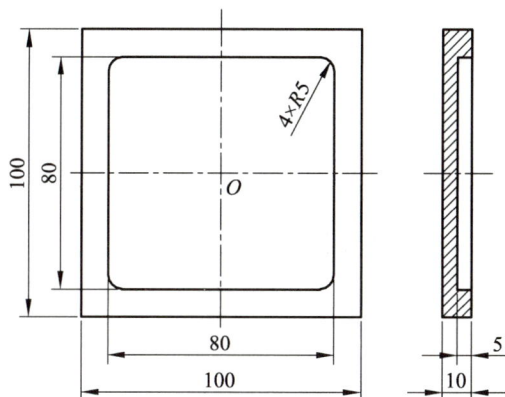

图 6.1　内外轮廓加工零件

表 6.1　常用 G 代码及功能

G 代码	组别	功　能	G 代码	组别	功　能
★G00	01	快速点定位	★G54	14	选择第 1 工件坐标系
G01		直线插补（进给速度）	G55		选择第 2 工件坐标系
G02		圆弧/螺旋线插补（顺圆）	G56		选择第 3 工件坐标系
G03		圆弧/螺旋线插补（逆圆）	G57		选择第 4 工件坐标系
G04	00	暂停	G58		选择第 5 工件坐标系
★G15	17	极坐标指令取消	G59		选择第 6 工件坐标系
G16		极坐标指令	G61	15	准确停止方式
★G17	02	选择 XY 平面	★G64		切削方式
G18		选择 XZ 平面	G65	00	宏程序调用
G19		选择 YZ 平面	G66	12	宏程序模态调用
G20	06	英制尺寸输入	★G67		宏程序模态调用取消
G21		公制尺寸输入	G68	16	坐标旋转
G28	00	返回参考点	★G69		坐标旋转取消
G29		从参考点返回	G73	09	深孔钻削循环
G30		返回第 2, 3, 4 参考点	G76		精镗循环
G31		跳转功能	★G80		固定循环取消
★G40	07	刀具半径补偿取消	G81		钻孔循环、锪镗循环
G41		左侧刀具半径补偿	G82		钻孔循环或反镗循环
G42		右侧刀具半径补偿	G83		排屑钻孔循环
G43	08	正向刀具长度补偿	G84		攻丝循环
G44		负向刀具长度补偿	G85		镗孔循环
★G49		刀具长度补偿取消	★G90	03	绝对值编程
★G50	11	比例缩放取消	G91		增量值编程
G51		比例缩放有效	G92	00	设定工件坐标系
★G50.1	22	可编程镜像取消	★G94	05	每分钟进给
G51.1		可编程镜像有效	G95		每转进给
G52	00	局部坐标系设定	★G98	10	在固定循环中，Z 轴返回起始点
G53		选择机床坐标系	G99		在固定循环中，Z 轴返回 R 平面

一、基本运动指令

（一）快速点定位（G00）

编程格式：

G00 G90/G91 X_ Y_ Z_ ；

执行该指令时，刀具以快速移动速度移动到所指定的终点。

（二）直线插补（G01）

编程格式：

G01 G90/G91 X_ Y_ Z_ F_ ；

执行该指令时，刀具按程序中 F 指定的进给速度进行直线运动到指定的终点。在 FANUC 0i 数控铣削编程中，F 的单位为 mm/min。

（三）圆弧插补（G02/G03）

编程格式：

XY 平面圆弧：	G17 G90/G91	$\begin{Bmatrix} G02 \\ G03 \end{Bmatrix} X\_ Y\_ \begin{Bmatrix} R\_ \\ I\_J\_ \end{Bmatrix} F\_ ;$
ZX 平面圆弧：	G18 G90/G91	$\begin{Bmatrix} G02 \\ G03 \end{Bmatrix} X\_ Z\_ \begin{Bmatrix} R\_ \\ I\_K\_ \end{Bmatrix} F\_ ;$
YZ 平面圆弧：	G19 G90/G91	$\begin{Bmatrix} G02 \\ G03 \end{Bmatrix} Y\_ Z\_ \begin{Bmatrix} R\_ \\ J\_K\_ \end{Bmatrix} F\_ ;$

执行该指令时，刀具按指定进给速度作圆弧切削运动。

说明：

（1）当采用 G90 方式编程时，式中 X、Y、Z 为工件坐标系中圆弧的终点坐标值；当采用 G91 方式编程时，式中 X、Y、Z 为圆弧起点到终点的增量距离。

（2）以上指令的使用与数控车床的使用方法一致，这里不再赘述。

二、刀具补偿功能指令

（一）刀具半径补偿（G41/G42/G40）

1. 刀具半径补偿的作用

在数控铣床上进行轮廓铣削加工时，由于刀具半径的存在，刀具中心（刀心）轨迹和工件轮廓重合加工时，刀具侧刃会造成工件过切。如果数控系统不具备刀具半径自动补偿功能，为了不产生过切，则在编程时必须根据轮廓重新进行刀心轨迹编程，即在编程时给出刀具中心运动轨迹，如图 6.2 所示的点划线轨迹，其计算相当复杂，尤其当刀具磨损、重磨或换新刀而使刀具直径变化时，必须重新计算刀心轨迹，修改程序，这样既烦琐，又不易保证加工精度。当数控系统具备刀具半径补偿功能时，只需按工件轮廓进行编程，如图 6.2 中的粗实线轮廓，数控系统会自动计算刀心轨迹，使刀具中心偏离工件轮廓一个半径值，即实现刀具半径自动补偿。

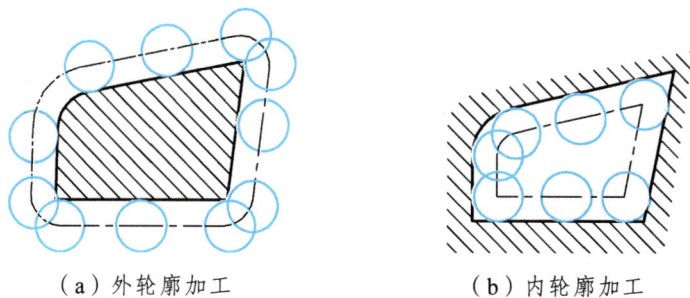

（a）外轮廓加工　　　　　　（b）内轮廓加工

图 6.2　刀具半径补偿

2. 刀具半径补偿指令

G41：刀具半径左补偿。

G42：刀具半径右补偿。

G40：取消刀具半径补偿。

刀具半径左、右补偿的判断方法：假定工件不动，向垂直于补偿平面的坐标轴的负方向看去，顺着刀具的运动方向观察，刀具位于工件左侧的称为刀具半径左补偿；刀具位于工件右侧的称为刀具半径右补偿；如图 6.3 所示。

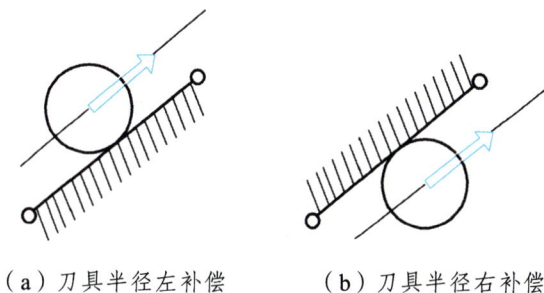

（a）刀具半径左补偿　　　　（b）刀具半径右补偿

图 6.3　刀具半径补偿指令

3. 刀具半径补偿过程

1）建立刀具半径补偿

刀具由起刀点（位于零件轮廓及零件毛坯之外）向零件轮廓切入点接近时建立刀具半径补偿。补偿偏置方向由 G41（左补偿）或 G42（右补偿）确定，如图 6.4 所示。

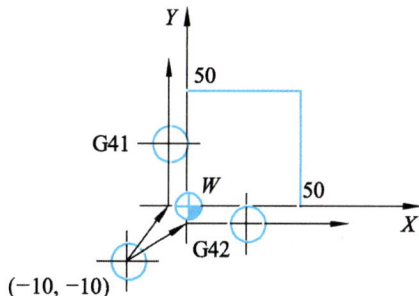

图 6.4　刀具半径补偿建立

编程格式：

| G01/G00 | $\left.\begin{array}{l} \text{G43} \\ \text{G44} \end{array}\right\}$ | X_ Y_ D_ F_； |

其中　D_——刀具半径补偿代码（1-2位）。

2）执行刀具半径补偿

当刀具半径补偿建立之后，根据零件的实际轮廓编程，刀具刀心会自动延续以前的偏移方式偏离轮廓一个刀具半径进行走刀，从而完成零件轮廓的切削加工。

3）取消刀具半径补偿

刀具撤离工件返回退刀点时取消刀具半径补偿。与建立刀具半径补偿过程类似。退刀点也应位于零件轮廓之外，可与起刀点相同，也可不同。

编程格式：

G01/G00 G40 X_ Y_ F_；

例6.1：如图6.3所示，执行刀具半径左补偿的有关程序如下：

N10 G17 G90 G54 G00 X-10.0Y-10.0；　/定义工件原点，刀具定位到起刀点（-10.0，-10.0）

N20 S900 M03；　　　　　　　　　　/主轴正转

N30 G01 G41 X0 Y0 D01 F200；　　　 /建立刀具半径左补偿，刀具半径补偿号为01

N40 Y50.0；　　　　　　　　　　　　/定义首段零件轮廓，刀具半径补偿执行

建立刀具半径右补偿的有关程序如下：

N30 G01 G42 X0 Y0 D01；　　　　　　/建立刀具半径右补偿

N40 X50.0；　　　　　　　　　　　　/定义首段零件轮廓，刀具半径补偿执行

假如退刀点与起刀点相同，刀具半径补偿取消的程序如下：

N100 G01 X0 Y0；　　　　　　　　　 /加工至工件原点

N110 G01 G40 X-10.0 Y-10.0；　　　　/取消刀具半径补偿，退回起刀点

例6.2：加工零件如图6.5所示，设置编程原点在O点，刀具直径为12 mm，铣削深度为5 mm，主轴转速为600 r/min，进给速度为200 mm/min，刀具代号T01，起刀点在（0，0，10）。要求采用刀具半径补偿指令进行零件轮廓精加工编程。

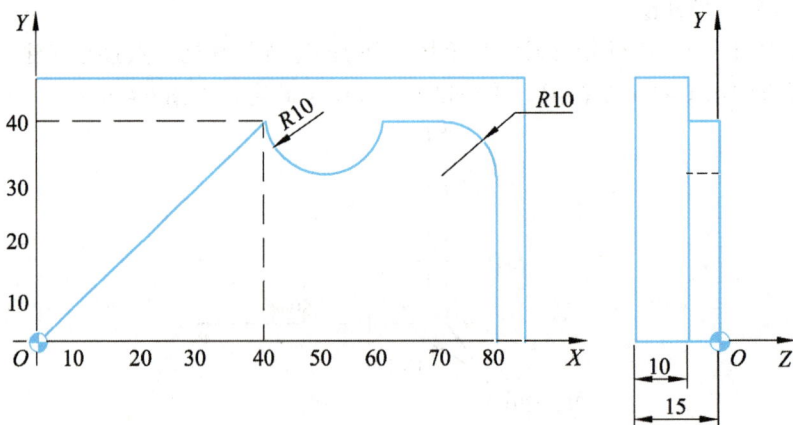

图6.5　刀具半径补偿指令应用

程序如下：

O0001;

N10 G80 G40 G17 G90 G49;

N20 G54 G00 X0 Y0 Z10.;　　　　　　　/设定工件坐标系，刀具到达起刀点

N30 M03 S600;

N40 G00 X-30.;

N50 G01 Z-5. F200;

N60 G42 X-8. D01;　　　　　　　　　　/建立刀具半径右补偿（D01=6）

N70 G91 G01 X88. Y0;

N80 Y30.;

N90 G03 X-10. Y10. R10.;

N100 G01 X-10.;

N110 G02 X-20. I-10. J0;

N120 G01 X-50. Y-50.;

N130 G40 X-60. Y-60.;　　　　　　　　/取消刀具半径补偿

N140 G00 Z200. M05;

N150 M30;

注意：

（1）在使用 G41/G42 建立或 G40 取消刀具半径补偿时，必须提前指定半径补偿平面（G17/G18/G19），一旦平面选定，则建立或取消都必须在此平面内进行，在补偿建立之后，不能切换补偿平面。

（2）在使用 G41/G42 建立或 G40 取消刀具半径补偿时，移动指令只能是 G00 或 G01，不能使用 G02 或 G03；补偿建立或取消过程均可用 G90 或 G91 方式进行；

（3）在刀具半径补偿执行的过程中，可以使用任何运动指令编程，不会影响补偿的执行，但运动方向不应出现交叉，否则容易产生过切。

（4）在处理建立补偿程序段和以后的程序段时，系统预读 2 个程序段；

（5）若 D 代码中存储的偏移量为负值，则 G41 与 G42 指令可以互相取代；

（6）在建立半径补偿之后，可由 G00/G01、G02/03 指令实现补偿，如果在此过程中，处理 2 个或更多刀具不移动的程序段（辅助功能、暂停等等），刀具将产生过切或欠切现象。

4．刀具半径补偿功能的应用优点

（1）可按零件轮廓尺寸直接编程，简化编程计算。

（2）刀具因磨损、重磨、换新刀而引起刀具直径改变后，不必修改程序，只需在刀具参数设置中输入变化后的刀具直径。如图 6.6 所示，1 为未磨损刀具，2 为磨损后刀具，两者直径不同，只需将刀具参数表中的刀具半径 r_1 改为 r_2，即可适用同一程序。

（3）用同一程序、同一尺寸的刀具，利用刀具半径补偿，可进行粗精加工。如图 6.7 所示，刀具半径 r，精加工余量 A。粗加工时，输入刀具直径 $D=2（r+A）$，则加工出点划线轮廓；精加工时，用同一程序，同一刀具，但输入刀具直径 $D=2r$，则加工出实线轮廓。

（4）利用刀补值可精确控制轮廓尺寸精度。

（5）利用刀补，可用一个程序加工同一公称尺寸的内外两个型面。阳模采用+D 补偿，阴模采用-D 补偿，则可得两种切削轨迹。

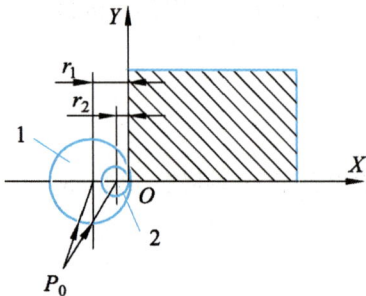

1—未磨损刀具；2—磨损后刀具。

图 6.6　刀具直径变化，加工程序不变

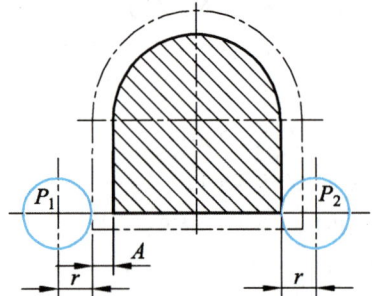

P_1—粗加工刀心位置；P_2—精加工刀心位置。

图 6.7　利用刀具半径补偿进行粗精加工

（二）刀具长度补偿（G43/G44/G49）

刀具长度补偿是用来补偿实际的刀具长度与假定的基准刀具长度之间的差值。执行长度补偿功能就是使刀具垂直于走刀平面（比如 XY 平面）自动偏移一个刀具长度补偿值，使实际刀具与基准刀具的刀尖在同一高度，因此编程过程中无需考虑刀具长度，可直接按轮廓编程。对于刀具长度的变化不影响加工程序，只需要修改刀具参数表中的长度补偿值即可，简化编程。

刀具长度补偿在发生作用前，必须先进行刀具参数（刀具长度补偿值）的设置。设置的方法有机内试切法、机内对刀法、机外对刀法和编程法。有些数控系统补偿的是刀具的实际长度与基准刀具的标准长度之差，如图 6.8（a）所示。有些数控系统补偿的是刀具相对于相关点的长度，如图 6.8（b）(c)所示，其中图（c）是球刀的情况。

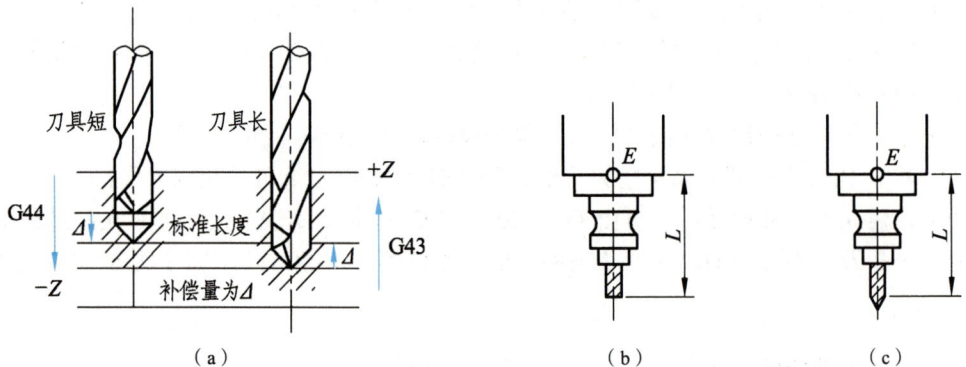

图 6.8　刀具长度补偿

编程格式：

G01/G00 {G43 / G44} Z_ H_;　/建立长度补偿；

…

G01/G00 G49 Z_;　/取消长度补偿

说明：

（1）G43 建立刀具长度正补偿，即将 H 中的长度补偿值加到 Z 坐标的尺寸字后，按其结果进行 Z 轴的移动。

（2）G44 建立刀具长度负补偿，即从 Z 坐标的尺寸字中减去 H 中的长度补偿值后，按其结果进行 Z 轴的移动。

（3）G49 取消刀具长度补偿。

（4）H 代码指定偏置号，偏置号可为 H00～H200，偏置量与偏置号相对应，通过操作面板预先输入在存储器中；数控系统将 H00 号偏置量设为零，不能进行其他偏置量的设定。

（5）若 H 代码中存储的偏移量为负值，则 G43 与 G44 指令可以互相取代。

例 6.3：对如图 6.9 所示的零件钻孔。按理想刀具进行对刀编程，现测得实际刀具比理想刀具短 8 mm。设定 H01=8 mm（直接 G44 调用）；或设定 H01=-8 mm（可用 G43 调用）。

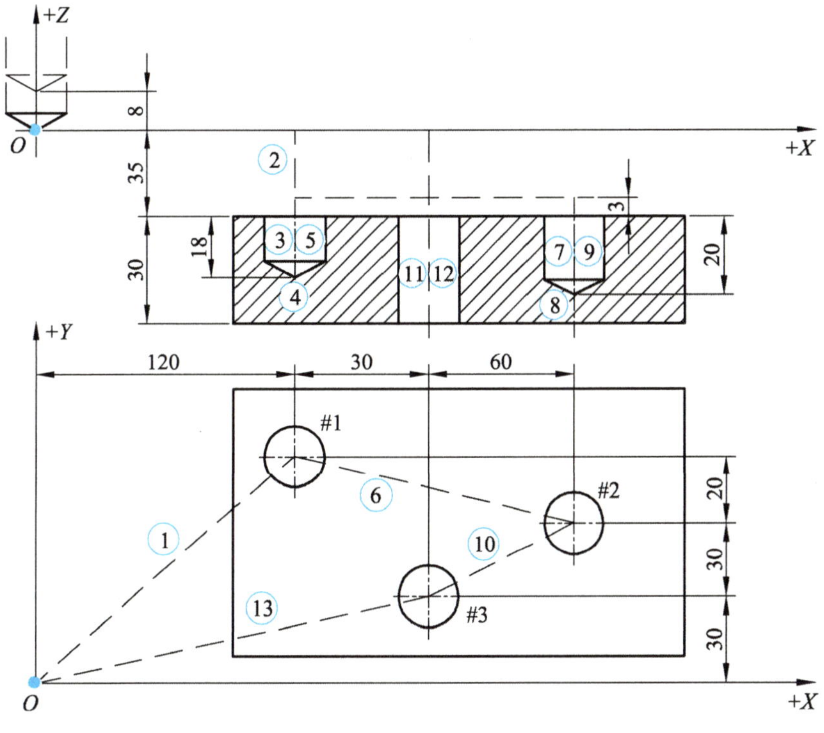

图 6.9　刀具长度补偿的应用

程序如下：

```
O0002;
N10 G92 X0 Y0 Z0;
N15 M03 S630;
N20 G00 X120. Y80.;
N25 G44 Z-32. H01;        刀具长度正补偿，实际刀具下移至距工件上表面 3 mm 处
N30 G01 Z-53. F120;       钻 # 1 孔
N35 G00 Z-32.;            实际刀具上移至距工件上表面 3 mm 处
```

N40 X210 Y60.;

N45 G01 Z-55.;　　　　　钻＃2孔

N50 G00 Z-32.;

N55 X150. Y30.;

N60 G01 Z-73.;　　　　　钻＃3孔

N65 G00 Z-32.;　　　　　实际刀具上移至距工件上表面 3 mm 处

N70 G49 G00 Z0;　　　　取消长度补偿，实际刀具上移至距 Z0 上方 8 mm 处

N75 X0 Y0 M05;

N80 M30;

【任务实施】

一、零件图工艺性分析

该零件尺寸标注为关于中心对称标注，标注合理，便于加工基准的设定及节点坐标的计算；尺寸精度要求不高，表面质量要求一般，现有机床能够达到零件图要求；零件结构合理，内腔圆角为 R5，能够进行加工。

二、走刀路线的确定

先精加工 100×100 的外轮廓，再加工内腔。刀路如图 6.10 所示。

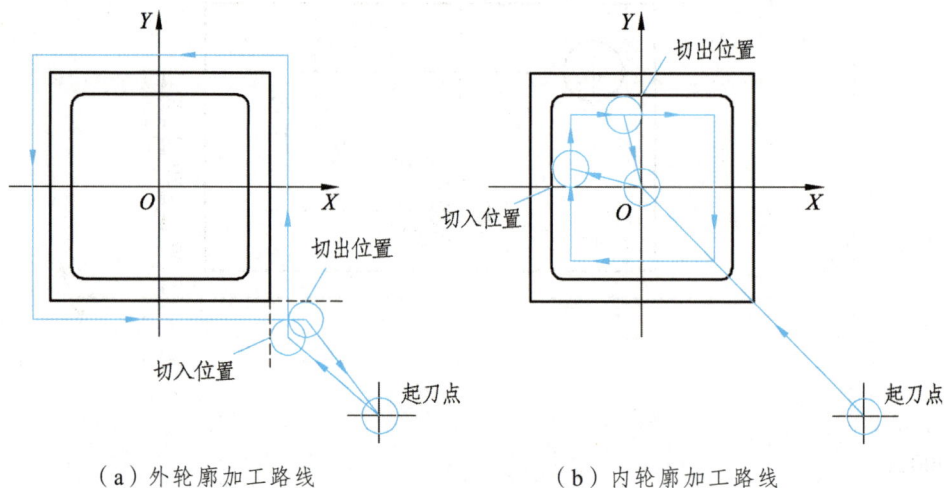

（a）外轮廓加工路线　　　　　　　　（b）内轮廓加工路线

图 6.10　刀具加工路线安排

三、刀具与夹具的确定

最小内凹圆弧为 R5，可选用 ϕ10 的立铣刀（也可根据实际加工场地条件选用小于 ϕ10 立铣刀）；该零件轮廓简单，采用通用平口钳装夹。

四、切削用量的确定

根据刀具的大小与机床的自身情况(如 KV650 铣床),可选用 $n=1200\ r/min$,$F=200\ mm/min$,深度方向一次成形,吃刀深度等于轮廓深度。

五、编写程序

(一)基点坐标计算

以 O 点为编程原点(工件上表面几何中心),内腔基点坐标如图 6.11 所示。

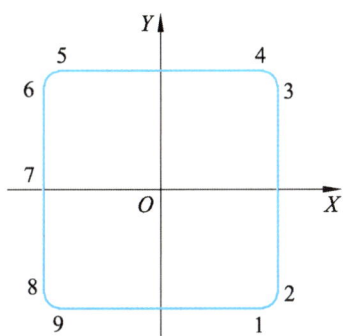

1：(35,-40)
2：(40,-35)
3：(40,35)
4：(35,40)
5：(-35,40)
6：(-40,35)
7：(-40,0)
8：(-40,-35)
9：(-35,-40)

图 6.11　内腔基点计算

(二)精加工程序

精加工程序如下:

O0003；	程序名
G80 G90 G17 G49 G40；	程序保护头
G54 G00 X100. Y-100.；	建立工件坐标系,并移动到（100,-100）处
G43 G00 Z200.0 H01；	建立刀具长度正补偿
M03 S1200；	主轴正转,转速为 1200 r/min
Z10.0；	快速移动到工件上表面 10 mm 处
G01 Z-10.0 F300；	下刀
G42 X50.0 Y-60.0 D01 F500；	刀具半径右补偿
Y50.0 F200；	外轮廓切削
X-50.0；	
Y-50.0；	
X60.0；	
G40 G00 X100.0 Y-100.0；	取消刀具半径补偿
Z10.0；	抬刀
X0.0 Y0.0；	快移到下刀位置,准备内腔加工

续表

O0003；	程序名
G01 Z-5.0 F150；	下刀
G42 X-40.0 Y0.0 D01 F200；	刀具半径右补偿
X-40.0 Y35.0；	
G02 X-35.0 Y40.0 R5.0 F200；	
G01 X35.0 F200；	
G02 X40.0 Y35.0 R5.0 F200；	
G01 Y-35.0 F200；	
G02 X35.0 Y-40.0 R5.0 F200；	
G01 X-35.0 F200；	
G02 X-40.0 Y-35.0 R5.0 F200；	
G01 Y35.0 F200；	
G02 X-35.0 Y40.0 R5.0 F200；	为避免切入切出刀痕与刀补造成的未切削现象而安排的辅助刀路
G01 X0.0 F200；	
G40 Y0.0；	取消刀具半径补偿
Z200.0；	抬刀到安全高度
M05；	主轴停止
M30；	程序结束并返回程序头

【知识拓展】

数控铣削加工工艺与普通铣削加工工艺有许多相同之处，也有许多不同，在数控铣床上加工的零件通常要比普通铣床所加工的零件工艺规程复杂得多。在数控铣削加工前，要将机床的运动过程、零件的工艺过程、刀具的形状、切削用量和走刀路线等都编入程序，这就要求相关人员需要对零件加工过程有全面考虑，正确、合理地确定零件加工工艺方案。因此了解数控铣削加工工艺是非常重要的一个环节，主要包含零件图工艺分析、走刀路线的确定、数控铣削刀具、夹具，以及切削用量的合理选择等。

一、确定走刀路线的原则

走刀路线是刀具在整个加工工序中相对于工件的运动轨迹，不但包括了工步的内容，而且也反映出工步的顺序，是编写程序的依据之一。

在确定走刀路线时，主要遵循以下原则。

（一）保证零件的加工精度和表面粗糙度

在铣削加工中，因刀具的运动轨迹和方向不同，或铣削方式不一样，会导致加工精度及表面质量不尽相同。

　　加工位置精度要求较高的孔系时，应特别注意安排孔的加工顺序。若安排不当，就可能引入反向间隙，直接影响位置精度。如图 6.12 所示，镗削图（a）所示 6 孔，有两种走刀路线。按图（b）所示路线加工时，由于 5、6 孔与 1、2、3、4 孔定位方向相反，Y 轴反向间隙会使定位误差增加，从而影响其位置精度。按图（c）所示路线加工时，加工完 4 孔后移至 P 点，然后反向加工 6、5 孔，避免了反向间隙的引入，提高了 5、6 孔的位置精度。

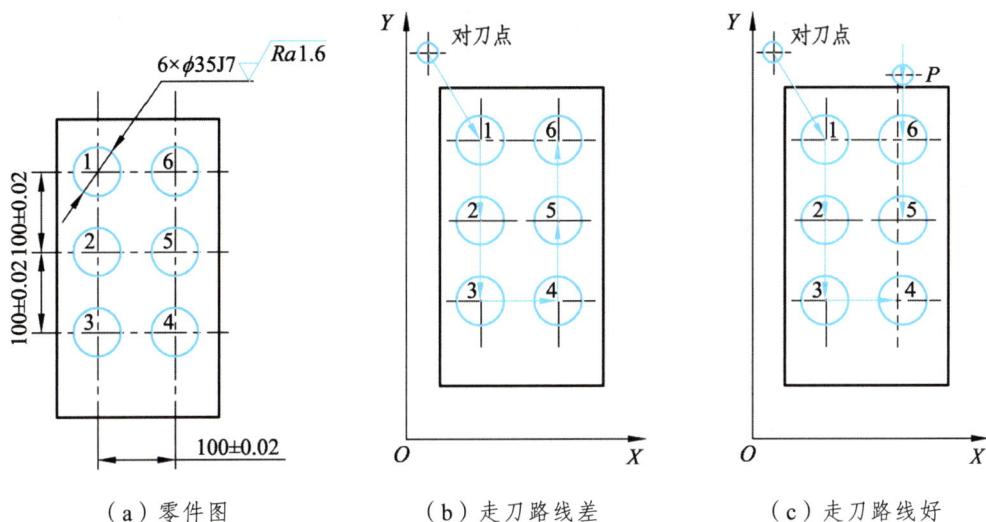

（a）零件图　　　　　（b）走刀路线差　　　　　（c）走刀路线好

图 6.12　镗孔走刀路线

（二）最短走刀路线，减少空行程时间，提高加工效率

　　图 6.13 所示为正确选择钻孔加工路线的示例。按照一般习惯，总是先加工均布于同一圆周上的一圈孔后，再加工另一圈孔，如图 6.13（a）所示，但刀具空行程较多，不是最好的走刀路线。若按图 6.13（b）所示的进给路线加工，可使各孔间距的总和最小，空行程最短，从而节省定位时间。

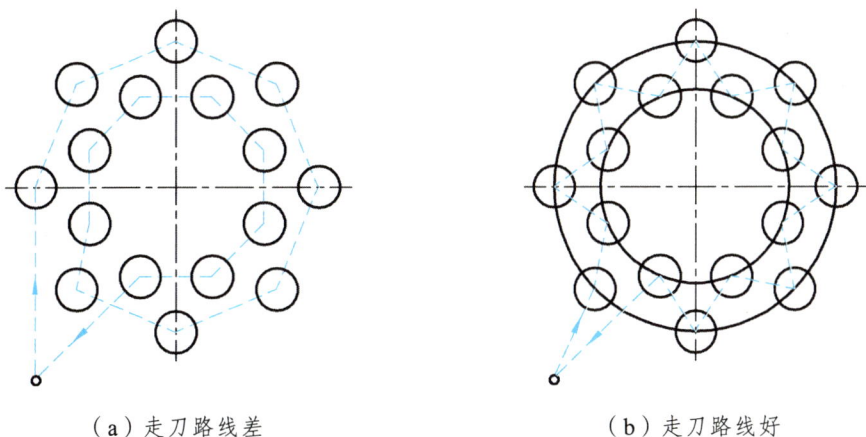

（a）走刀路线差　　　　　（b）走刀路线好

图 6.13　最短加工路线选择

（三）最终轮廓一次走刀完成

在封闭轮廓加工中，常用以下几种方法：

（1）行切法。如图 6.14（a）所示，加工时不留死角，在减少每次进给重叠量的情况下，走刀路线较短，但两次走刀的起点和终点间留有残余高度，影响表面粗糙度。

（2）环切法。如图 6.14（b）所示，表面粗糙度较小，但刀位计算略为复杂，走刀路线也较行切法长。

（3）综合法。如图 6.14（c）所示，先用行切法加工，最后再沿轮廓环切一周，轮廓表面一次成形，使其表面光整。

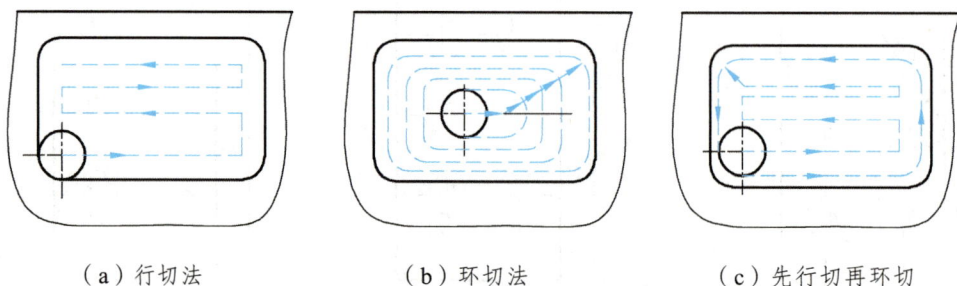

（a）行切法　　　　　　　　　（b）环切法　　　　　　　　（c）先行切再环切

图 6.14　封闭内轮廓加工走刀路线

二、铣削不同类型零件的走刀路线

（一）铣削平面类零件的走刀路线

铣削平面类零件轮廓时，一般采用立铣刀侧刃进行切削。为减少接刀痕迹，保证零件表面质量，对刀具的切入和切出方法需要注意。

铣削外轮廓时，刀具的切入和切出应选择在轮廓曲线的延长线或切线上，而不应沿法向直接切入零件，以避免加工表面产生刀痕，从而保证零件表面质量，如图 6.15 所示。

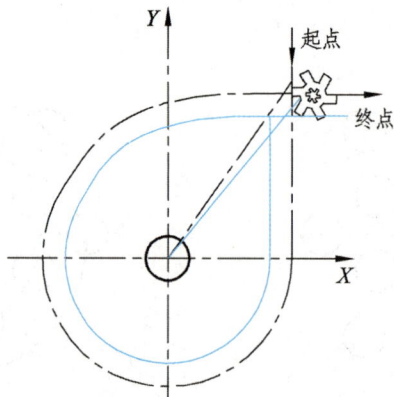

图 6.15　外轮廓加工刀具的切入/切出方式

铣削封闭的内轮廓表面时，若内轮廓曲线允许外延，则应沿切线方向切入切出。若内轮廓曲线不允许外延（见图 6.16），则刀具只能沿内轮廓曲线的法向切入切出，并将其切入、切出点选在零件轮廓两几何元素的交点处（即尖角点）。当内部几何元素相切无交点时（如图 6.17），为防止刀补取消时在轮廓拐角处产生过切 [见图 6.17（a）]，刀具切入切出点应远离拐角 [见图 6.17（b）]，一般采用圆弧切入切出的方式。

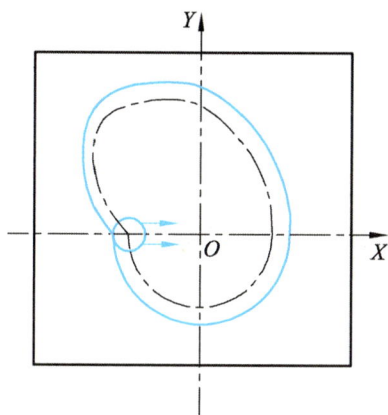

图 6.16　内轮廓加工刀具的切入/切出

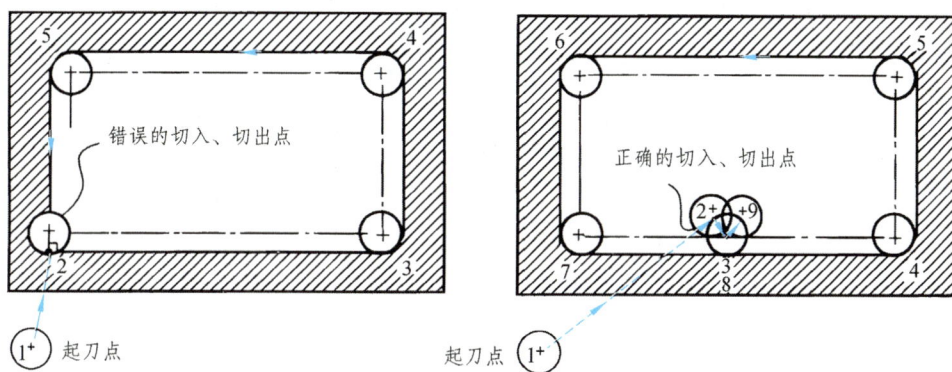

图 6.17　无交点内轮廓加工刀具的切入和切出

（二）铣削曲面类零件的加工路线

对于边界敞开的直纹曲面，加工时常采用球头刀进行"行切法"加工，即刀具与零件轮廓的切点轨迹是一行一行的，行间距按零件加工精度要求而确定。由于曲面零件的边界是敞开的，没有其他表面限制，所以曲面边界可以延伸，球头刀应由边界外开始加工。

而立体曲面加工应根据曲面形状、刀具形状以及精度要求采用不同的铣削方法。根据具体情况，可采用曲面行切法加工、2.5 轴加工、三坐标联动加工、四坐标加工、五坐标加工。

曲面铣削往往采用 CAM 自动编程软件来进行程序编制，例如 MasterCAM、UG、Pro/E、PowerMill 等。

【同步训练】

1. 数控铣床适合于加工哪些类型的零件？

2. 加工中心具有什么样的工艺特点？适合加工哪些类型的零件？

3. 数控机床操作有哪些安全注意事项？

4. G92 指令与 G54 指令在设定工件坐标系时的区别是什么？

任务二　对称零件的编程

【任务描述】

分析如图 6.18 所示零件工艺并编写精加工程序。

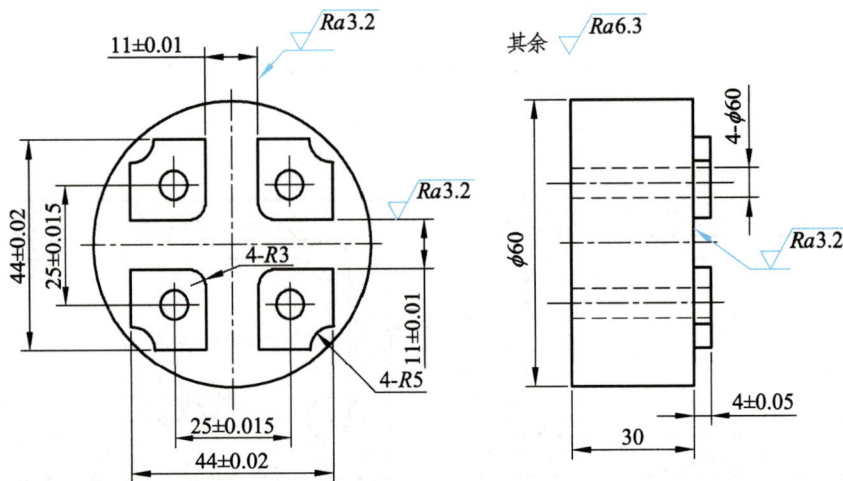

图 6.18　对称零件图

【相关知识】

一、比例缩放（G50/G51）

功能可使原编程尺寸按指定比例缩小或放大，也可让图形按指定规律产生镜像变换。G51 为缩放开始（即缩放有效），G50 为缩放取消。G50、G51 均为模态 G 代码。

编程格式：

$$G51\ X\_\ Y\_\ Z\_ \quad \begin{Bmatrix} P\_ \\ I\_J\_K\_ \end{Bmatrix} \quad F\_;$$

...

G50；

其中　X、Y、Z——比例中心的坐标（绝对方式）；

　　　P——各轴按相同比例编程的比例系数（范围：0.001 ~ 999.999），该指令以后的移动指令，从比例中心点开始，实际移动量为原数值的 P 倍，P 值对偏移量无影响；

　　I、J、K——各轴以不同比例编程时，对应 X、Y、Z 轴的比例系数（$\pm0.001 \sim \pm9.999$）。I、J、K 不能带小数点，比例为 1 时，应输入 1000，不能省略。比例系数与图形的关系如图6.19 所示。图中，b/a 为 X 轴系数；d/c 为 Y 轴系数；O_1 为比例中心。

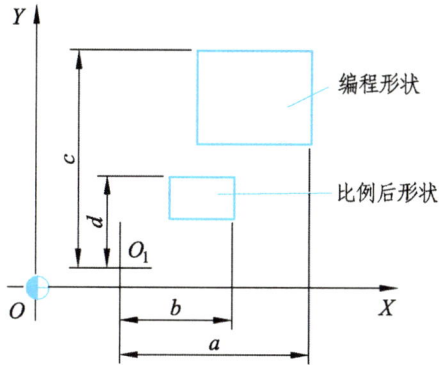

图 6.19　各轴按不同比例编程

　　例 6.4：如图 6.20 所示，将图形放大原来的 2 倍进行加工，其数控加工程序如下：

O0004；主程序	O9001；子程序（原图形）
N0010 G90 G54 G00 X0 Y0；	N0010 G90 G01 Z-10.0 F100；
N0020 M03 S1000；	N0020 G00 Y10.0；
N0030 G00 G43 Z50. H01；	N0030 G42 G01 X5.0 D01；
N0040 G51 X15.0 Y15.0 P2.0；	N0040 G01 X20.0；
N0050 M98 P9001；	N0050　　　Y20.0；
N0060 G50；	N0060 G03 X10.0 R5.0；
N0070 M30；	N0070 G01 Y5.0；
	N0080 G40 G00 X0 Y0；
	N0090 G49 G00 Z300.0；
	N0100 M99；

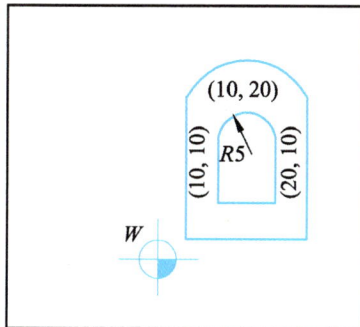

图 6.20　以给定点为缩放中心编程

二、可编程镜像（G50.1/G51.1）

用编程的镜像指令可实现坐标轴的对称加工。

编程格式：

G51.1 X_ Y_ Z_ ；

…

G50.1 X_ Y_ Z_ ；

其中　G51.1——设置可编程镜像；

　　　G50.1——取消可编程镜像；

　　　X、Y、Z——指定镜像的对称点（位置）和对称轴。

例 6.5：如图 6.21 所示：（1）图为程序编制的原图形；（2）图为原图关于轴镜像得到的图形，该图形的对称轴与 Y 平行并与 X 轴在 X=50 处相交；（3）图为关于点对称得到的图形，对称点在（X50，Y50）；（4）图也是原图关于轴镜像得到的图形，对称轴与 X 平行，并与 Y 轴在 Y=50 处相交。采用镜像指令编程如下：

O0005；　主程序	O9002；　子程序，铣轮廓（1）
N10 G17 G40 G80 G90；	N10 G01 G42 X55. Y55. D01 F300；
N20 G54 G00 X50. Y50.；	N20 X60.；
N30 M03 S1000；	N30 X100.；
N40 G43 Z100. H01；	N40 Y100.；
N50　　　Z5.；	N50 X55. Y55.；
N60 G01 Z-2. F200；	N60 G40 X50. Y50.；
N70 M98 P0002；　铣轮廓（1）	N70 M99；
N80 G51.1 X50.；	
N90 M98 P0002；　铣轮廓（2）	
N100 G50.1 X50.；	
N100 G51.1 X50. Y50.；	
N110 M98 P0002；　铣轮廓（3）	
N120 G50.1 X50. Y50.；	
N130 G51.1 Y50.；	
N140 M98 P0002；　铣轮廓（4）	
N150 G50.1 Y50.；	
N160 G01 Z5. F300；	
N170 G00 Z150. H00；	
N180 M30；	

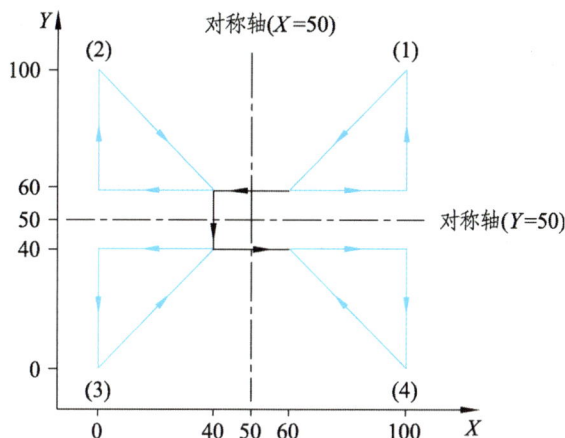

图 6.21　可编程镜像

三、坐标系旋转（G68/G69）

该指令可使编程图形按指定旋转中心及旋转方向旋转一定的角度。

编程格式：

G68 X_ Y_ R;__　　/坐标系开始旋转；

…

G69；　　　　　　　/坐标系旋转取消；

其中　X、Y——旋转中心的坐标值（可以是 X、Y、Z 中的任意两个，由当前平面选择指令确定），当 X、Y 省略时，G68 指令认为当前的位置即为旋转中心；

　　　R——旋转角度（范围：−360.0～+360.0，最小单位为 0.001°），逆时针旋转为正向，一般为绝对值，当 R 省略时，按系统参数确定旋转角度。

说明：当程序采用绝对方式编程时，G68 程序段后的第一个程序段必须使用绝对坐标指令，才能确定旋转中心。如果这一程序段为增量值，那么系统将以当前位置为旋转中心，按 G68 给定的角度旋转坐标。

例 6.6：如图 6.22 所示，应用旋转指令编程。

O0006；

N10 G54 G00 X-5. Y-5. Z100.；

N15 M03 S1000；

N20 G00 Z5.；

N25 G01 Z-5. F50；

N30 G68 G90 X7. Y3. R60.；

N35 G90 G01 X0 Y0 F200；/G91 X5. Y5.；

N40 G91 X10.；

N45 G02 Y10. R10.；

N50 G03 X-10. I-5. J-5.；

```
N55 G01 Y-10.;
N60 G69 G90 X-5. Y-5.;
N65 G0 Z100;
N70 M05;
N75 M30;
```

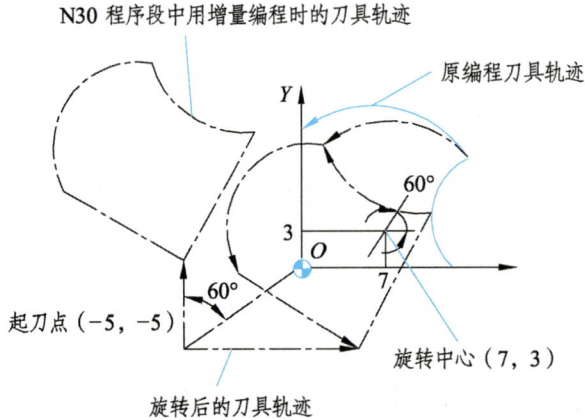

图 6.22　坐标系的旋转

应用坐标系旋转功能指令时应注意以下几方面。

（一）坐标系旋转功能与刀具半径补偿功能的关系

旋转平面一定要与刀具半径补偿平面共面，以图 6.23 为例，程序如下：

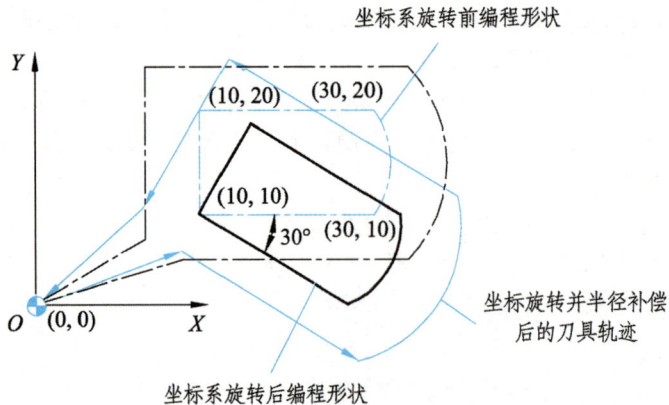

图 6.23　坐标旋转与刀具半径补偿

```
……
G00 X0 Y0;
G68 R-30.;
G42 G90 G00 X10. Y10. F100 D01;
G91 X20.;
```

```
G03 Y10. I-10. J5.;
G01 X-20.;
Y-10.;
G40 G90 X0 Y0;
G69
……
```

当选用半径为 $R5$ 的立铣刀时，设置刀具半径补偿偏置号 D01 的数值为 5。

（二）与比例缩放编程的关系

在比例模式时，再执行坐标旋转指令，旋转中心坐标也执行比例缩放，但旋转角度不受影响，这时各指令的排列顺序如下：

```
G51…
G68…
G41/G42…
…
G40…
G69…
G50…
```

（三）重复指令

可储存一个程序作为子程序，用变换角度的方法来调用该子程序。将图形旋转 60° 进行加工，如图 6.24 所示，其数控加工程序如下：

```
……
G00 G90 X0 Y0;
G68 X15.0 Y15.0 R60.;
M98 P0200;
G69 G90 X0 Y0;
……;
```

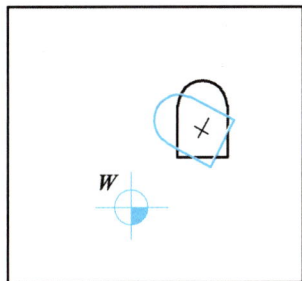

图 6.24　以给定点为旋转中心进行编程

【任务实施】

图 6.18 所示零件精加工程序如下：

O0005；　主程序	O9005；　　子程序
N10 G17 G40 G80 G90；	N10 G01 G42 X30. Y22. D01 F300；
N20 G54 G00 X50. Y22.；	N20 X5.5；
N30 M03 S1000；	N30 Y8.5；
N40 G43 Z100. H01；	N40 G03 X8.5 Y5.5 R3；
N50　　　Z5.；	N50 G01 X22.；
N60 G01 Z-4. F100；	N60 Y17.；
N70 M98 P9003；　铣轮廓（1）	N70 G02 X17. Y22. R5.；
N80 G51.1 X0.；	N80 G40 G01 X50. Y22.；
N90 M98 P9003；　铣轮廓（2）	N90 M99；
N100 G50.1 X0.；	
N100 G51.1 X0. Y0.；	
N110 M98 P9003；　铣轮廓（3）	
N120 G50.1 X0. Y0.；	
N130 G51.1 Y0.；	
N140 M98 P9003；　铣轮廓（4）	
N150 G50.1 Y0.；	
N160 G01 Z5. F300；	
N170 G00 Z150. H00；	
N180 M30；	

【知识拓展】

数控铣削加工中，切削用量包括：切削速度 V_c、进给速度 V_f、背吃刀量 a_p 和侧吃刀量 a_e。从刀具耐用度出发，切削用量的选择方法是：先选择背吃刀量或侧吃刀量，其次选择进给速度，最后确定切削速度。

一、背吃刀量或侧吃刀量

背吃刀量 a_p 为平行于铣刀轴线测量的切削层尺寸，单位为 mm。端铣时，a_p 为切削层深度；而圆周铣削时，为被加工表面的宽度。侧吃刀量 a_e 为垂直于铣刀轴线测量的切削层尺寸，单位为 mm。端铣时，a_e 为被加工表面宽度；而圆周铣削时，a_e 为切削层深度，见图 6.25。

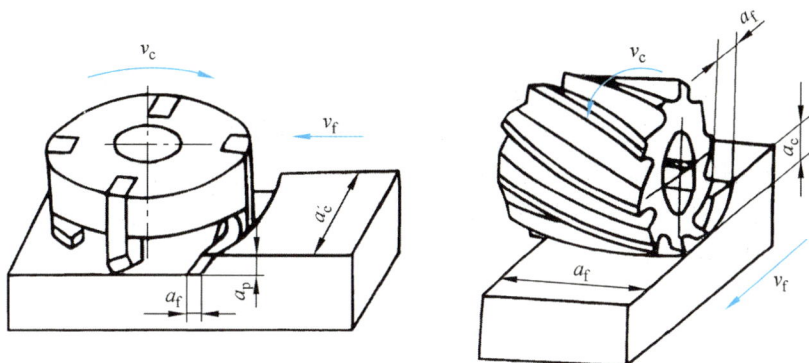

图 6.25　铣削加工的切削用量

背吃刀量或侧吃刀量的选取主要由加工余量、表面质量的要求以及工艺系统刚性决定：

（1）当工件表面粗糙度值要求为 Ra=12.5 ~ 25 μm 时，如果圆周铣削加工余量小于 5 mm，端面铣削加工余量小于 6 mm，粗铣一次进给就可以达到要求。但是在余量较大，工艺系统刚性较差或机床动力不足时，可分为两次或多次进给完成。

（2）当工件表面粗糙度值要求为 Ra=3.2 ~ 12.5 μm 时，应分为粗铣和半精铣两步进行。粗铣时背吃刀量或侧吃刀量选取同前。粗铣后留 0.5 ~ 1.0 mm 余量，在半精铣时切除。

（3）当工件表面粗糙度值要求为 Ra=0.8 ~ 3.2 μm 时，应分为粗铣、半精铣、精铣三步进行。半精铣时背吃刀量或侧吃刀量取 1.5 ~ 2 mm；精铣时，圆周铣侧吃刀量取 0.3 ~ 0.5 mm，面铣刀背吃刀量取 0.5 ~ 1 mm。

二、进给量与进给速度的选择

铣削加工的进给量 f（mm/r）是指刀具转一周，刀具沿进给运动方向相对于工件的位移量；进给速度 V_f（mm/min）是单位时间内刀具沿进给方向相对于工件的位移量。进给速度与进给量的关系为 V_f=nf（n 为刀具转速，单位 r/min）。进给量与进给速度是数控铣削加工切削用量中的重要参数，根据零件的表面粗糙度、加工精度要求、刀具及工件材料等因素，参考切削用量手册选取或通过选取每齿进给量 f_z，再根据公式 f=Zf_z（Z 为铣刀齿数）计算。

每齿进给量 f_z 的选取主要依据工件材料的力学性能、刀具材料、工件表面粗糙度等因素。工件材料强度和硬度越高，f_z 越小；反之则越大；硬质合金铣刀的每齿进给量高于同类高速钢铣刀；工件表面粗糙度要求越高，f_z 就越小；工件刚性差或刀具强度低时，应取较小值。每齿进给量可参考表 6.2 选取。

表 6.2　铣刀每齿进给量参考值

工件材料	f_z　/mm			
	粗铣		精铣	
	高速钢铣刀	硬质合金铣刀	高速钢铣刀	硬质合金铣刀
钢	0.10 ~ 0.15	0.10 ~ 0.25	0.02 ~ 0.05	0.10 ~ 0.15
铸铁	0.12 ~ 0.20	0.15 ~ 0.30		

三、切削速度

铣削加工中，切削速度 V_c 与刀具的耐用度、每齿进给量、背吃刀量、侧吃刀量以及铣刀齿数成反比，而与铣刀直径成正比。其原因是当 f_z、a_p、a_e 和 Z 增大时，刀刃负荷增加，而且同时工作的齿数也增多，使切削热增加，刀具磨损加快，从而限制了切削速度的提高。为提高刀具耐用度，允许使用较低的切削速度。但是加大铣刀直径则可改善散热条件，可以提高切削速度。

铣削加工的切削速度 V_c 可参考表 6.3 选取，也可参考有关切削用量手册中的经验公式，通过计算选取。

表 6.3　铣削加工的切削速度参考值

工件材料	硬度（HBS）	V_c /（m·min^{-1}）	
		高速钢铣刀	硬质合金铣刀
钢	<225	18～42	66～150
	225～325	12～36	54～120
	325～425	6～21	36～75
铸铁	<190	21～36	66～150
	190～260	9～18	45～90
	260～320	4.5～10	21～30

【同步训练】

1. 当切削较软材料时，刀具的前角怎样选择较为合理？

2. 选择切削用量的一般原则是什么？切削速度与主轴转速、刀具直径的关系是怎样的？

3. 利用坐标变换指令对图 6.26 所示零件进行编程。

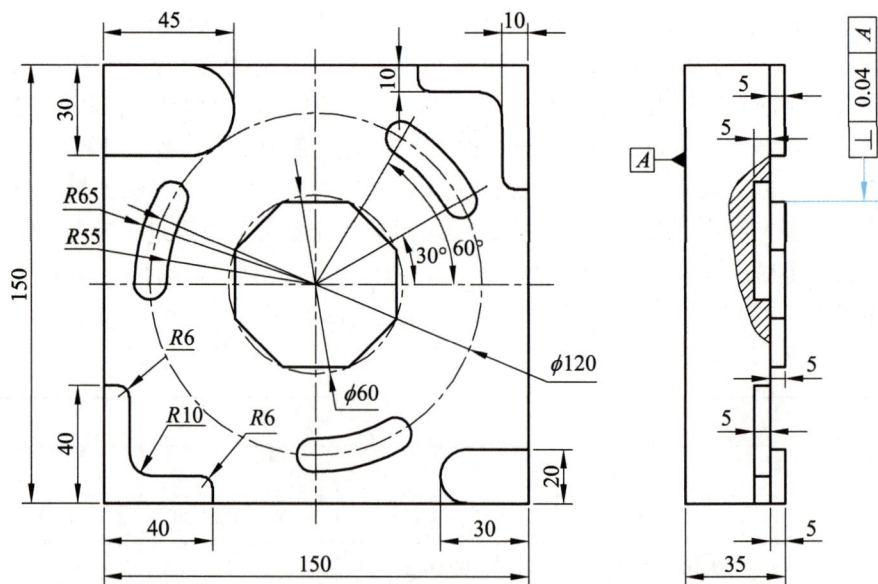

图 6.26　对称件练习

任务三　孔类零件的编程

【任务描述】

在数控铣床/加工中心上，完成如图 6.27 所示零件的程序编制及加工。主要任务包括：

（1）能合理制订加工工艺及切削用量的选择和计算。

（2）完成零件各平面铣削，保证长、宽、高等尺寸。

（3）完成六边形凸台的内外轮廓铣削，能正确使用刀具半径补偿。

（4）能正确修改刀具补偿值进行粗精加工。

（5）加工出合格零件。

（6）能进行零件检测，并分析。

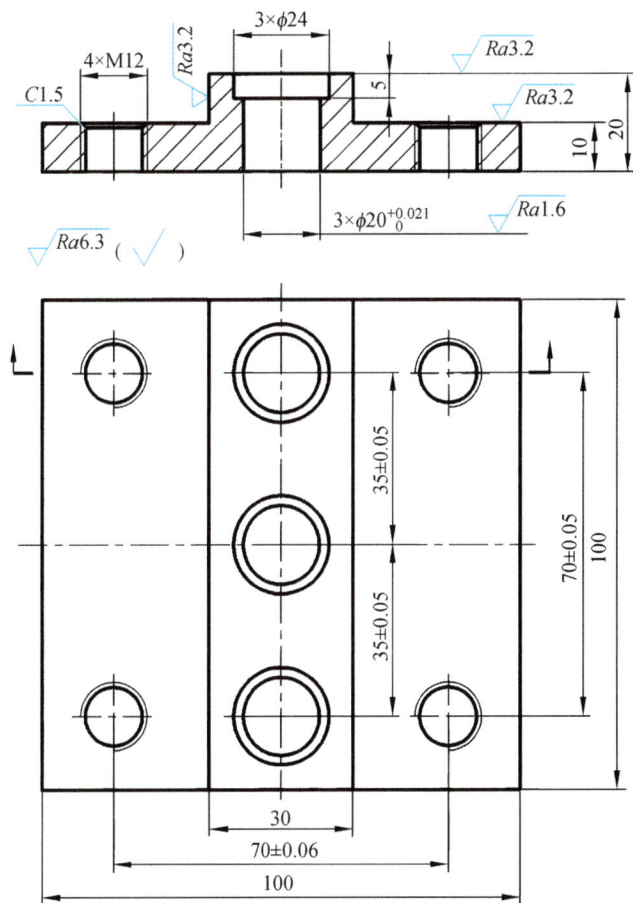

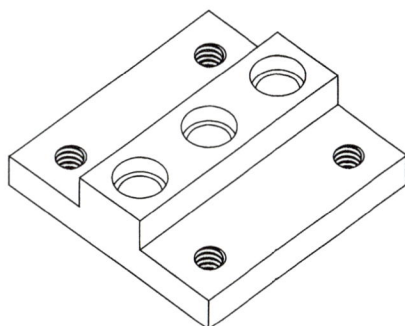

材料：Q235

技术要求

1. 锐边倒钝。

2. 未注公差按 GB/T 1804—2000 中 m（中等级）加工和检验。

3. 表面不得有划痕或压痕。

图 6.27　孔类零件图

【相关知识】

加工中心是从数控铣床发展而来的，与数控铣床的最大区别在于加工中心具有刀库及自动换刀装置，可在一次装夹中通过自动换刀装置改变主轴上的加工刀具，实现多工序集中加工。

一、换刀程序

加工中心是一种工序集中、工艺范围较广的数控加工机床，能进行铣削、镗削、钻削和螺纹加工等多项工作，并特别适合于箱体类和孔系零件的加工。

因此，加工中心与数控铣床编程的区别在于换刀指令的使用，其余指令均可通用。在使用换刀指令时，需要注意以下几点：

（1）选刀和换刀通常分开进行。其中，T功能表示选刀动作，即刀库旋转；M06表示换刀动作。一般情况下，应该先选刀，再换刀。

（2）为提高机床利用率，选刀动作与机床加工动作重合。

（3）换刀点：对于立式加工中心，换刀点一般设置在 Z 轴参考点位置（Z0），要求在换刀前用准备功能指令（G28）使主轴自动返回 Z0 点；对于卧式加工中心，换刀点一般设置在 Y 轴参考点位置（Y0）。

（4）换刀过程：接到 T 指令后立即自动选刀，并使选中的刀具处于换刀位置，接到 M06 指令后机械手动作，一方面将主轴上的刀具取下送回刀库，另一方面又将换刀位置的刀具取出装到主轴上，实现换刀。

基于以上原则，在编写换刀程序时，常采用以下两种方式。

（一）占机选刀式

该种方式是主轴返回参考点和刀库选刀的动作同时进行，必须等到刀具旋转到位信号后才能进行换刀。一般程序如下：

```
…
N10 G28 Z0 T02；      Z 轴返回参考点，选 T02 号刀
N20 M06；               换 T02 号刀
…
```

或者：

```
…
N10 G28 Z0；            Z 轴返回参考点
N20 T02 M06；          选 T02 号刀，换 T02 号刀，不能写成"M06 T02"
…
```

该方式编程简单、直观，但是 M06 的动作会一直等待 T02 的动作到位后，才能执行，因此需要占机选刀，占用较多的时间（特别是在刀库较大时），主要适用于斗笠式刀库的加工中心。

（二）先选后换式

该种方式是在主轴返回参考点之前，刀库选刀动作已经完成，可以直接换刀。一般程序如下：

```
O0010;
N10 G17 G21 G40 G49 G80 G90 G54;
N20 T01;                 选 T01 号刀，此处仍为占机选刀
N30 G28 Z0 M06;         Z 轴回零，换 T01 号刀
N40 T02;                 选 T02 号刀，主轴上仍然为 T01 号刀
N50 G0 X0 Y0;           在遇到下一个 M06 之前，一直使用 T01 号刀
N60 G43 G0 Z10 H01;     此时只能调用 T01 的刀补值
…
N100 G28 Z0 M06;        Z 轴回零，换 T02 号刀，T02 选刀时间与 T01 的加工时间重合，
此时可以立即换刀，不占机
N110 T03;                选 T03 号刀，主轴上为 T02 号刀
…
N200 M30;
```

该方式编程较为复杂，但是选刀动作与机床加工动作重合，不会存在占机选刀的情况，效率较高，主要适用于机械手换刀的加工中心。

二、孔加工工艺

在第一篇项目三中，对常见的孔加工工艺及用量等进行了讲解，此处主要对孔加工工艺路线进行说明。在确定走刀路线时，主要遵循以下原则：

（一）保证零件的加工精度和表面粗糙度

加工位置精度要求较高的孔系时，应特别注意安排孔的加工顺序。若安排不当，就可能引入反向间隙，直接影响位置精度。如图 6.28 所示，镗削图 6.28（a）所示的孔系时，一般有两种走刀路线。按图 6.28（b）所示路线加工时，由于 5、6 孔与 1、2、3、4 孔定位方向相反，Y 轴反向间隙会使定位误差增加，从而影响其位置精度。按图 6.28（c）所示路线加工时，加工完 4 孔后移至 P 点，然后反向加工 6、5 孔，避免了反向间隙的引入，提高了 5、6 孔的位置精度。

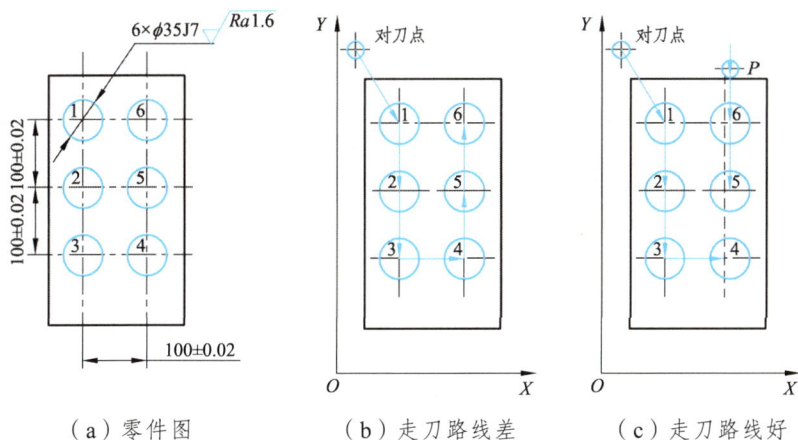

（a）零件图　　　　　　（b）走刀路线差　　　　　　（c）走刀路线好

图 6.28　镗孔走刀路线

（二）最短走刀路线，减少空行程时间，提高加工效率

图 6.29 所示为正确选择钻孔加工路线的例子。按照一般习惯，总是先加工均布于同一圆周上的一圈孔后，再加工另一圈孔，如图 6.29（a）所示，但刀具空行程较多，不是最好的走刀路线。若按图 6.29（b）所示的进给路线加工，可使各孔间距的总和最小，空行程最短，从而节省定位时间。

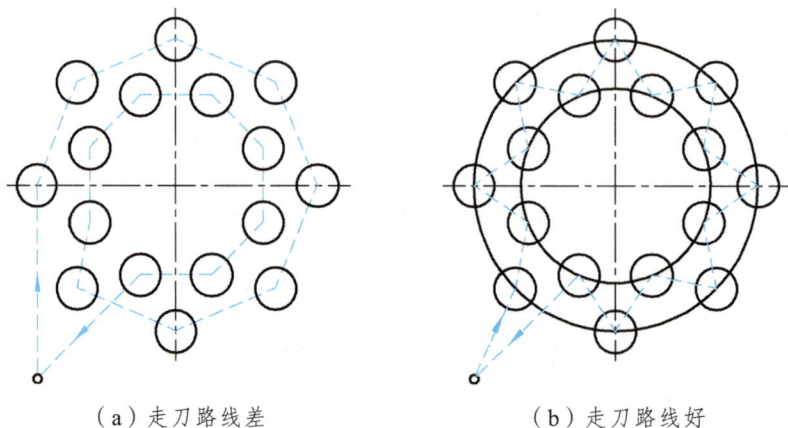

（a）走刀路线差   （b）走刀路线好

图 6.29　最短加工路线选择

【任务实施】

一、零件的工艺分析

该零件主要完成平面铣削、孔加工，有通孔、不通孔，需钻、扩、铰等加工方式。

二、毛坯的选择

材料为 Q235，尺寸为：10 5 mm × 105 mm × 25 mm，无需热处理。

三、零件的数控加工工艺文件

（一）工序划分

根据零件的毛坯尺寸，零件需采用多把刀具进行加工，按照使用刀具划分为以下工序：

（1）第一道工序，依次粗精加工上、下、左、右、前、后等六个侧面，保证外形尺寸，完成基准面的加工。

（2）第二道工序，以地面为安装面，铣削左右台阶。

（3）第三道工序，以地面为安装面，电钻各孔的引导孔。

（4）第四道工序，钻 4×M12 的螺纹底孔至 10.5 mm。

（5）第五道工序，钻 3×ϕ16 的孔至 16 mm。

（6）第六道工序，铣 3×ϕ24 的孔至 24 mm。

（7）第七道工序，粗镗 3×ϕ20 的孔至 19.8 mm。

（8）第八道工序，孔口倒角。

（9）第九道工序，半精镗 3×ϕ20 的孔至 19.9 mm。

（10）第十道工序，精镗 3×ϕ20 的孔至 20 mm。

（11）第十一道工序，攻 4×M12 的螺纹。

（12）第十二道工序，以顶面安装，孔口倒角。

（13）第十三道工序，清理、去毛刺。

（二）零件的装夹

采用精密平口虎钳装夹。

（三）刀具选择

根据零件结构及工艺特点，选择表 6.4 所示刀具。

表 6.4　数控加工刀具卡

产品名称或代号				零件名称		孔板零件	零件图号	
序号	刀具号	刀具名称	数量	加工表面	刀具直径/半径/mm	刀具长度/mm	备注	
01	T01	面铣刀	1	平面、台阶面	125/62.5	90.586		
02	T02	中心钻	1	引导孔	3/1.5	34.257		
03	T03	麻花钻	1	钻 M12 底孔至 ϕ10.5	10.5/5.25	83.541		
04	T04	麻花钻	1	钻 ϕ16 通孔	16/8	95.971		
05	T05	铣刀	1	铣 ϕ24 孔至 ϕ24	12/6	75.365		
06	T06	镗刀	1	粗镗 ϕ20 孔至 ϕ19.8	19.8/9.9	76.878		
07	T07	锪孔钻	1	孔口倒角	30/15	50.569		
08	T08	半精镗刀	1	半精镗 ϕ20 孔至 ϕ19.9	19.9/9.95	67.578		
09	T09	精镗刀	1	精镗 ϕ20 孔至 ϕ24	20/10	65.524		
10	T10	丝锥	1	攻 M12 螺纹	12/6	78.841		
编制		审核		批准		年　月　日	共　页	第　页

（四）切削用量的选择

此处刀具使用较多，选择以下刀具进行切削用量的计算，其余刀具的切削用量读者可参照计算。

1. T03——ϕ10.5 麻花钻

参照表 6.3，选取 V_C=20 m/min，$n=\dfrac{1000 V_C}{\pi D}$ =637 r/min

选取 f=0.1 mm/r，$F=nfz$=637×0.1×2=127 mm/min。

2. T08——ϕ20 精镗刀

参照表 6.3，选取 V_C=120 m/min，$n=\dfrac{1000Vc}{\pi D}$=1910 r/min，取 1900 r/min。

选取 f=0.1 mm/r，$F=nfz$=1900×0.1×1=190 mm/min

3. T09——M12×1.5 丝锥

参照表 6.3，选取 V_C=10 m/min，$n=\dfrac{1000Vc}{\pi D}$=265 r/min，取 260 r/min。

$F=nP$=260×1.5=390 mm/min

（五）切削液选择

选择乳化液。

（六）数控加工工序卡与数控加工刀具卡

据上述分析，完成该零件的工艺文件，其数控加工工艺卡见表 6.5。

表 6.5 数控加工工艺卡

单位名称		产品名称或代号		零件名称		零件图号		
				孔板零件				
		夹具名称		使用设备		车间		
		机用平口虎钳		XK714D				
工序号	工序内容	刀具号	量具名称及规格	主轴转速 n / (r/min)	进给速度 F/ (mm/min)	背吃刀量/mm		备注
						a_e	a_p	
01	平面、台阶面	T01	游标卡尺	250	400	35	1	
02	铣削左右台阶							
03	引导孔	T02		2000	100			
04	钻 M12 螺纹底孔	T03	游标卡尺	637	127	4	5	
05	钻 ϕ16 通孔	T04	游标卡尺	400	80			
06	铣 ϕ24 的孔	T05	游标卡尺	4000	1 600	10	0.5	圆弧 F 值减半
07	粗镗 ϕ20 的孔至 ϕ19.8	T06	内径千分尺 5~30 mm	1200	120	3.9		
08	孔口倒角	T07		400	80		1	
09	半精镗 ϕ20 的孔至 ϕ19.9	T08	内径千分尺 5~30 mm	1800	180	0.05		
10	精镗 ϕ20 的孔	T09	内径千分尺 5~30 mm	1900	190	0.05		
11	攻 M12 螺纹	T10	M12 塞规	260	390			
12	孔口倒角	T07		400	80		1	底部
13	清理、去毛刺							
编制		审核		批准		年 月 日	共 页	第 页

四、加工程序的编制

结合前述所制定的加工工艺及工艺参数，分别编制 FANUC 0i MC、SINUMERIK 802D 及 HNC-21M 系统的加工程序。

（一）FANUC 0i 系统加工程序

程序段号	FANUC 0i 系统加工程序	程序说明
	O0004；	
N10	G17 G90 G40 G80 G49 G21；	
N20	G91 G28 Z0；	
N30	；	
N40	T02 M06；	占机选刀方式，选 T02，并换到主轴上，下同
N50	G90 G54 G00 X0 Y0 M03 S2000；	
N60	G43 Z5 H02；	调用 3 号长度补偿
N70	G99 G81 X-35 Y35 Z-12 R-8 F100；	依次点钻 4×M12 引导孔
N80	G98 Y-35；	
N90	G99 X35；	
N100	G98 Y35；	
N110	G0 X0 Y70；	循环点钻 3 个引导孔，定位（0，70）
N120	G91 G99 G81 Y-35 Z-4 R-3 K3 F100；	
N130	G00 G49 Z100；	退刀，取消长度补偿
N140	G28 Z0 M05；	返回参考点
N150	；	换 02 号刀具到主轴
N160	T03 M06；	
N170	G90 G00 X0 Y0 M03 S637；	
N180	G43 Z5 H03；	调用 3 号长度补偿
N190	G99 G81 X-35 Y35 Z-24 R-8 F127；	钻 M12 底孔，增加钻尖深度
N200	G98 Y-35；	
N210	G99 X35；	
N220	G98 Y35；	
N230	G00 G49 Z100；	
N240	G91 G28 Z0 M05；	
N250	；	
N260	T04 M06；	
N270	G90 G00 X0 Y70 M03 S400；	
N280	G43 Z5 H04；	
N290	G91 G99 G81 Y-35 Z-26 R-3 K3 F80；	循环钻 3 个 $\phi16$ 通孔，增加钻尖深度

续表

程序段号	FANUC 0i 系统加工程序	程序说明
N300	G00 G49 Z100；	
N310	G28 Z0 M05；	
N320	；	
N330	T05 M06；	
N340	G90 G00 X0 Y0 M03 S4000；	铣 3 个 ϕ20 的台阶孔
N350	M98 P1003	调用子程序铣台阶孔
N360	G00 X0 Y35	
N370	M98 P1003	
N380	G00 X0 Y−35	
N390	M98 P1003	
N400	G91 G28 Z0 M05；	
N410	；	
N420	T06 M06；	
N430	G90 G00 X0 Y70 M03 S1200；	
N440	G43 Z5 H06；	
N450	G91 G99 G85 Y−35 Z−22.5 R−3 K3 F120；	粗镗 ϕ20 的孔
N460	G00 G49 Z100；	
N470	G28 Z0 M05；	
N480	；	
N490	T07 M06；	
N500	G90 G00 X0 Y70 M03 S400；	
N510	G43 Z5 H07；	
N520	G91 G99 G82 Y−35 Z−13 R−3 K3 P1000 F80；	孔口倒角，暂停 1s
N530	G90 X−35 Y−35 Z−16；	
N540	Y35；	
N550	X35；	
N560	Y−35；	
N570	G00 G49 Z100；	
N580	G91 G28 Z0 M05；	
N590	；	
N600	T08 M06；	
N610	G90 G00 X0 Y70 M03 S1800；	
N620	G43 Z5 H08；	

续表

程序段号	FANUC 0i 系统加工程序	程序说明
N630	G91 G99 G76 Y-35 Z-22.5 R-3 Q500 P1000 K3 F180；	半精镗 $\phi20$ 的孔
N640	G00 G49 Z100；	
N650	G28 Z0 M05；	
N660	；	
N670	T09 M06；	
N680	G90 G00 X0 Y70 M03 S1900；	
N690	G43 Z5 H09；	
N700	G91 G99 G76 Y-35 Z-22.5 R-3 Q500 P1000 K3 F190；	精镗 $\phi20$ 的孔
N710	G00 G49 Z100；	
N720	G28 Z0 M05；	
N730	；	
N740	T10 M06；	
N750	G90 G00 X0 Y0 M03 S260；	
N760	G43 Z5 H10；	
N770	G98 G84 X-35 Y-35 Z-21 R-5 P1000 F390；	攻 M12 的螺孔
N780	Y35；	
N790	X35；	
N800	Y-35；	
N810	G00 G49 Z100；	
N820	G91 G28 Z0 M05；	
N830	G90 X0 Y0；	
N840	M30；	
	O1003；	铣 $\phi24$ 的台阶孔子程序
N10	G43 G00 Z5 H05；	
N20	G01 Z-5 F100；	
N30	G41 G01 X4 D05 F1600；	
N40	G03 X12 R4 F800；	
N50	G03 I-12 J0；	
N60	G03 X4 R4；	
N70	G40 G01 X0；	
N80	G00 G49 Z100；	
N90	M99；	

（二）SINUMERIK 802D 系统加工程序

程序段号	SINUMERIK 802D 系统加工程序	程序说明
	Task04.MPF	
N10	G17 G90 G40 G49 G71	
N20	T02	选择 02 号刀具，默认刀补号为 D1
N30	G91 G28 Z0	通过当前点返回参考点
N40	M06	换 01 号刀具到主轴
N50		
N60	T03	先选后换式，选择 03 号刀具，刀库旋转，主轴上仍然为 02 号刀具，下同
N70	G90 G54 G0 X35 Y35 M03 S2000	
N80	G43 Z5 F100	调用 02 号刀具补偿，补偿值默认为 D1
N90	CYCLE81（5，−10，12，−12，）	依次点钻 7 个引导孔
N100	G0 X35 Y−35	
N110	CYCLE81（5，−10，12，−12，）	
N120	G0 X−35 Y−35	
N130	CYCLE81（5，−10，12，−12，）	
N140	G0 X−35 Y35	
N150	CYCLE81（5，−10，12，−12，）	
N160	G0 X0 Y35	
N170	CYCLE81（5，0，2，−2，）	
N180	G0 X0 Y0	
N190	CYCLE81（5，0，2，−2，）	
N200	G0 X0 Y−35	
N210	CYCLE81（5，0，2，−2，）	
N220	G0 G49 Z100	
N230	G91 G74 Z0 M05	
N240	M06	
N250		
N260	T04	
N270	G90 G0 X35 Y35 M03 S637	
N280	G43 Z5 F127	钻 M12 底孔
N290	CYCLE81（5，−10，12，−24，）	
N300	G0 X35 Y−35	
N310	CYCLE81（5，−10，12，−24，）	
N320	G0 X−35 Y−35	
N330	CYCLE81（5，−10，12，−24，）	
N340	G0 X−35 Y35	

续表

程序段号	SINUMERIK 802D 系统加工程序	程序说明
N350	CYCLE81（5，-10，12，-24，）	
N360	G0 G49 Z100	
N370	G91 G74 Z0 M05	
N380	M06	
N390		
N400	T05	
N410	G43 Z5 F80	
N420	CYCLE83（5，0，2，-25，，-5，，，，1，50，，，1，1，）	钻 ϕ16 通孔，增加钻尖深度
N430	G0 X0 Y0	
N440	CYCLE83（5，0，2，-25，，-5，，，，1，50，，，1，1，）	
N450	G0 X0 Y-35	
N460	CYCLE83（5，0，2，-25，，-5，，，，1，50，，，1，1，）	
N470	G00 G49 Z100	
N480	G91 G74 Z0 M05	
N490	M06	
N500		
N510	T06	
N520	G90 G0 X0 Y0 M03 S4000	铣 3 个 ϕ24 的台阶孔
N530	Sub03.SPF	调用子程序铣台阶孔
N540	G0 X0 Y35	
N550	Sub03.SPF	
N560	G0 X0 Y-35	
N570	Sub03.SPF	
N580	G91 G74 Z0 M05	
N590	M06	
N600		
N610	T07	
N620	G90 G0 X0 Y35 M03 S1200	
N630	G43 Z5 F120	
N640	CYCLE86（5，0，2，-5，，，3，，，，）	粗镗 ϕ20 孔
N650	G0 X0 Y0	
N660	CYCLE86（5，0，2，-5，，，3，，，，）	
N670	G0 X0 Y-35	
N680	CYCLE86（5，0，2，-5，，，3，，，，）	
N690	G0 G49 Z100	

续表

程序段号	SINUMERIK 802D 系统加工程序	程序说明
N700	G91 G74 Z0 M05	
N710	M06	
N720		
N730	T08	
N740	G90 G0 X35 Y35 M03 S400	
N750	G43 Z5 F80	
N760	CYCLE81（5，-10，12，-16，）	孔口倒角
N770	G0 X35 Y-35	
N780	CYCLE81（5，-10，12，-16，）	
N790	G0 X-35 Y-35	
N800	CYCLE81（5，-10，12，-16，）	
N810	G0 X-35 Y35	
N820	CYCLE81（5，-10，12，-16，）	
N830	G0 X0 Y35	
N840	CYCLE81（5，0，2，-11，）	
N850	G0 X0 Y0	
N860	CYCLE81（5，0，2，-11，）	
N870	G0 X0 Y-35	
N880	CYCLE81（5，0，2，-11，）	
N890	G0 G49 Z100	
N900	G91 G74 Z0 M05	
N910	M06	
N920		
N930	T09	
N940	G90 G0 X0 Y35 M03 S1800	
N950	G43 Z5 F180	
N960	CYCLE86（5，0，2，-5，，，3，，，，）	半精镗ϕ20 孔
N970	G0 X0 Y0	
N980	CYCLE86（5，0，2，-5，，，3，，，，）	
N990	G0 X0 Y-35	
N1000	CYCLE86（5，0，2，-5，，，3，，，，）	
N1010	G0 G49 Z100	
N1020	G91 G74 Z0 M05	
N1030	M06	
N1040		
N1050	T010	
N1060	G90 G0 X0 Y35 M03 S1900	

续表

程序段号	SINUMERIK 802D 系统加工程序	程序说明
N1070	G43 Z5 F190	
N1080	CYCLE86（5，0，2，-5，,，3，,，,，）	精镗ϕ20 孔
N1090	G0 X0 Y0	
N1100	CYCLE86（5，0，2，-5，,，3，,，,，）	
N1110	G0 X0 Y-35	
N1120	CYCLE86（5，0，2，-5，,，3，,，,，）	
N1130	G0 G49 Z100	
N1140	G91 G74 Z0 M05	
N1150	M06	
N1160		
N1170	G90 G0 X35 Y35 M03 S260	
N1180	G43 Z5	
N1190	CYCLE84（5，-10，12，-21，,，3，12，1.5，0，390，0）	攻 M12 螺纹
N1200	G0 X35 Y-35	
N1210	CYCLE84（5，-10，12，-21，,，3，12，1.5，0，390，0）	
N1220	G0 X-35 Y-35	
N1230	CYCLE84（5，-10，12，-21，,，3，12，1.5，0，390，0）	
N1240	G0 X-35 Y35	
N1250	CYCLE84（5，-10，12，-21，,，3，12，1.5，0，390，0）	
N1260	G0 G49 Z100	
N1270	G91 G74 Z0 M05	
N1280	G90 X0 Y0	
N1290	M30	
	Sub03.SPF	铣ϕ24 的台阶孔子程序
N10	G43 G0 Z5	
N20	G01 Z-5 F100	
N30	G41 G01 X4 D05 F1600	
N40	G03 X12 CR=4 F800	
N50	G03 I-12 J0	
N60	G03 X4 CR=4	
N70	G40 G01 X0	
N80	G00 G49 Z100	
N90	M99	

五、零件加工与操作

（一）加工准备

操作使用的工量具及毛坯等按表 6.6 进行准备。

表 6.6　加工准备单

名　　称	数　量	名　　称	数　量
刀具（含刀柄、夹头）	见表 6.4	寻边器	1
量具	见表 6.5	Z 轴设定器	1
机用平口虎钳及扳手	1	等高垫铁	2
百分表及磁力表座	1	锉刀	1
锁刀座及扳手	1	科学计算器	1
毛坯（105 mm×105 mm×25 mm）	1		

（二）程序录入与校验

根据所用数控机床的数控系统录入程序，进行程序校验。

（三）工件加工

（1）采用 T01 号刀具铣削六面，保证长宽高等尺寸。以顶面安装→对刀→铣削底面→翻面，铣削顶面，保证高度 20 mm；同样的办法进行铣削保证长宽各为 100 mm。

（2）采用 T01 号刀具铣削左右台阶，保证凸台宽度。以底面安装→对刀，调整长度补偿→铣削左右台阶。

（3）采用 T02~09 号刀具进行孔系的自动加工。以底面安装→输入各孔加工刀具的长度补偿值→加工。

【专家提醒】

在加工中，需要注意以下几点：

（1）加工刀具使用较多时，可使用机外对刀仪测量出每把刀具的长度值，以减少占机时间；

（2）如果采用可调式精镗刀，半精镗和精镗均可使用该刀，但须在首件加工时，对刀具进行试镗调整，以保证加工尺寸。

六、零件检测

（一）长度尺寸检测

采用游标卡尺对零件的长宽高等形状尺寸进行检测。

（二）孔径检测

采用内径千分尺对内孔进行检测。

（三）螺纹检测

采用螺纹塞规对螺纹孔进行检测。

（四）表面质量检测

采用粗糙度比较块进行检测。

【同步训练】

完成图 6.30 所示零件的数控加工工序卡、数控加工刀具卡及加工程序的编制，并操作机床加工出合格的零件。

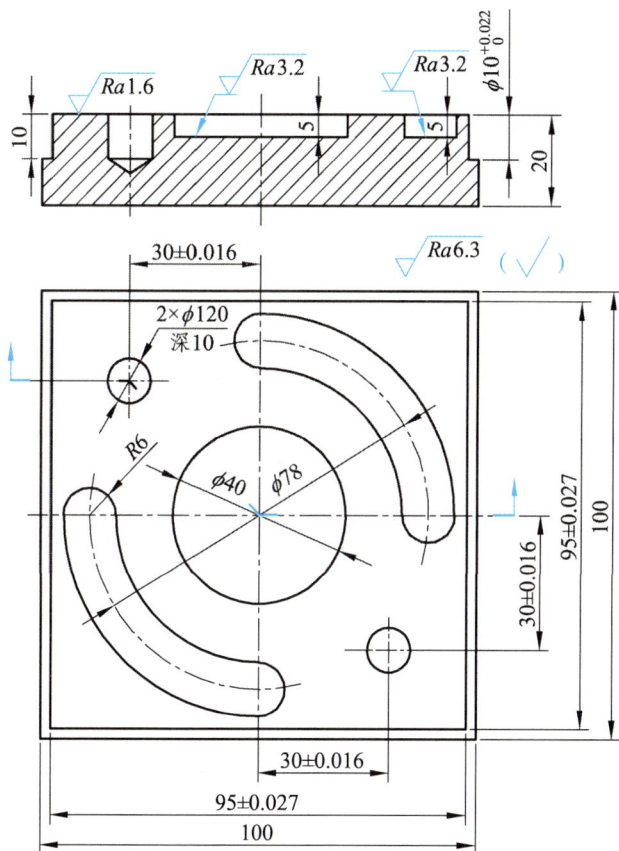

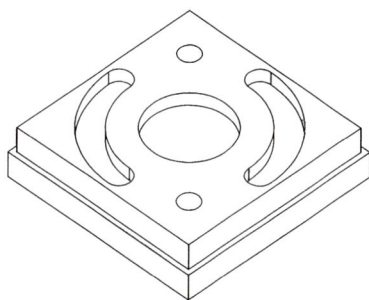

材料：Q235

技术要求

1. 锐边倒钝。

2. 未注公差按 GB/T 1804—2000 中 m（中等级）加工和检验。

3. 表面不得有划痕或压痕。

图 6.30　对称件练习

任务四　公式曲线类零件的编程

【工作任务】

加工如图 6.31 所示的椭圆表面，材料为中碳钢。采用宏程序实现编程计算。刀具为 $\phi 20$ 键槽铣刀，分两层铣削，每一次切削深度为 5 mm。

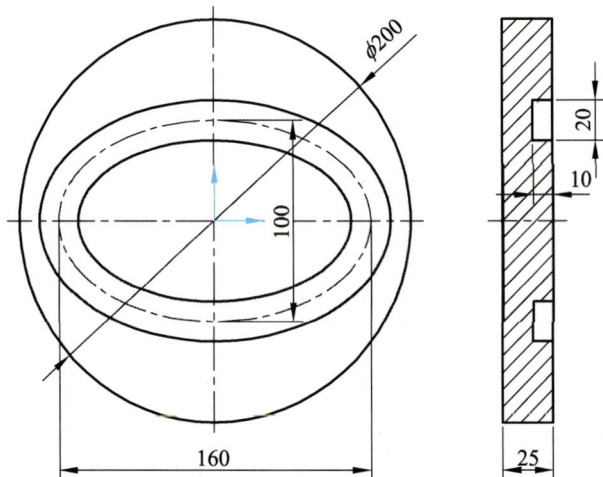

图 6.31　椭圆零件图

【相关知识】

在数控车床部分已介绍了宏程序的基本知识。在实际应用中，往往还会用到宏程序的参数传递功能，即用户宏程序调用指令。

用户宏指令是调用用户宏程序本体的指令。调用方式有以下两种。

一、非模态调用（G65）

编程格式：

G65 Pxxxx Lxxxx <自变量赋值>；

其中　P——调用的宏程序号；

L——重复调用的次数（缺省值为 1，取值范围为 1～9999）；

自变量赋值——由地址符及数值构成，由它给宏程序中所使用的变量赋予实际数值。

非模态调用示例如图 6.32 所示。

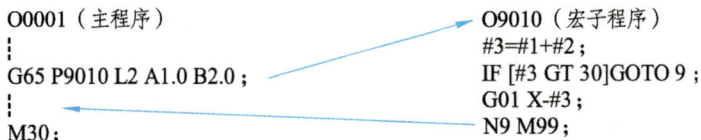

图 6.32　非模态调用示例

宏程序使用局部变量（#1~#33），与其对应的自变量赋值有以下两种形式。

（1）自变量赋值Ⅰ。其字母地址与变量号的对应关系见表6.7。除去 G、L、N、O、P 字母外都可作为赋值地址。每个字母指定 1 次，使用时大部分无顺序要求，但对 I、J、K 则必须按字母顺序排列，对没使用的地址可省略。

（2）自变量赋值Ⅱ。只用了 A、B、C 和 I、J、K 这 6 个字母赋值。A、B、C 各 1 次，I、J、K 各 10 次，最多可指定 10 组。自变量赋值Ⅱ所使用的地址与变量号的对应关系见表6.7。

表 6.7　自变量赋值地址与变量号的对应关系

自变量赋值Ⅰ	自变量赋值Ⅱ	变量号	自变量赋值Ⅰ	自变量赋值Ⅱ	变量号
A	A	#1	R	K5	#18
B	B	#2	S	I6	#19
C	C	#3	T	J6	#20
I	I1	#4	U	K6	#21
J	J1	#5	V	I7	#22
K	K1	#6	W	J7	#23
D	I2	#7	X	K7	#24
E	J2	#8	Y	I8	#25
F	K2	#9	Z	J8	#26
—	I3	#10		K8	#27
H	J3	#11		I9	#28
—	K3	#12		J9	#29
M	I4	#13		K9	#30
—	J4	#14		I10	#31
—	K4	#15		J10	#32
—	I5	#16		K10	#33
Q	J5	#17			

注：表中 I、J、K 的下标只表示顺序，在实际编程中不注下标。

说明：在 G65 程序段中自变量赋值Ⅰ、Ⅱ可混用。但当对同一个变量号用自变量Ⅰ、Ⅱ同时赋值时，后一个赋值有效，如图 6.33 所示。

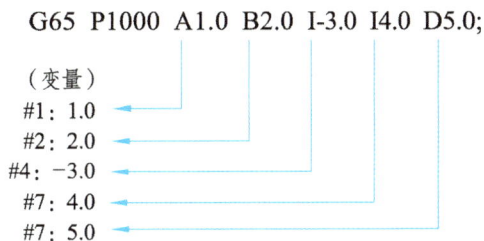

G65　P1000　A1.0　B2.0　I-3.0　I4.0　D5.0;

（变量）
#1：1.0
#2：2.0
#4：-3.0
#7：4.0
#7：5.0

图 6.33　自变量赋值Ⅰ、Ⅱ混用

显然，在图 6.33 中，I4.0 及 D5.0 都对变量#7 赋值，此时后面的 D5.0 有效。

二、模态调用与取消（G66/G67）

编程格式：

G66 Pxxxx Lxxxx <自变量赋值>；

其中，各参数含义与 G65 相同。G66 指定宏程序模态调用。地址 P 所指定的用户宏程序被调用时，数据通过自变量赋值能传递到用户宏程序中，且一直维持有效。当程序段中有移动指令时，则每执行一次移动指令，就再调用一次宏程序，直至被 G67 指令取消。

模态调用示例如图 6.34 所示。

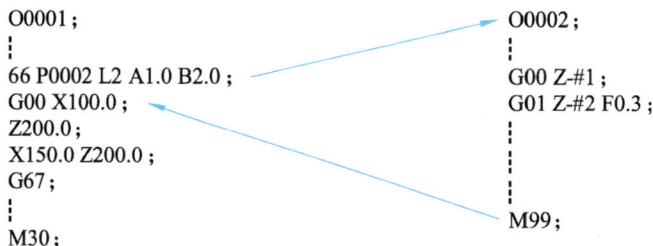

```
O0001；                         O0002；
⋮                               ⋮
66 P0002 L2 A1.0 B2.0；          G00 Z-#1；
G00 X100.0；                     G01 Z-#2 F0.3；
Z200.0；                         ⋮
X150.0 Z200.0；
G67；
⋮                               M99；
M30；
```

图 6.34　模态调用示例

例 6.7：编写如图 6.35 所示零件精加工程序。

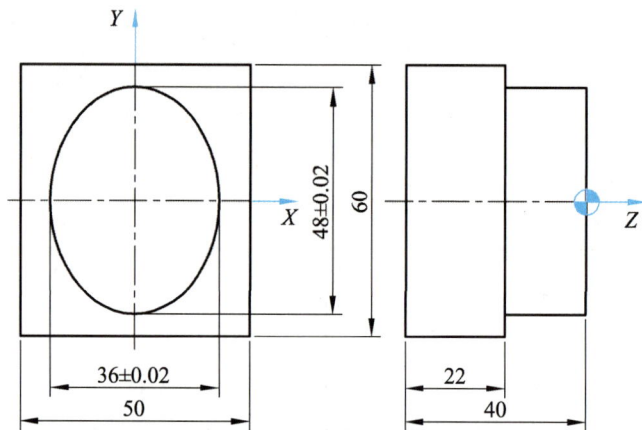

图 6.35　椭圆轮廓图

```
O0012；主程序
N10 G90 G54；
N20 M06 T01 S1000 G00 X0.0 Y0.0 Z20.0；
N30 G42 G01 X25.0 D01 F100；
N40 Z0.0
N50 G65 P1002 L9 A48.0 B36.0 C-2.0；
N60 G01 Z20.0 F1000；
N70 G40 G00 X0.0 Y0.0
N80 G00 Z200.0；
N90 M30；
```

```
O1002；宏程序
N10 G01 Z#3 F50；
#10=#1；
WHILE[#10LE#1] DO1；
#11=-SQRT[#1*#1-#10*#10]*#2/#1；
N20 G01 X#11 Y#10 F200；
#10=#10+0.05；
END1；
#10=-#1；
WHILE[#10GE#1] DO2；
#11=SQRT[#1*#1-#10*#10]*#2/#1；
N30 G01 X#11 Y#10 F200；
#10=#10-0.05；
END2；
N40 M99；
```

【任务实施】

图 6.1 所示零件的加工程序如下：

O0013；	主程序号
N0001 G90 G17 G21 G49 G40 G80 G69；	程序初始化
N0002 G54 G00 X0.0Y0.0；	建立工件坐标系
N0003 G43 Z150.0 H01；	建立刀具长度正补偿
N0004 M03 S400；	主轴正转，转速 400 r/min
N0005 G00 X-80.0；	刀具移至椭圆左端点处
N0006 G00 Z1.0；	快速接近工件
N0007 G01 Z0.0 F100.0；	慢速接近工件
N0008 G65 P1000 A80.0 B50.0 C-5.0；	椭圆长半轴 80，短半轴 50，Z 向进刀-5 mm
N0009 G65 P1000 A80.0 B50.0 C-10.0；	椭圆长半轴 80，短半轴 50，Z 向进刀至-10 mm
N0010 G01 Z10. F200.0；	抬刀
N0011 G00 Z150.0；	快速返回到 Z150.0
N0012 G00 X0.0 Y0.0；	刀具回 X、Y 的起始点
N0013 M05；	主轴停止
N0014 M30；	程序结束并返回程序头

续表

O1000；	宏程序号
#10=-#1；	#1 为长半轴 80，#2 为短半轴 50，#10 为 X 坐标
N1000 G01 Z#3；	#3 为 Z 向进刀深度
WHILE[#10LE#1] DO1；	X 坐标小于等于 80 循环加工上半椭圆
#11=SQRT[#1*#1-#10*#10]*#2/#1；	#11 为 Y 坐标用椭圆公式计算
N1001 G01 X#10 Y#11 F100；	切削进给
#10=#10+0.05；	改变 X 坐标，X 增加 0.05
END1；	
#10=#1；	#1 为长半轴 80，#2 为短半轴 50，#10 为 X 坐标
WHILE[#10GE-#1] DO2；	X 坐标小于等于 80 循环加工下半椭圆
#11=-SQRT[#1*#1-#10*#10]*#2/#1；	#11 为 Y 坐标用椭圆公式计算
N1002 G01 X#10 Y#11 F100；	切削进给
#10=#10-0.05；	改变 X 坐标，X 减少 0.05
END2；	
N1003 M99；	子程序结束并返回到主程序中

【知识拓展】

加工中心比普通数控机床操作更加复杂，加工中的速度也更高，因此必须严守操作规程、勤于保养维护，才能保证其正常、安全地运行。

一、加工中心的安全操作规程

为了正确、合理、安全地使用加工中心，保证加工中心的正常运转，必须严格遵守其安全操作规程，通常包括以下各方面。

（一）开机前应当遵守的操作规程

（1）穿戴好劳保用品，不要戴手套操作机床。

（2）详细阅读机床的使用说明书，在未熟悉机床操作前，切勿随意动机床，以免发生安全事故。

（3）操作前必须熟知每个按钮的作用以及操作注意事项，注意机床各个部位警示牌上所警示的内容。

（4）开机时，首先打开机床的总电源开关，再打开操作面板上的电源开关，最后打开系统开关，接通外接气源。

（5）床启动前，确认压力表的指针在指定范围内后，方可开机。

（6）每开机后，必须进行回机床参考点的操作，并按照安全要求依次对+Z、+X、+Y轴进行操作。

（7）周围的工具要摆放整齐，要便于拿放。

（二）在加工操作中应当遵守的操作规程

（1）文明生产，精力集中，杜绝酗酒和疲劳操作；禁止打闹、闲谈、睡觉和任意离开岗位。

（2）机床在通电状态时，操作者千万不要打开和接触机床上标有闪电符号的、装有强电装置的部位，以防被电击伤。

（3）注意检查工件和刀具是否装夹正确、可靠；在刀具装夹完毕后，应当采用手动方式进行试切。

（4）加工前必须关上机床的防护门。

（5）加工前，必须进行机床空运行。空运行时必须将 Z 向提高一个安全高度，空运行 10~20 分钟。

（6）机床运转过程中，不要清除切屑，要避免用手接触机床运动部件。

（7）清除切屑时，要使用一定的工具，应当注意不要被切屑划破手脚。

（8）要测量工件时，必须在机床停止状态下进行。

（9）在打雷时，不要开机床。因为雷击时的瞬时高电压和大电流易冲击机床，造成烧坏模块或丢失改变数据，造成不必要的损失。

（三）工作结束后应当遵守的操作规程

（1）如实填写好交接班记录，发现问题要及时反映。

（2）要打扫干净工作场地，擦拭干净机床，应注意保持机床及控制设备的清洁。

（3）关闭机床主电源前必须先关闭控制系统，非紧急状态不使用急停开关。切断系统电源，关好门窗后才能离开。

二、加工中心的维护

根据加工中心的实际使用情况，并参照机床使用说明书要求，必须制定和建立必要的定期、定级保养制度。在实际使用中，主要包括以下几方面。

（一）数控系统的维护

1. 严格遵守操作规程和日常维护制度

操作人员要严格遵守操作规程和日常维护制度，操作人员的技术业务素质的优劣是影响故障发生频率的重要因素。当机床发生故障时，操作者要注意保留现场，并向维修人员如实说明出现故障前后的情况，以利于分析、诊断出故障的原因，及时排除。

2. 防止灰尘污物进入数控装置内部

在机加工车间的空气中一般都会有油雾、灰尘甚至金属粉末，一旦它们落在数控系统内的电路板或电子器件上，容易引起元器件间绝缘电阻下降，甚至导致元器件及电路板损坏。有的用户在夏天为了使数控系统能超负荷长期工作，采取打开数控柜的门来散热，这是一种极不可取的方法，最终将导致数控系统的加速损坏，应该尽量减少打开数控柜和强电柜门。

3. 防止系统过热

开机检查数控柜上的各个冷却风扇工作是否正常。每半年或每季度检查一次风道过滤器是否有堵塞现象，若过滤网上灰尘积聚过多应及时清理，否则容易引起数控柜内温度过高。

4. 定期检查和更换存储用电池

一般数控系统内对 CMOSRAM 存储器件设有可充电电池维护电路，以保证系统不通电期间能保持其存储器的内容。在一般情况下，每年更换一次（即使未失效），以确保系统正常工作。电池的更换必须在数控系统供电状态下进行，以防更换时 RAM 内信息丢失。

5. 备用电路板的维护

备用的印制电路板长期不用时，应定期装到数控系统中通电运行一段时间，以防损坏。

（二）机械部件的维护

1. 主传动链的维护

定期调整主轴驱动带的松紧程度，防止因带打滑造成的丢转现象；检查主轴润滑的恒温油箱、调节温度范围，及时补充油量，并清洗过滤器；主轴中刀具夹紧装置长时间使用后，会产生间隙，影响刀具的夹紧，需及时调整液压缸活塞的位移量。

2. 滚珠丝杠螺纹副的维护

定期检查、调整丝杠螺纹副的轴向间隙，保证反向传动精度和轴向刚度；定期检查丝杠与床身的连接是否有松动；丝杠防护装置有损坏要及时更换，以防灰尘或切屑进入。

3. 刀库及换刀机械手的维护

严禁把超重、超长的刀具装入刀库，以避免机械手换刀时掉刀或刀具与工件、夹具发生碰撞；经常检查刀库的回零位置是否正确，检查机床主轴回换刀点位置是否到位，并及时调整；开机时，应使刀库和机械手空运行，检查各部分工作是否正常，特别是各行程开关和电磁阀能否正常动作；检查刀具在机械手上锁紧是否可靠，发现不正常应及时处理。

（三）液压、气压系统维护

定期对各润滑、液压、气压系统的过滤器或分滤网进行清洗或更换；定期对液压系统进行油质化验检查、添加和更换液压油；定期对气压系统分水滤气器放水。

（四）机床精度的维护

定期进行机床水平和机械精度检查并校正。机械精度的校正方法有软硬两种。其软方法主要是通过系统参数补偿，如丝杠反向间隙补偿、各坐标定位精度定点补偿、机床回参考点位置校正等；硬方法一般要在机床大修时进行，如进行导轨修刮、滚珠丝杠螺母副预紧、调整反向间隙等。

【同步训练】

完成图 6.36 所示零件的粗、精加工程序编写。零件材料为 LY12，毛坯尺寸 50×50×16。

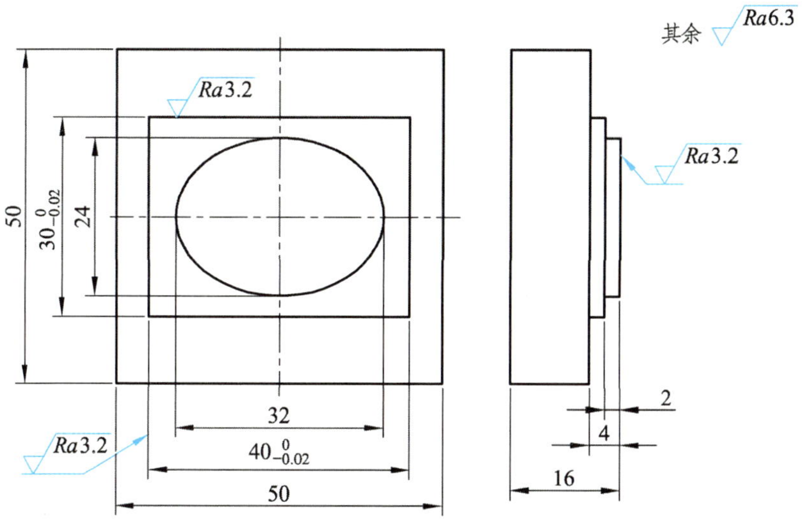

图 6.36 轮廓练习件

【思政目标】

强调精益求精、敬业奉献和勇于开拓等优秀品质，在教学中注重培养学生的创新能力和实践能力，提升学生解决实际问题的能力，将时代工匠精神贯穿到教学中。

【学习目标】

（1）熟练掌握数控铣削加工工艺的制订。

（2）熟练操作数控铣床/加工中心进行零件的加工。

（3）掌握常用的零件精度检测方法。

任务一 轮廓零件的加工

【任务描述】

在数控铣床/加工中心上，完成图 7.1 所示零件的程序编制及加工。主要任务包括：

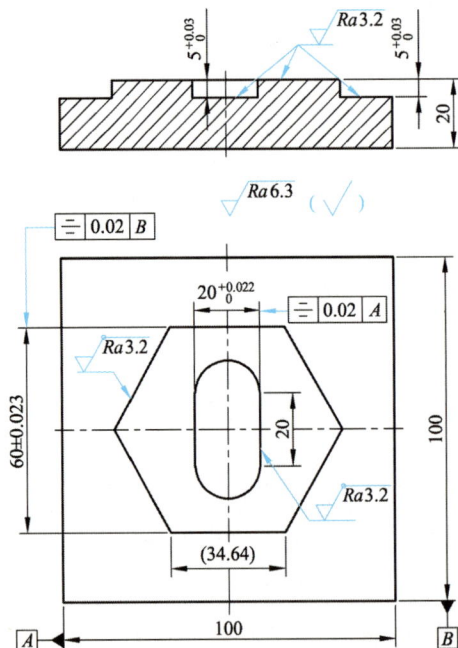

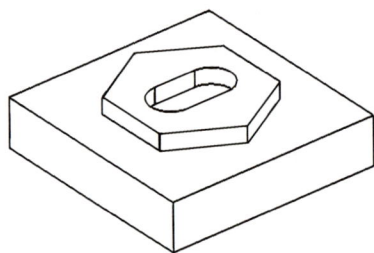

材料：Q235

技术要求

1. 锐边倒钝。

2. 未注公差按 GB/T 1804—2000 中 m（中等级）加工和检验。

3. 表面不得有划痕或压痕。

图 7.1 零件图

（1）能合理制订加工工艺及切削用量的选择和计算。

（2）完成零件各平面铣削，保证长、宽、高等尺寸。

（3）完成六边形凸台的内外轮廓铣削，能正确使用刀具半径补偿。

（4）能正确修改刀具补偿值进行粗精加工。

（5）加工出合格零件。

（6）能进行零件检测，并分析。

【相关知识】

一、平面铣削

平面铣削是铣削加工中最基本的加工内容，在实际生产中应用相当广泛。从编程角度来看，平面铣削的数控加工程序十分简单。其关键在于刀具、铣削方式、切削参数的合理选用。在设计其走刀路线时，主要分为以下两个方面。

（一）刀具直径大于平面宽度

当刀具直径大于平面宽度时，铣削平面可以分为对称铣削、不对称逆铣和不对称顺铣三种方式，如图7.2所示。在实际使用中注意以下几点：

（1）对称铣削：容易产生窜动，适用于工件宽度接近铣刀直径。

（2）不对称逆铣：刀齿切入顺利、平稳，切入厚度小，冲击小，有利于提高刀具耐用度，适合铣削碳钢和一般合金钢，是最常用的铣削方式。

（3）不对称顺铣：铣刀切入厚度大，切出厚度小，切入时有冲击，但可避免刀刃切入冷硬层，适合铣削冷硬材料或不锈钢、耐热钢等。

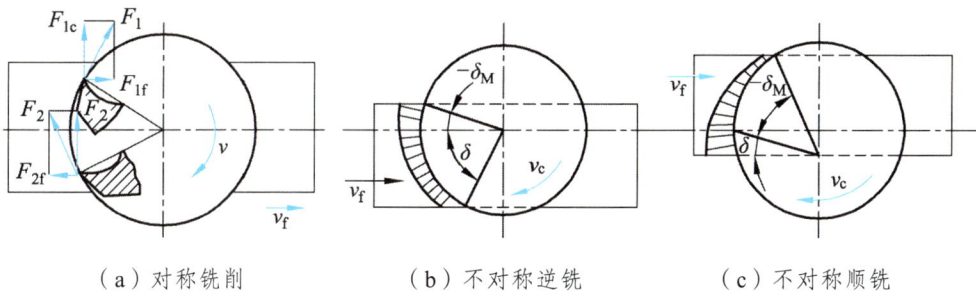

（a）对称铣削　　　　（b）不对称逆铣　　　　（c）不对称顺铣

图7.2　当刀具直径大于平面宽度时刀路设计

（二）刀具直径小于平面宽度

当工件平面较大，无法一次铣削完成时，需要采用多次进刀方式，而多次刀路之间会产生重叠接刀痕。在实际应用中有以下几种方式（如图7.3所示）：

（1）环形走刀：该方式行程短，效率高。但是如果采用直角转弯，在转弯时要切换进给方向，会造成刀具停在一个位置无法切削进给，工件四角会产生过切，从而影响工件平面度，因此在拐角处尽量采用圆弧过渡。

（2）周边走刀：该方式行程较环形走刀要长，由于工件四角会被切削两次，其精度明显低于其他位置。

（3）单向平行走刀：该方式接刀痕平行，空行程较多，加工效率低，加工精度高。

（4）往复平行走刀：该方式切削效率高，顺逆交替进行，加工精度低。

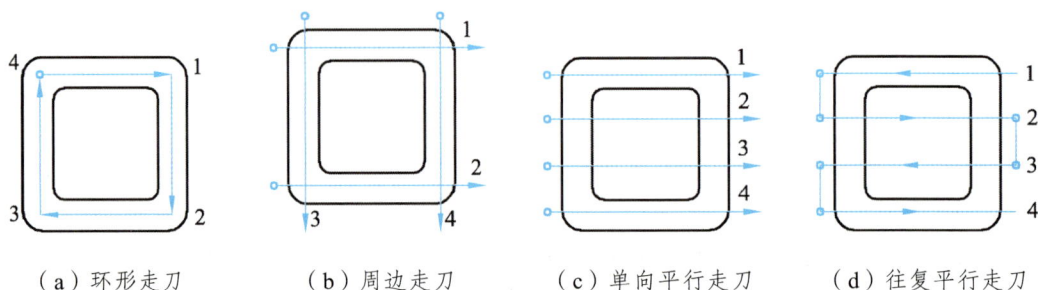

（a）环形走刀　　　　（b）周边走刀　　　　（c）单向平行走刀　　　　（d）往复平行走刀

图 7.3　当刀具直径小于平面宽度时刀路设计

二、轮廓铣削

铣削平面类零件轮廓时，一般采用立铣刀侧刃进行切削。为减少接刀痕迹，保证零件表面质量，对刀具的切入和切出方法需要注意。

在铣削轮廓时，刀具的切入和切出应选择在轮廓曲线的延长线或切线上，而不应沿法向直接切入零件，以避免加工表面产生刀痕，从而保证零件表面质量，常用刀路切入/切出方式如图 7.4 所示。

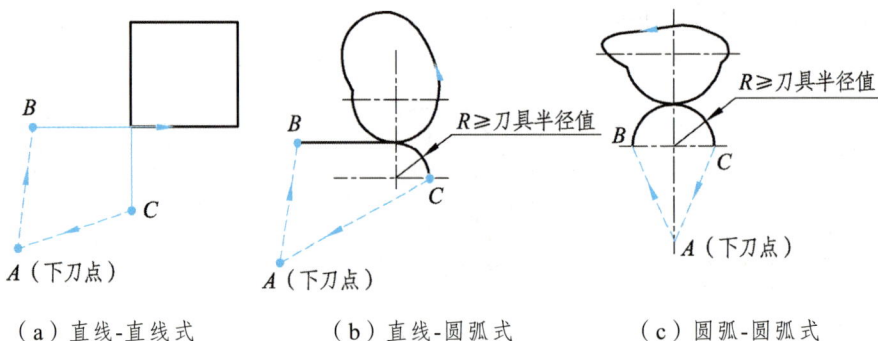

（a）直线-直线式　　　　（b）直线-圆弧式　　　　（c）圆弧-圆弧式

图 7.4　轮廓铣削的切入/切出路线

【任务实施】

一、零件的图样分析

该零件包含内外轮廓，由直线与圆弧组成，形状简单。对尺寸精度、表面质量及对称度的要求不高。但在加工中需注意以下几点：

（1）零件的装夹、找正。

（2）坐标系的准确建立，保证六边形凸台的相对零件中心的对称度。

（3）根据先内后外的加工原则，凸台先加工内轮廓，再加工外轮廓。

二、毛坯的选择

材料为 Q235，尺寸为 105 mm × 105 mm × 25 mm，无需热处理。

三、零件的数控加工工艺文件

（一）工序划分

根据零件结构特点，需采用多把刀具进行加工，按照使用刀具划分为以下工序：

（1）第一道工序，依次粗精加工上、下、左、右、前、后等 6 个侧面，保证外形尺寸，完成基准面的加工。

（2）第二道工序，以底面为安装面，加工内轮廓。

（3）第三道工序，以底面为安装面，加工正六边形外轮廓。

（4）第四道工序，清理、去毛刺。

（二）确定加工顺序

按照先内后外的原则，首先加工内轮廓，再加工外轮廓；加工按照先粗后精的顺序，留 0.5 mm 的精铣余量。

（三）刀具选择

根据零件结构及工艺特点，根据表 7.1 选择刀具。

表 7.1　数控加工刀具卡

产品名称或代号			零件名称		六边形凸台	零件图号		
序号	刀具号	刀具名称	数量		加工表面	刀具半径 /mm	刀具长度 /mm	备注
01	T01	面铣刀	1		上下左右前后	62.5	90.586	
02	T02	立铣刀	1		内轮廓	6	45.658	
03	T03	立铣刀	1		外轮廓	10	56.245	
编制		审核		批准		年　月　日	共　页	第　页

（四）切削用量的选择

1. T01——ϕ125 面铣刀

取 V_C=100 m/min，$n=\dfrac{1000V_C}{\pi D}$=255 r/min，取 250 r/min；

侧吃刀量 a_e=0.6D=75 mm，背吃刀量 a_p≤2 mm；

取 f=0.2 mm/r，$F=nfz$=250×0.2×8=400 mm/min。

2. T02——ϕ12 立铣刀

取 V_C=150 m/min，$n=\dfrac{1000V_C}{\pi D}$=3980 r/mm，取 4000 r/min；

a_e=10 mm，a_p=0.5 mm；

取 f=0.1 mm/r，$F=nfz$=4000×0.1×4=1600 mm/min。

3. T03——ϕ20 立铣刀

取 V_C=150 m/min，$n=\dfrac{1000V_C}{\pi D}$=2390 r/m，取 2400 r/min；

a_e=0.6D=12 mm，a_p=1 mm；

取 f=0.1 mm/r，$F=nfz$=2400×0.1×4=960 mm/min。

（五）冷却液选择

选择乳化液。

（六）数控加工工艺卡

据上述分析，完成该零件的工艺文件，见表 7.2。

表 7.2　数控加工工艺卡

单位名称		产品名称或代号		零件名称		零件图号	
				轮廓零件			
		夹具名称		使用设备		车间	
		机用平口虎钳		XK714D			
工序号	工序内容	刀具号	量具名称及规格	主轴转速 n /（r/min）	进给速度 F/（mm/min）	背吃刀量/mm	备注
						a_e	a_p	
1	铣平面	T01	游标卡尺	250	400	75	2	
2	铣内轮廓	T02	游标卡尺 高度尺	4000	1600	10	0.5	加工圆弧 F 值减半
3	铣外轮廓	T03	游标卡尺 高度尺	2400	960	12	1	
4	清理、去毛刺							
5								
编制		审核		批准		年　月　日	共　页	第　页

四、加工程序的编制

结合前述所制定的加工工艺及工艺参数，分别编制 FANUC 0i MC、SINUMERIK 802D 及 HNC-21M 系统的加工程序。

（一）FANUC 0i 系统加工程序

程序段号	FANUC 0i 系统加工程序	程序说明
	O0001；	铣内轮廓
N10	G17 G21 G40 G49 G80 G94；	程序初始化
N20	G90 G54 G0 X0 Y0；	建立工件坐标系，并定位
N30	M03 S4000；	主轴正转
N40	G00 Z5 M08；	Z 向快速下刀，开冷却液
N50	G01 Z-0.5 F100；	Z 向进刀-0.5 mm，用户可依次递减修改加工至 5 mm 深
N60	G41 G01 X0 Y-2 D02 F1600；	建立刀具半径左补偿
N70	G03 X10 Y0 R5 F800；	圆弧方式切入工件内轮廓，F 值减半
N80	G01 Y10 F1600；	
N90	G03 X-10 R10 F800；	
N100	G01 Y-10 F1600；	
N110	G03 X10 R10 F800；	
N120	G01 Y0 F1600；	
N130	G03 X0 R5 F800；	圆弧方式切出工件内轮廓
N140	G00 Z100；	Z 轴提刀
N150	G40 G00 X0 Y0 M09；	取消刀补
N160	M05；	
N170	M30；	
	O0002；	铣外轮廓
N10	G17 G21 G40 G49 G80 G94；	程序初始化
N20	G90 G54 G0 X0 Y0；	建立工件坐标系，并定位
N30	M03 S2400；	
N40	G0 X-65 Y0 M08；	X、Y 坐标快速定位
N50	Z5；	Z 向快速下刀，接近加工表面
N60	G1 Z-1 F100；	工进方式切入工件，每层切深 1 mm，用户可依次递减修改加工至 5 mm 深
N70	G41 G1 X-50 Y0 D03 F960；	建立刀具半径左补偿
N80	X-34.64；	外轮廓铣削第一点
N90	X-17.32 Y30；	
N100	X17.32；	
N110	X34.64 Y0；	
N120	X17.32 Y-30；	
N130	X-17.32；	
N140	X34.64 Y0；	铣削终点
N150	G40 G01 X-65；	取消刀补
N160	G00 Z50 M09；	Z 轴提刀
N170	M05；	
N180	M30；	

（二）SINUMERIK 802D 系统加工程序

程序段号	SINUMERIK802D 系统加工程序	程序说明
	Task01.MPF	铣内轮廓
N10	G17 G71 G40 G49 G94	程序初始化
N20	G90 G54 G0 X0 Y0	建立工件坐标系，并定位
N30	M03 S4000	主轴正转
N40	G0 Z5 M8	Z 向快速下刀，开冷却液
N50	G1 Z−0.5 F100	Z 向进刀−0.5 mm，用户可依次递减修改加工至 5 mm 深
N60	G41 G1 X0 Y−2 D02 F1600	建立刀具半径左补偿
N70	G3 X10 Y0 CR=5 F800	圆弧方式切入工件内轮廓，F 值减半
N80	G1 Y10 F1600	
N90	G3 X−10 CR=10 F800	
N100	G1 Y−10 F1600	
N110	G3 X10 CR=10 F800	
N120	G1 Y0 F1600	
N130	G3 X0 CR=5 F800	圆弧方式切出工件内轮廓
N140	G0 Z100	Z 轴提刀
N150	G40 G0 X0 Y0 M9	取消刀补
N160	M5	
N170	M30	
	Task02.MPF	铣外轮廓
N10	G17 G71 G40 G49 G94	程序初始化
N20	G90 G54 G0 X0 Y0	建立工件坐标系，并定位
N30	M03 S2400	
N40	G0 X−65 Y0 M8	X、Y 坐标快速定位
N50	Z5	Z 向快速下刀，接近加工表面
N60	G1 Z−1 F100	每层切深 1 mm，依次递减修改至 5 mm 深
N70	G41 G1 X−50 Y0 D03 F960	建立刀具半径左补偿
N80	X−34.64	外轮廓铣削第一点
N90	X−17.32 Y30	
N100	X17.32	
N110	X34.64 Y0	
N120	X17.32 Y−30	
N130	X−17.32	
N140	X34.64 Y0	铣削终点
N150	G40 G01 X−65	取消刀补
N160	G0 Z50 M9	Z 轴提刀
N170	M5	
N180	M30	

五、零件加工与操作

（一）加工准备

操作使用的工量具及毛坯等按表 7.3 进行准备。

表 7.3　加工准备单

名　　称	数　量	名　　称	数　量
刀具（含刀柄、夹头）	见表 7.1	寻边器	1
量具	见表 7.2	Z 轴设定器	1
机用平口虎钳及扳手	1	等高垫铁	2
百分表及磁力表座	1	锉刀	1
锁刀座及扳手	1	科学计算器	1
毛坯（105 mm×105 mm×25 mm）	1		

（二）程序录入与校验

根据所用数控机床的数控系统录入程序，进行程序校验。

（三）工件加工

（1）采用 T01 号刀具铣削六面，保证长宽高等尺寸。以顶面安装→对刀→铣削底面→翻面，铣削顶面，保证高度 20 mm；同样的办法进行铣削其余各面，保证长宽各为 100 mm。

（2）采用 T02 号刀具铣削内轮廓。以底面安装→对刀→铣削内轮廓→增加 Z 向刀补值→铣削内轮廓至 5 mm 深。

（3）采用 T03 号刀具铣削外轮廓。以底面安装→对刀→铣削外轮廓→增加 Z 向刀补值→铣削外轮廓至 5 mm 深。

【专家提醒】

在加工中，需要注意以下几点：

（1）刀具因磨损、重磨、换新刀而引起刀具直径改变后，不必修改程序，只需在刀具参数设置中输入变化后的刀具半径及长度。如图 7.5 所示，未磨损刀具（1）与磨损后刀具（2）直径不同，只需将刀具参数表中的刀具半径 r_1 改为 r_2，即可适用同一程序。

（2）用同一程序、同一尺寸的刀具，利用刀具半径补偿，可进行粗精加工（可精确控制轮廓尺寸精度）。如图 7.6 所示，刀具半径 r，精加工余量 A。粗加工时，输入刀具半径为 $r+A$，则加工出点划线轮廓；精加工时，用同一程序，同一刀具，修改刀具半径 r，则加工出实线轮廓。因此，本任务前面所编制的程序均为精加工程序，读者需根据情况进行刀补的调整。

（3）利用刀补，可用一个程序加工同一公称尺寸的内外两个型面。阳模采用正半径补偿（$+r$），阴模采用负半径补偿（$-r$），则可得两种切削轨迹。

（4）待完成加工后，在取下工件前，清洁工件，粗检相关尺寸，合格后，可取下工件。

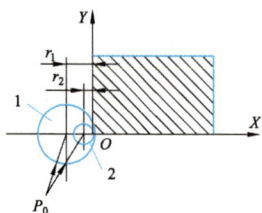

1—未磨损刀具；2—磨损后刀具。

图 7.5　刀具变化，程序不变

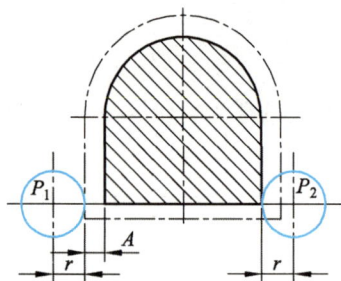

P_1—粗加工刀心位置；P_2—精加工刀心位置。

图 7.6　利用半径补偿进行粗精加工

六、零件检测

（一）长度尺寸检测

采用游标卡尺对零件的长宽高等形状尺寸进行检测。

（二）对称度检测

采用杠杆百分表、高度游标尺对六边形外轮廓的对称度进行检测。

（三）粗糙度检测

表面粗糙度用粗糙度对比块进行对比检测。

【同步训练】

完成图 7.7 ~ 图 7.9 所示零件的数控加工工序卡、数控加工刀具卡及加工程序的编制，并操作机床加工出合格的零件。

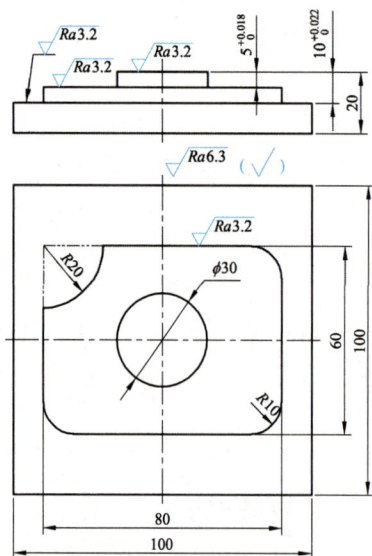

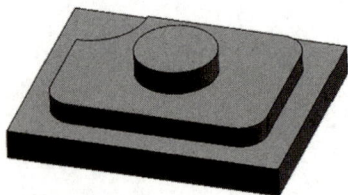

材料：Q235

技术要求
1. 锐边倒钝。
2. 未注公差按 GB/T 1804—2000 中 m（中等级）加工和检验。
3. 表面不得有划痕或压痕。

图 7.7　轮廓件练习 1

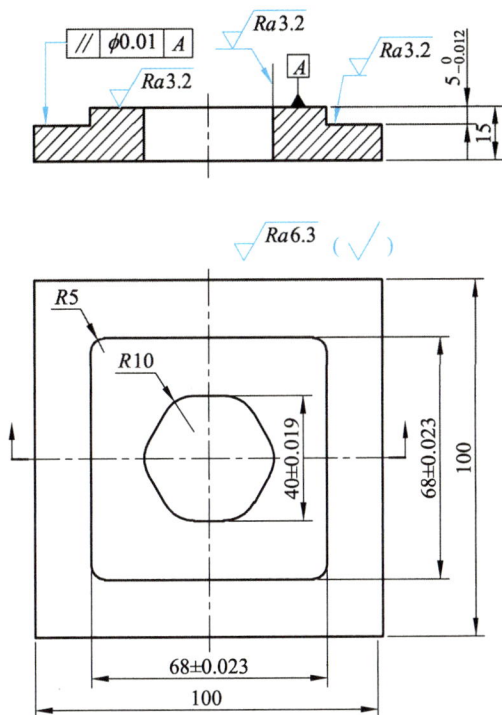

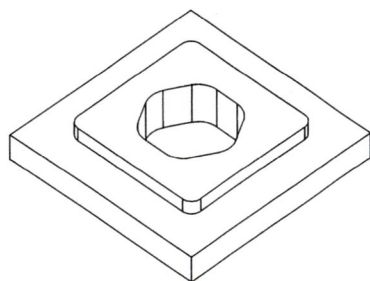

材料：Q235

技术要求

1. 锐边倒钝。

2. 未注公差按 GB/T 1804—2000 中 m（中等级）加工和检验。

3. 表面不得有划痕或压痕。

图 7.8 轮廓件练习 2

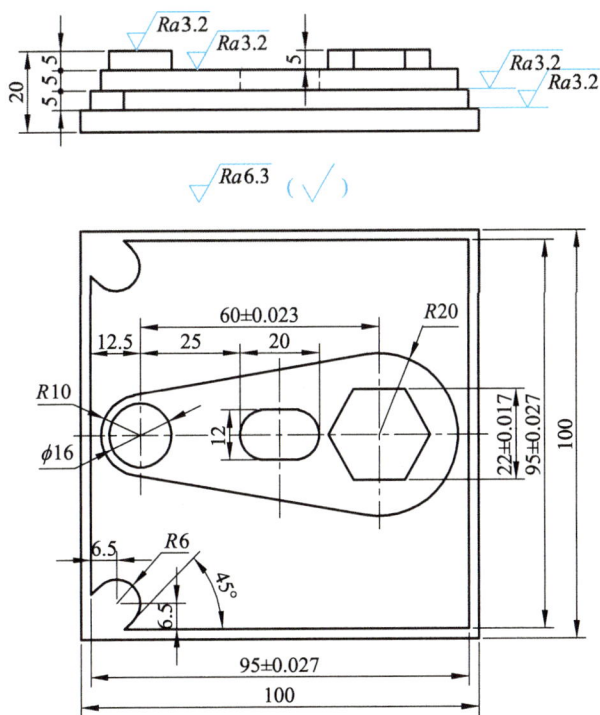

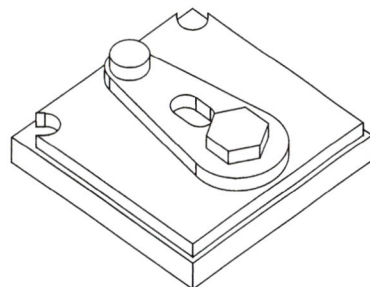

材料：Q235

技术要求

1. 锐边倒钝。

2. 未注公差按 GB/T 1804—2000 中 m（中等级）加工和检验。

3. 表面不得有划痕或压痕。

图 7.9 轮廓件练习 3

任务二　对称零件的加工

【任务描述】

在数控铣床/加工中心上，完成图 7.10 所示零件的程序编制及加工。主要任务包括：

（1）完成零件各平面铣削，保证长、宽、高等尺寸。

（2）完成凸台的铣削加工。

（3）能正确使用子程序进行分层加工。

（4）能正确使用镜像、缩放等编程功能。

（5）加工出合格零件。

（6）能进行零件检测，并分析。

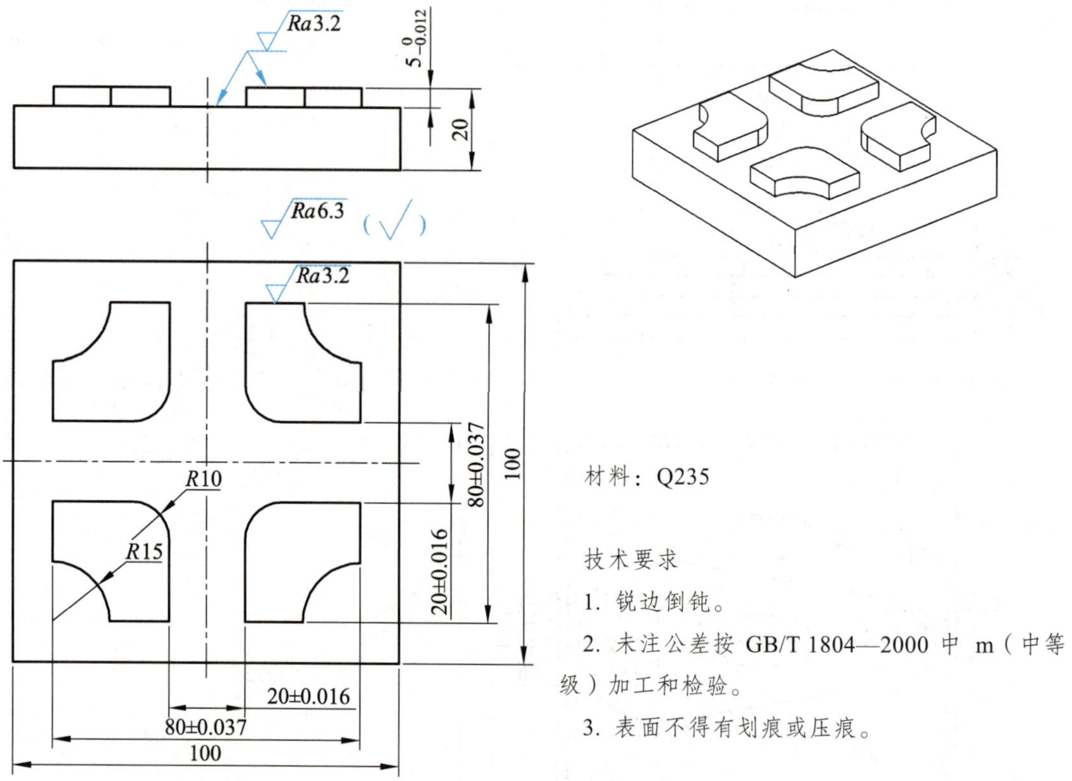

Ra3.2
$5^{\ 0}_{-0.012}$
20
Ra6.3 （√）
Ra3.2
R10
R15
80±0.037
100
20±0.016
20±0.016
80±0.037
100
材料：Q235
技术要求
1. 锐边倒钝。
2. 未注公差按 GB/T 1804—2000 中 m（中等级）加工和检验。
3. 表面不得有划痕或压痕。

图 7.10　对称零件图

【相关知识】

编程时，为了简化程序的编制，当一个工件上有相同的加工内容时，常用调子程序的方法进行编程。

在 FANUC 系统中，一个子程序可以调用另一个子程序，一个调用指令可以重复调用一个子程序达 999 次。

调用子程序的编程格式为

M98 P△△△□□□□；

其中　△△△——子程序被重复调用的次数，最多调用 999 次；

　　　□□□□——子程序名。

例如：M98 P0051002，表示调用程序名为 O1002 的子程序 5 次。当调用次数位数少于 3 位时，前面的零可以省略；当调用次数为 1 时，可省略调用次数。

子程序结束，返回主程序的编程格式为

M99；

该指令一般书写在子程序的最后一行，作为子程序结束的标志，程序返回到调用子程序的主程序中。

下面是 M99 的几种用法：

（1）当子程序的最后程序段只用 M99 时，子程序结束，返回到调用程序段后面的一个程序段。如：

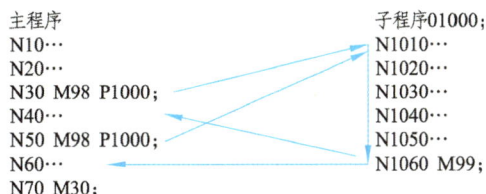

```
主程序                          子程序01000；
N10…                           N1010…
N20…                           N1020…
N30 M98 P1000；                N1030…
N40…                           N1040…
N50 M98 P1000；                N1050…
N60…                           N1060 M99；
N70 M30；
```

（2）一个程序段号在 M99 后由 P 指定时，系统执行完子程序后，将返回到由 P 指定的那个主程序段号上，如：

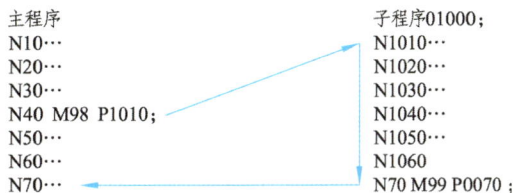

```
主程序                          子程序01000；
N10…                           N1010…
N20…                           N1020…
N30…                           N1030…
N40 M98 P1010；                N1040…
N50…                           N1050…
N60…                           N1060
N70…                           N70 M99 P0070；
```

（3）若在主程序中插入 "/M99 P n"，那么在执行该程序段后，程序返回到由 P 指定的程序段号。跳步功能是否执行，还取决于跳步选择开关的状态。如：

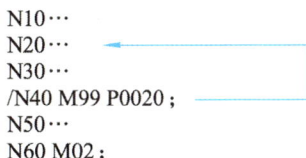

```
N10…
N20…
N30…
/N40 M99 P0020；
N50…
N60 M02；
```

当关闭跳步开关，程序执行到 N40 时将返回到 N20 段。打开跳步开关，N40 行不执行，直接执行 N50。

【任务实施】

一、零件的图样分析

该零件只包含外轮廓，由直线与圆弧组成，形状简单。对尺寸精度、表面质量及形位公差有一定的要求，在加工中注意以下几点：

（1）零件的装夹、找正。

（2）坐标系的准确建立。

二、毛坯的选择

材料为 Q235，尺寸为：105 mm × 105 mm × 25 mm，无需热处理。

三、零件的数控加工工艺文件

（一）工序划分

根据零件的毛坯尺寸，需采用两把刀具进行加工，按照使用刀具划分为三道工序：

（1）第一道工序，依次粗精加工上、下、左、右、前、后等六个侧面，保证外形尺寸，完成基准面的加工；

（2）第二道工序，以底面为安装面，加工四个外轮廓；

（3）第三道工序，清理、去毛刺。

（二）确定加工顺序

首先加工铣削平面，再加工四个外轮廓；加工按照先粗后精的顺序，留 0.5 mm 的精铣余量。

（三）刀具选择

根据零件结构及工艺特点，参考表 7.4 选择刀具。

表 7.4　数控加工刀具卡

产品名称或代号			零件名称		对称零件		零件图号		
序号	刀具号	刀具名称	数量	加工表面		刀具半径 /mm	刀具长度 /mm	备注	
01	T01	面铣刀	1	上下左右前后		62.5	90.586		
02	T02	立铣刀	1	外轮廓		8	55.625		
编制		审核		批准		年　月　日		共　页	第　页

（四）切削用量的选择

$\phi16$ 立铣刀，取 $V_C=150$ m/min，$n=\dfrac{1000Vc}{\pi D}=2986$ r/min，取 3000 r/min；

a_e=16 mm，a_p=0.5 mm。

取 f=0.1 mm/r，F=nfz=3000×0.1×4=1200 mm/min。

（五）数控加工工序卡与数控加工刀具卡

据上述分析，完成该零件的工艺文件，如表 7.5 所示。

表 7.5　数控加工工艺卡

单位名称		产品名称或代号		零件名称		零件图号			
				对称零件					
		夹具名称		使用设备		车间			
		机用平口虎钳		XK714D					
工序号	工序内容	刀具号	量具名称及规格	主轴转速 n /（r/min）	进给速度 F /（mm/min）	背吃刀量/mm		备注	
						a_e	a_p		
1	铣平面	T01	游标卡尺	250	400	75	2		
2	铣外轮廓	T02	游标卡尺 R 规（15-25）	3000	1200	16	0.5	加工圆弧 F 值减半	
3	清理、去毛刺								
4									
编制		审核		批准		年　月　日		共　页	第　页

四、加工程序的编制

结合前述所制定的加工工艺及工艺参数，分别编制 FANUC 0i MC、SINUMERIK 802D 及 HNC-21M 系统的加工程序。

（一）FANUC 0i 系统加工程序

程序段号	FANUC 0i 系统加工程序	程序说明
	O0003；	主程序名
N10	G17 G40 G80 G90 G21 G94；	
N20	G54 G00 X60 Y40；	调用 G54 坐标，定位到 X60 Y40
N30	M03 S3000；	
N40	G43 G0 Z5 H01；	增加刀具长度补偿
N50	G01 Z0 F100	
N60	M98 P101002；	调用子程序，铣削第一象限轮廓，每层切深 0.5 mm，调用 10 次
N70	G51.1 X0；	沿 Y 轴镜像，铣削第二象限轮廓
N80	M98 P101002；	
N90	G50.1 X0；	取消镜像
N100	G51.1 X0 Y0；	沿原点镜像，铣削第三象限轮廓

续表

程序段号	FANUC 0i 系统加工程序	程序说明
N110	M98 P101002；	
N120	G50.1 X0 Y0；	
N130	G51.1 Y0；	沿 X 轴镜像，铣削第四象限轮廓
N140	M98 P101002；	
N150	G50.1 Y0；	
N160	G01 Z5 F300；	
N170	G00 Z150；	
N180	M30；	
	O1002；	子程序名
N10	G91 G01 Z-0.5 F100；	工进下降到切深
N20	G90 G01 G42 X50 Y40 D01 F1200；	增加半径补偿
N30	X10；	
N40	Y20；	
N50	G03 X20 Y10 R10 F600；	
N60	G01 X40 F1200；	
N70	Y25；	
N80	G02 X25 Y40 R15 F600；	
N90	G40 G01 X60 Y40；	取消半径补偿
N100	M99；	

（二）SINUMERIK 802D 系统加工程序

程序段号	SINUMERIK802D 系统加工程序	程序说明
	Task03.MPF	主程序名
N10	G17 G40 G90 G71 G94	
N20	G54 G00 X60 Y40	
N30	M03 S3000	
N40	G43 G0 Z5 H01；	
N50	G1 Z0 F100	
N60	Sub01 P10	调用子程序，铣削第一象限轮廓 每层切深 0.5 mm，调用 10 次
N70	MIRROR X0	沿 Y 轴镜像，铣削第二象限轮廓
N80	Sub01 P10	
N90	MIRROR Y0	沿 X 轴镜像，铣削第四象限轮廓
N100	Sub01 P10	
N110	AMIRROR X0	沿原点镜像，铣削第三象限轮廓

续表

程序段号	SINUMERIK802D 系统加工程序	程序说明
N120	Sub01 P10	
N130	MIRROR	取消镜像
N140	G01 Z5 F300	
N150	G49 G00 Z150	
N160	M30	
	Sub01.SPF	子程序名
N10	G91 G1 Z−0.5 F100	
N20	G90 G1 G42 X50 Y40 D01 F1200	
N30	X10	
N40	Y20	
N50	G3 X20 Y10 CR=10 F600	
N60	G01 X40 F1200	
N70	Y25	
N80	G2 X25 Y40 CR=15 F600	
N90	G40 G1 X60 Y40	
N100	RET	子程序结束，返回

五、零件加工与操作

（一）加工准备

操作使用的工量具及毛坯等按表 7.6 进行准备。

表 7.6　加工准备单

名　称	数　量	名　称	数　量
刀具（含刀柄、夹头）	见表 7.4	寻边器	1
量具	见表 7.5	Z 轴设定器	1
机用平口虎钳及扳手	1	等高垫铁	2
百分表及磁力表座	1	锉刀	1
锁刀座及扳手	1	科学计算器	1
毛坯（105 mm×105 mm×25 mm）	1		

（二）程序录入与校验

根据所用数控机床的数控系统录入程序，进行程序校验。

（三）工件加工

（1）采用 T01 号刀具铣削六面，保证长宽高等尺寸。以顶面安装→铣削底面→翻面，铣削顶面，保证高度 20 mm；同样的办法进行铣削保证长宽各为 100 mm。

（2）采用 T02 号刀具铣削外轮廓。以底面安装→铣削外轮廓。

六、零件检测

（一）长度尺寸检测

采用游标卡尺对零件的长宽高等形状尺寸进行检测。

（二）对称度检测

采用杠杆百分表、高度游标尺对六边形外轮廓的对称度进行检测。

（三）粗糙度检测

表面粗糙度用粗糙度对比块进行对比检测。

【同步训练】

完成图 7.11 所示零件的数控加工工序卡、数控加工刀具卡及加工程序的编制，并操作机床加工出合格的零件。

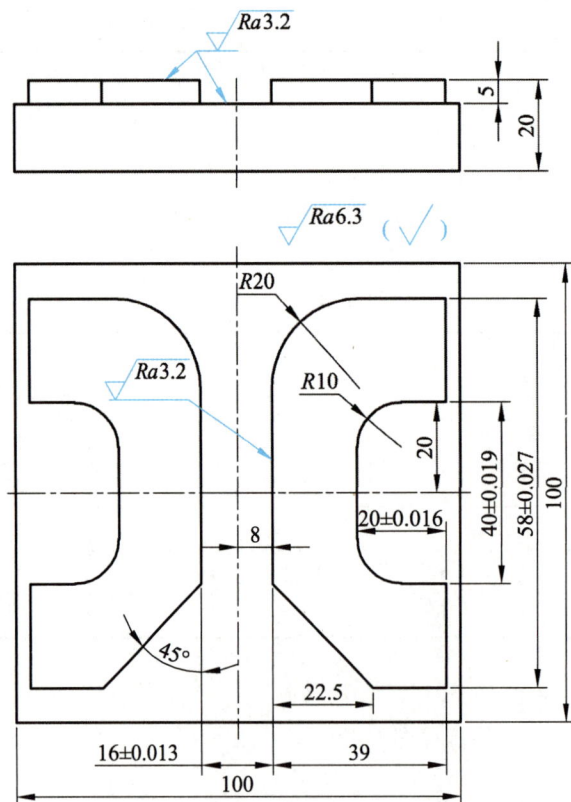

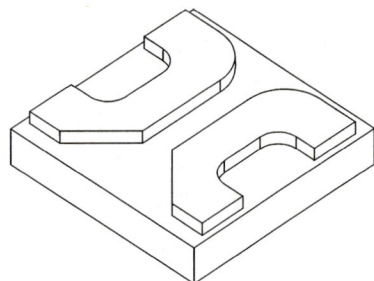

材料：Q235

技术要求

1. 锐边倒钝。

2. 未注公差按 GB/T 1804—2000 中 m（中等级）加工和检验。

3. 表面不得有划痕或压痕。

图 7.11　对称零件

任务三　孔类零件的加工

【任务描述】

在数控铣床/加工中心上，完成图 7.12 所示零件的程序编制及加工。主要任务包括：

（1）能合理制订加工工艺及切削用量的选择和计算。

（2）完成零件各平面铣削，保证长、宽、高等尺寸。

（3）完成六边形凸台的内外轮廓铣削，能正确使用刀具半径补偿。

（4）能正确修改刀具补偿值进行粗精加工。

（5）加工出合格零件。

（6）能进行零件检测，并分析。

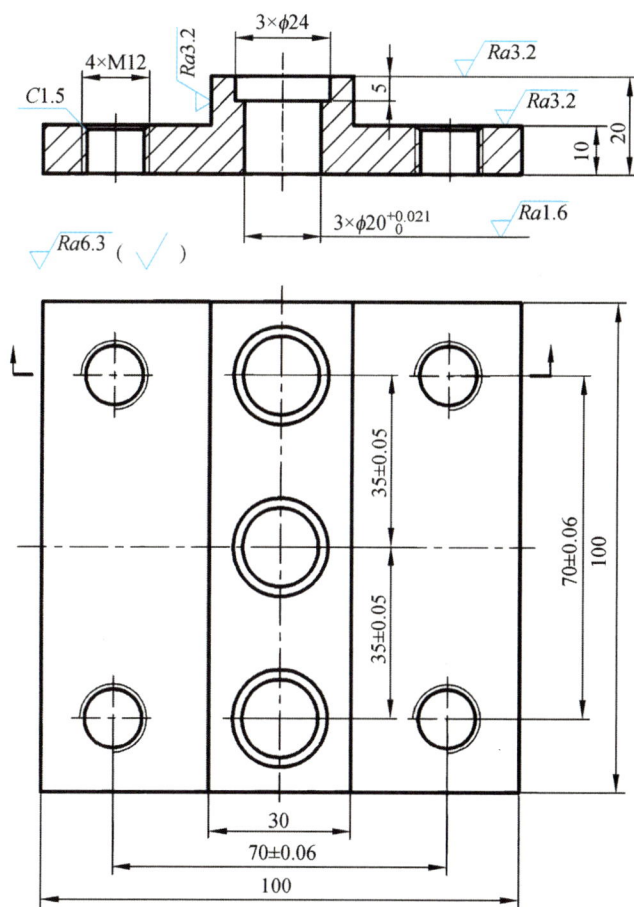

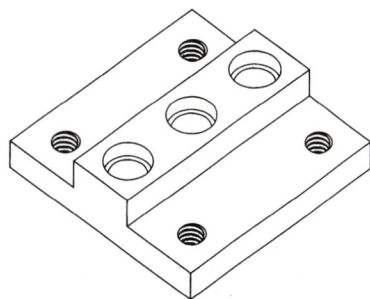

材料：Q235

技术要求

1. 锐边倒钝。

2. 未注公差按 GB/T 1804—2000 中 m（中等级）加工和检验。

3. 表面不得有划痕或压痕。

图 7.12　孔类零件图

【相关知识】

加工中心是从数控铣床发展而来的，与数控铣床的最大区别在于加工中心具有刀库及自动换刀装置，可在一次装夹中通过自动换刀装置改变主轴上的加工刀具，实现多工序集中加工。

加工中心是一种工序集中、工艺范围较广的数控加工机床，能进行铣削、镗削、钻削和螺纹加工等多项工作，并特别适合于箱体类和孔系零件的加工。

因此，加工中心与数控铣床编程的区别在于换刀指令的使用，其余指令均可通用。在使用换刀指令时，需要注意以下几点：

（1）选刀和换刀通常分开进行。其中，T 功能表示选刀动作，即刀库旋转；M06 表示换刀动作。一般情况下，应该先选刀，再换刀。

（2）为提高机床利用率，选刀动作与机床加工动作重合。

（3）换刀点：对于立式加工中心，换刀点一般设置在 Z 轴参考点位置（Z0），要求在换刀前用准备功能指令（G28）使主轴自动返回 Z0 点；对于卧式加工中心，换刀点一般设置在 Y 轴参考点位置（Y0）。

（4）换刀过程：接到 T 指令后立即自动选刀，并使选中的刀具处于换刀位置，接到 M06 指令后机械手动作，一方面将主轴上的刀具取下送回刀库，另一方面又将换刀位置的刀具取出装到主轴上，实现换刀。

基于以上原则，在编写换刀程序时，常采用以下两种方式。

一、占机选刀式

该种方式是主轴返回参考点和刀库选刀的动作同时进行，必须等到刀具旋转到位信号后才能进行换刀。一般程序如下：

```
…
N10 G28 Z0 T02；      Z 轴返回参考点，选 T02 号刀
N20 M06；             换 T02 号刀
…
```

或者：

```
…
N10 G28 Z0；          Z 轴返回参考点
N20 T02 M06；         选 T02 号刀，换 T02 号刀，不能写成"M06 T02"
…
```

该方式编程简单、直观，但是 M06 的动作会一直等待 T02 的动作到位后，才能执行，因此需要占机选刀，占用较多的时间（特别是在刀库较大时），主要适用于斗笠式刀库的加工中心。

二、先选后换式

该种方式是在主轴返回参考点之前，刀库选刀动作已经完成，可以直接换刀。一般程序如下：

```
O0010;
N10 G17 G21 G40 G49 G80 G90 G54;
N20 T01;                    选 T01 号刀，此处仍为占机选刀
N30 G28 Z0 M06;            Z 轴回零，换 T01 号刀
N40 T02;                    选 T02 号刀，主轴上仍然为 T01 号刀
N50 G0 X0 Y0;              在遇到下一个 M06 之前，一直使用 T01 号刀
N60 G43 G0 Z10 H01；此时只能调用 T01 的刀补值
…
N100 G28 Z0 M06;           Z 轴回零，换 T02 号刀，T02 选刀时间与 T01 的加工时间重合，
此时可以立即换刀，不占机
N110 T03;                   选 T03 号刀，主轴上为 T02 号刀
…
N200 M30;
```

该方式编程较为复杂，但是选刀动作与机床加工动作重合，不会存在占机选刀的情况，效率较高，主要适用于机械手换刀的加工中心。

【任务实施】

一、零件的工艺分析

该零件主要完成平面铣削、孔加工，有通孔、不通孔，需钻、扩、铰等加工方式。

二、毛坯的选择

材料为 Q235，尺寸为：105 mm×105 mm×25 mm，无需热处理。

三、零件的数控加工工艺文件

（一）工序划分

根据零件的毛坯尺寸，零件需采用多把刀具进行加工，按照使用刀具划分为以下工序：

（1）第一道工序，依次粗精加工上、下、左、右、前、后等六个侧面，保证外形尺寸，完成基准面的加工。
（2）第二道工序，以底面为安装面，铣削左右台阶。
（3）第三道工序，以底面为安装面，点钻各孔的引导孔。
（4）第四道工序，钻 4×M12 的螺纹底孔至 10.5 mm。
（5）第五道工序，钻 3×ϕ16 的孔至 16 mm。
（6）第六道工序，铣 3×ϕ24 的孔至 24 mm。
（7）第七道工序，粗镗 3×ϕ20 的孔至 19.8 mm。
（8）第八道工序，孔口倒角。

（9）第九道工序，半精镗 3×ϕ20 的孔至 19.9 mm。

（10）第十道工序，精镗 3×ϕ20 的孔至 20 mm。

（11）第十一道工序，攻 4×M12 的螺纹。

（12）第十二道工序，以顶面安装，孔口倒角。

（13）第十三道工序，清理、去毛刺。

（二）零件的装夹

采用精密平口虎钳装夹。

（三）刀具选择

根据零件结构及工艺特点，参考表 7.7 选择刀具。

表 7.7　数控加工刀具卡

产品名称或代号				零件名称		孔板零件	零件图号	
序号	刀具号	刀具名称	数量	加工表面	刀具直径/半径 /mm	刀具长度 /mm	备注
01	T01	面铣刀	1	平面、台阶面	125/62.5	90.586	
02	T02	中心钻	1	引导孔	3/1.5	34.257	
03	T03	麻花钻	1	钻 M12 底孔至ϕ10.5	10.5/5.25	83.541	
04	T04	麻花钻	1	钻ϕ16 通孔	16/8	95.971	
05	T05	铣刀	1	铣ϕ24 孔至尺寸	12/6	75.365	
06	T06	镗刀	1	粗镗ϕ20 孔至ϕ19.8	19.8/9.9	76.878	
07	T07	锪孔钻	1	孔口倒角	30/15	50.569	
08	T08	半精镗刀	1	半精镗ϕ20 孔至ϕ19.9	19.9/9.95	67.578	
09	T09	精镗刀	1	精镗ϕ20 孔至尺寸	20/10	65.524	
10	T10	丝锥	1	攻 M12 螺纹	12/6	78.841	
编制		审核		批准		年　月　日	共　页	第　页

（四）切削用量的选择

此处刀具使用较多，选择以下刀具进行切削用量的计算，其余刀具的切削用量读者可参照计算。

1. T03——ϕ10.5 麻花钻

参照表 6.3，选取 V_C=20 m/min，$n=\dfrac{1000V_c}{\pi D}$=637 r/min

选取 f=0.1 mm/r，$F=nfz$=637×0.1 × 2=127 mm/min

2. T08——ϕ20 精镗刀

选取 V_C=120 m/min，$n=\dfrac{1000V_c}{\pi D}$=1910 r/min，取 1900 r/min

选取 f=0.1 mm/r，$F=nfz$=1900×0.1×1=190mm/min

3. T09——M12×1.5 丝锥

参照表 6.3，选取 V_C=10 m/min，$n=\dfrac{1000Vc}{\pi D}$=265 r/min，取 260 r/min

$F=nP$=260×1.5=390 mm/min

（五）切削液选择

选择乳化液。

（六）数控加工工序卡与数控加工刀具卡

据上述分析，完成该零件的工艺文件，其数控加工工艺卡如表 7.8 所示。

表 7.8　数控加工工艺卡

单位名称		产品名称或代号		零件名称		零件图号		
				孔板零件				
		夹具名称		使用设备		车间		
		机用平口虎钳		XK714D				
工序号	工序内容	刀具号	量具名称及规格	主轴转速 n/（r/min）	进给速度 F/（mm/min）	背吃刀量/mm		备注
						a_e	a_p	
01	平面、台阶面	T01	游标卡尺	250	400	35	1	
02	铣削左右台阶							
03	引导孔	T02		2000	100			
04	钻 M12 螺纹底孔	T03	游标卡尺	637	127	4	5	
05	钻 ϕ16 通孔	T04	游标卡尺	400	80			
06	铣 ϕ24 的孔	T05	游标卡尺	4000	1600	10	0.5	圆弧 F 值减半
07	粗镗 ϕ20 的孔至 ϕ19.8	T06	内径千分尺 5~30 mm	1200	120	3.9		
08	孔口倒角	T07		400	80		1	
09	半精镗 ϕ20 的孔至 ϕ19.9	T08	内径千分尺 5~30 mm	1800	180	0.05		
10	精镗 ϕ20 的孔	T09	内径千分尺 5~30 mm	1900	190	0.05		
11	攻 M12 螺纹	T10	M12 塞规	260	390			
12	孔口倒角	T07		400	80		1	底部
13	清理、去毛刺							
编制		审核		批准		年　月　日	共　页	第　页

四、加工程序的编制

结合前述所制定的加工工艺及工艺参数，分别编制 FANUC 0i MC、SINUMERIK 802D 及 HNC-21M 系统的加工程序。

（一）FANUC 0i 系统加工程序

程序段号	FANUC 0i 系统加工程序	程序说明
	O0004；	
N10	G17 G90 G40 G80 G49 G21；	
N20	G91 G28 Z0；	
N30	；	
N40	T02 M06；	占机选刀方式，选 T02，并换到主轴上，下同
N50	G90 G54 G00 X0 Y0 M03 S2000；	
N60	G43 Z5 H02；	调用 3 号长度补偿
N70	G99 G81 X-35 Y35 Z-12 R-8 F100；	依次点钻 4×M12 引导孔
N80	G98 Y-35；	
N90	G99 X35；	
N100	G98 Y35；	
N110	G0 X0 Y70；	循环点钻 3 个引导孔，定位（0，70）
N120	G91 G99 G81 Y-35 Z-4 R-3 K3 F100；	
N130	G00 G49 Z100；	退刀，取消长度补偿
N140	G28 Z0 M05；	返回参考点
N150	；	换 02 号刀具到主轴
N160	T03 M06；	
N170	G90 G00 X0 Y0 M03 S637；	
N180	G43 Z5 H03；	调用 3 号长度补偿
N190	G99 G81 X-35 Y35 Z-24 R-8 F127；	钻 M12 底孔，增加钻尖深度
N200	G98 Y-35；	
N210	G99 X35；	
N220	G98 Y35；	
N230	G00 G49 Z100；	
N240	G91 G28 Z0 M05；	
N250	；	
N260	T04 M06；	
N270	G90 G00 X0 Y70 M03 S400；	
N280	G43 Z5 H04；	
N290	G91 G99 G81 Y-35 Z-26 R-3 K3 F80；	循环钻 3 个 ϕ16 通孔，增加钻尖深度

续表

程序段号	FANUC 0i 系统加工程序	程序说明
N300	G00 G49 Z100；	
N310	G28 Z0 M05；	
N320	；	
N330	T05 M06；	
N340	G90 G00 X0 Y0 M03 S4000；	铣 3 个 ϕ20 的台阶孔
N350	M98 P1003	调用子程序铣台阶孔
N360	G00 X0 Y35	
N370	M98 P1003	
N380	G00 X0 Y−35	
N390	M98 P1003	
N400	G91 G28 Z0 M05；	
N410	；	
N420	T06 M06；	
N430	G90 G00 X0 Y70 M03 S1200；	
N440	G43 Z5 H06；	
N450	G91 G99 G85 Y−35 Z−22.5 R−3 K3 F120；	粗镗 ϕ20 的孔
N460	G00 G49 Z100；	
N470	G28 Z0 M05；	
N480	；	
N490	T07 M06；	
N500	G90 G00 X0 Y70 M03 S400；	
N510	G43 Z5 H07；	
N520	G91 G99 G82 Y−35 Z−13 R−3 K3 P1000 F80；	孔口倒角，暂停 1s
N530	G90 X−35 Y−35 Z−16；	
N540	Y35；	
N550	X35；	
N560	Y−35；	
N570	G00 G49 Z100；	
N580	G91 G28 Z0 M05；	
N590	；	
N600	T08 M06；	
N610	G90 G00 X0 Y70 M03 S1800；	
N620	G43 Z5 H08；	
N630	G91 G99 G76 Y−35 Z−22.5 R−3 Q500 P1000 K3 F180；	半精镗 ϕ20 的孔

续表

程序段号	FANUC 0i 系统加工程序	程序说明
N640	G00 G49 Z100；	
N650	G28 Z0 M05；	
N660	；	
N670	T09 M06；	
N680	G90 G00 X0 Y70 M03 S1900；	
N690	G43 Z5 H09；	
N700	G91 G99 G76 Y-35 Z-22.5 R-3 Q500 P1000 K3 F190；	精镗ϕ20 的孔
N710	G00 G49 Z100；	
N720	G28 Z0 M05；	
N730	；	
N740	T10 M06；	
N750	G90 G00 X0 Y0 M03 S260；	
N760	G43 Z5 H10；	
N770	G98 G84 X-35 Y-35 Z-21 R-5 P1000 F390；	攻 M12 的螺孔
N780	Y35；	
N790	X35；	
N800	Y-35；	
N810	G00 G49 Z100；	
N820	G91 G28 Z0 M05；	
N830	G90 X0 Y0；	
N840	M30；	
	O1003；	铣ϕ24 的台阶孔子程序
N10	G43 G00 Z5 H05；	
N20	G01 Z-5 F100；	
N30	G41 G01 X4 D05 F1600；	
N40	G03 X12 R4 F800；	
N50	G03 I-12 J0；	
N60	G03 X4 R4；	
N70	G40 G01 X0；	
N80	G00 G49 Z100；	
N90	M99；	

（二）SINUMERIK 802D 系统加工程序

程序段号	SINUMERIK 802D 系统加工程序	程序说明
	Task04.MPF	
N10	G17 G90 G40 G49 G71	
N20	T02	选择 02 号刀具，默认刀补号为 D1
N30	G91 G28 Z0	通过当前点返回参考点
N40	M06	换 01 号刀具到主轴
N50		
N60	T03	先选后换式，选择 03 号刀具，刀库旋转，主轴上仍然为 02 号刀具，下同
N70	G90 G54 G0 X35 Y35 M03 S2000	
N80	G43 Z5 F100	调用 02 号刀具补偿，补偿值默认为 D1
N90	CYCLE81（5，-10，12，-12，）	依次点钻 7 个引导孔
N100	G0 X35 Y-35	
N110	CYCLE81（5，-10，12，-12，）	
N120	G0 X-35 Y-35	
N130	CYCLE81（5，-10，12，-12，）	
N140	G0 X-35 Y35	
N150	CYCLE81（5，-10，12，-12，）	
N160	G0 X0 Y35	
N170	CYCLE81（5，0，2，-2，）	
N180	G0 X0 Y0	
N190	CYCLE81（5，0，2，-2，）	
N200	G0 X0 Y-35	
N210	CYCLE81（5，0，2，-2，）	
N220	G0 G49 Z100	
N230	G91 G74 Z0 M05	
N240	M06	
N250		
N260	T04	
N270	G90 G0 X35 Y35 M03 S637	
N280	G43 Z5 F127	钻 M12 底孔
N290	CYCLE81（5，-10，12，-24，）	
N300	G0 X35 Y-35	
N310	CYCLE81（5，-10，12，-24，）	
N320	G0 X-35 Y-35	
N330	CYCLE81（5，-10，12，-24，）	

287

程序段号	SINUMERIK 802D 系统加工程序	程序说明
N340	G0 X-35 Y35	
N350	CYCLE81（5，-10，12，-24，）	
N360	G0 G49 Z100	
N370	G91 G74 Z0 M05	
N380	M06	
N390		
N400	T05	
N410	G43 Z5 F80	
N420	CYCLE83（5，0，2，-25，，-5，，，，1，50，，，1，1，）	钻 ϕ16 通孔，增加钻尖深度
N430	G0 X0 Y0	
N440	CYCLE83（5，0，2，-25，，-5，，，，1，50，，，1，1，）	
N450	G0 X0 Y-35	
N460	CYCLE83（5，0，2，-25，，-5，，，，1，50，，，1，1，）	
N470	G00 G49 Z100	
N480	G91 G74 Z0 M05	
N490	M06	
N500		
N510	T06	
N520	G90 G0 X0 Y0 M03 S4000	铣 3 个 ϕ24 的台阶孔
N530	Sub03.SPF	调用子程序铣台阶孔
N540	G0 X0 Y35	
N550	Sub03.SPF	
N560	G0 X0 Y-35	
N570	Sub03.SPF	
N580	G91 G74 Z0 M05	
N590	M06	
N600		
N610	T07	
N620	G90 G0 X0 Y35 M03 S1200	
N630	G43 Z5 F120	
N640	CYCLE86（5，0，2，-5，，，3，，，，）	粗镗 ϕ20 孔
N650	G0 X0 Y0	
N660	CYCLE86（5，0，2，-5，，，3，，，，）	

程序段号	SINUMERIK 802D 系统加工程序	程序说明
N670	G0 X0 Y−35	
N680	CYCLE86（5，0，2，−5,,，3,,,,）	
N690	G0 G49 Z100	
N700	G91 G74 Z0 M05	
N710	M06	
N720		
N730	T08	
N740	G90 G0 X35 Y35 M03 S400	
N750	G43 Z5 F80	
N760	CYCLE81（5，−10，12，−16，）	孔口倒角
N770	G0 X35 Y−35	
N780	CYCLE81（5，−10，12，−16，）	
N790	G0 X−35 Y−35	
N800	CYCLE81（5，−10，12，−16，）	
N810	G0 X−35 Y35	
N820	CYCLE81（5，−10，12，−16，）	
N830	G0 X0 Y35	
N840	CYCLE81（5，0，2，−11，）	
N850	G0 X0 Y0	
N860	CYCLE81（5，0，2，−11，）	
N870	G0 X0 Y−35	
N880	CYCLE81（5，0，2，−11，）	
N890	G0 G49 Z100	
N900	G91 G74 Z0 M05	
N910	M06	
N920		
N930	T09	
N940	G90 G0 X0 Y35 M03 S1800	
N950	G43 Z5 F180	
N960	CYCLE86（5，0，2，−5,,，3,,,,）	半精镗 $\phi 20$ 孔
N970	G0 X0 Y0	
N980	CYCLE86（5，0，2，−5,,，3,,,,）	
N990	G0 X0 Y−35	

程序段号	SINUMERIK 802D 系统加工程序	程序说明
N1000	CYCLE86（5，0，2，-5，,，3，,，,，）	
N1010	G0 G49 Z100	
N1020	G91 G74 Z0 M05	
N1030	M06	
N1040		
N1050	T010	
N1060	G90 G0 X0 Y35 M03 S1900	
N1070	G43 Z5 F190	
N1080	CYCLE86（5，0，2，-5，,，3，,，,，）	精镗ϕ20 孔
N1090	G0 X0 Y0	
N1100	CYCLE86（5，0，2，-5，,，3，,，,，）	
N1110	G0 X0 Y-35	
N1120	CYCLE86（5，0，2，-5，,，3，,，,，）	
N1130	G0 G49 Z100	
N1140	G91 G74 Z0 M05	
N1150	M06	
N1160		
N1170	G90 G0 X35 Y35 M03 S260	
N1180	G43 Z5	
N1190	CYCLE84（5，-10，12，-21，,，3，12，1.5，0，390，0）	攻 M12 螺纹
N1200	G0 X35 Y-35	
N1210	CYCLE84（5，-10，12，-21，,，3，12，1.5，0，390，0）	
N1220	G0 X-35 Y-35	
N1230	CYCLE84（5，-10，12，-21，,，3，12，1.5，0，390，0）	
N1240	G0 X-35 Y35	
N1250	CYCLE84（5，-10，12，-21，,，3，12，1.5，0，390，0）	
N1260	G0 G49 Z100	
N1270	G91 G74 Z0 M05	
N1280	G90 X0 Y0	
N1290	M30	

续表

程序段号	SINUMERIK 802D 系统加工程序	程序说明
	Sub03.SPF	铣 $\phi24$ 的台阶孔子程序
N10	G43 G0 Z5	
N20	G01 Z−5 F100	
N30	G41 G01 X4 D05 F1600	
N40	G03 X12 CR=4 F800	
N50	G03 I−12 J0	
N60	G03 X4 CR=4	
N70	G40 G01 X0	
N80	G00 G49 Z100	
N90	M99	

五、零件加工与操作

(一)加工准备

操作使用的工量具及毛坯等按表 7.9 进行准备。

表 7.9 加工准备单

名 称	数 量	名 称	数 量
刀具(含刀柄、夹头)	见表 7.7	寻边器	1
量具	见表 7.8	Z 轴设定器	1
机用平口虎钳及扳手	1	等高垫铁	2
百分表及磁力表座	1	锉刀	1
锁刀座及扳手	1	科学计算器	1
毛坯(105 mm×105 mm×25 mm)	1		

(二)程序录入与校验

根据所用数控机床的数控系统录入程序,进行程序校验。

(三)工件加工

(1)采用 T01 号刀具铣削六面,保证长宽高等尺寸。以顶面安装→对刀→铣削底面→翻面,铣削顶面,保证高度 20 mm;同样的办法进行铣削保证长宽各为 100 mm。

(2)采用 T01 号刀具铣削左右台阶,保证凸台宽度。以底面安装→对刀,调整长度补偿→铣削左右台阶。

(3)采用 T02~09 号刀具进行孔系的自动加工。以底面安装→输入各孔加工刀具的长度补偿值→加工。

【专家提醒】

在加工中，需要注意以下几点：

（1）加工刀具使用较多时，可使用机外对刀仪测量出每把刀具的长度值，以减少占机时间。

（2）如果采用可调式精镗刀，半精镗和精镗均可使用该刀，但须在首件加工时，对刀具进行试镗调整，以保证加工尺寸。

六、零件检测

（一）长度尺寸检测

采用游标卡尺对零件的长宽高等形状尺寸进行检测。

（二）孔径检测

采用内径千分尺对内孔进行检测。

（三）螺纹检测

采用螺纹塞规对螺纹孔进行检测。

（四）表面质量检测

采用粗糙度比较块进行检测。

【同步训练】

完成图 7.13 所示零件的数控加工工序卡、数控加工刀具卡及加工程序的编制，并操作机床加工出合格的零件。

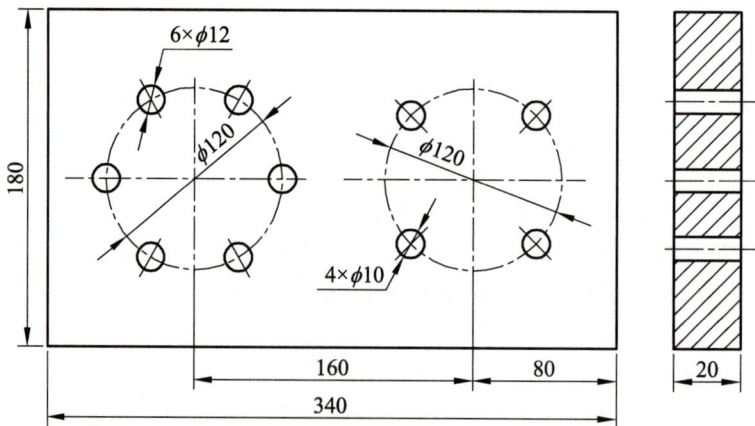

图 7.13　带孔件练习

任务四　配合件的加工

【任务描述】

在数控铣床/加工中心上，完成图 7.14 所示零件的程序编制及加工。主要任务包括：

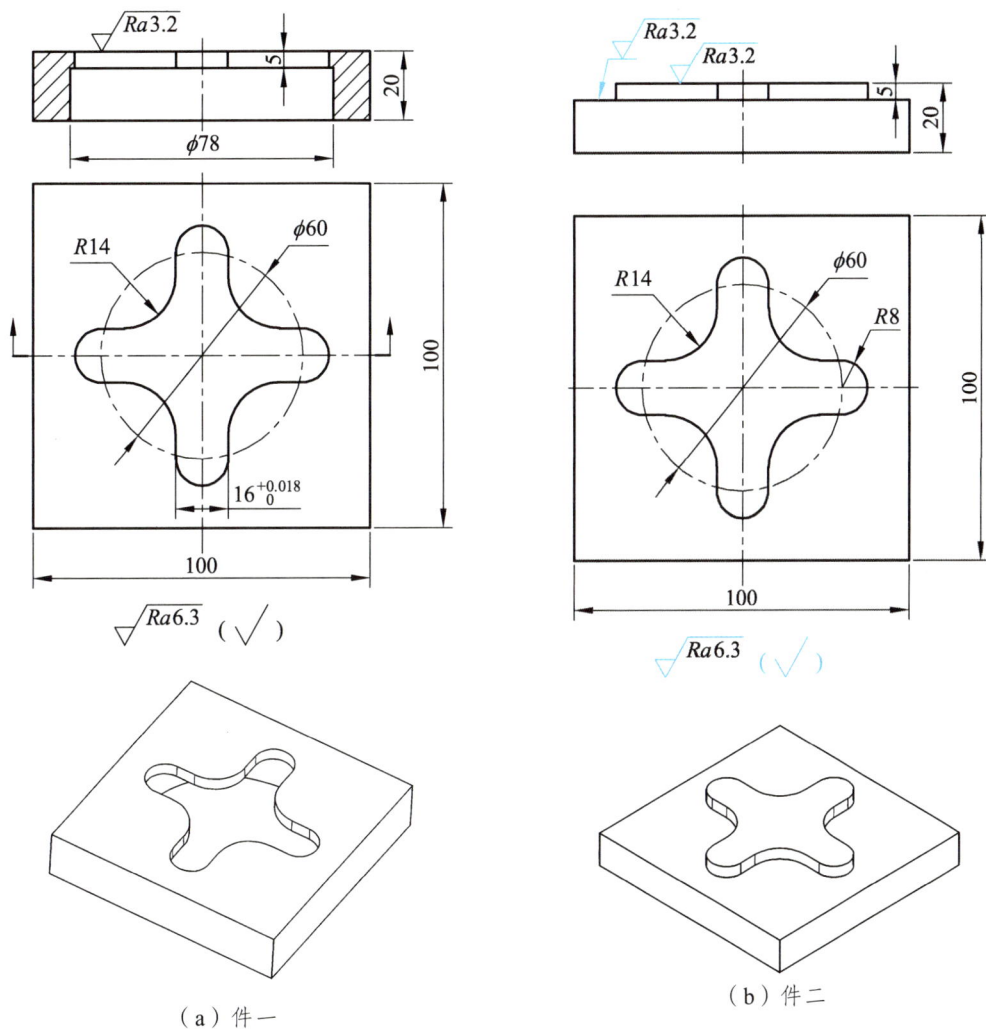

（a）件一

（b）件二

技术要求

1. 锐边倒钝。

2. 件 2 根据件 1 配作，配合后间隙 0.03～0.05。　　　　　　　　材料：T10A

3. 未注公差按 GB/T 1804—2000 中 m（中等级）加工和检验。

4. 表面不得有划痕或压痕。

图 7.14　配合件零件图

（1）完成零件各平面铣削，保证长、宽、高等尺寸。

（2）能通过对程序的简单修改或刀补设置，采用同一个程序完成内外轮廓的加工。

（3）加工出合格零件。

（4）能进行零件检测，并分析。

【相关知识】

在数控铣床加工中，工件尺寸精度是靠着刀补来保证的。而刀具补偿值包括了刀具长度补偿和刀具半径补偿，它是可以通过两种方法来输入到 CNC 储存器中：一是从 CRT 面板手动输入，这是我们常用的加工方法；二是使用 G10 指令通过程序来改变刀具补偿值来输入到 CNC 存储器中。

对于一些规则的曲面加工手动输入是不能满足加工要求的，使用自动编程又会出现生成程序长、传输不便、空刀多影响加工效率等一系列问题。这时，用 G10 结合宏程序的使用来解决一些规则的曲面加工问题成了最有效、最方便、高效的加工方案。

在 Fanuc 数控系统中，对于"可编程参数输入（G10）"的使用有着严格的规定。此处，主要讲解 G10 指令对于刀具补偿存储器的使用方法，如表 7.10 所示。

表 7.10　FANUC 系统中刀具补偿存储器和刀具补偿值的设置范围

刀具补偿存储器的种类	指令格式
H 代码（长度补偿）的几何补偿值	G10L10P_R_
H 代码（长度补偿）的磨损补偿值	G10L11P_R_
D 代码（半径补偿）的几何补偿值	G10L12P_R_
D 代码（半径补偿）的磨损补偿值	G10L13P_R_

表中，P 表示刀具补偿号；R 表示绝对值指令（G90）方式下的刀具补偿值，如果在增量值指令（G91）方式下的刀补值，该值与指定的刀具补偿号的原值相加，即为新的刀具补偿值。

一般情况下使用比较多的当属表中的第三种，即：D 代码（半径补偿）的几何补偿值→L12。

在以上 4 种指令格式中，R 后面的刀具补偿值同样可以是变量，如：G10 L12 P01 R#5，表示变量#5 代表的值等于"D01"所代表的刀具半径补偿值，即在程序中输入刀具的半径补偿值。

【任务实施】

一、零件的图样分析

该零件包含内外轮廓，由直线与圆弧组成，形状简单。对尺寸精度、表面质量及对称度的要求不高。但在加工中需注意以下几点：

（1）零件的装夹、找正。

（2）坐标系的准确建立，保证六边形凸台的相对零件中心的对称度。

（3）根据先内后外的加工原则，凸台先加工内轮廓，再加工外轮廓。

二、毛坯的选择

材料为 45# 钢，尺寸为：105 mm × 105 mm × 25 mm，无需热处理。

三、零件的数控加工工艺文件

（一）工序划分

根据零件结构特点，需采用多把刀具进行加工，按照使用刀具划分为以下工序：

（1）第一道工序，依次粗精加工上、下、左、右、前、后等六个侧面，保证外形尺寸，完成基准面的加工。

（2）第二道工序，以底面为安装面，加工内轮廓。

（3）第三道工序，以底面为安装面，加工正六边形外轮廓。

（4）第四道工序，清理、去毛刺。

（二）确定加工顺序

按照先内后外的原则，首先加工内轮廓，再加工外轮廓；加工按照先粗后精的顺序，留 0.5 mm 的精铣余量。

（三）刀具选择

根据零件结构及工艺特点，参考表 7.11 选择刀具。

表 7.11　数控加工刀具卡

产品名称或代号			零件名称	六边形凸台	零件图号		
序号	刀具号	刀具名称	数量	加工表面	刀具半径/mm	刀具长度/mm	备注
01	T01	面铣刀	1	上下左右前后	62.5	90.586	
02	T02	中心钻	1	钻引导孔	1.5	34.257	
03	T03	麻花钻	1	钻通孔	12	65.305	
04	T04	立铣刀	1	ϕ78 内轮廓	12	75.524	
05	T05	立铣刀	1	十字槽	6	45.658	
编制		审核		批准		年　月　日	共　页　　第　页

（四）冷却液选择

选择乳化液。

（五）数控加工工艺卡

据上述分析，完成该零件的工艺文件，如表 7.12、表 7.13 所示。

表 7.12　件 1 数控加工工艺卡 1

单位名称		产品名称或代号		零件名称		零件图号			
				轮廓零件					
		夹具名称		使用设备		车间			
		机用平口虎钳		XK714D					
工序号	工序内容	刀具号	量具名称及规格	主轴转速 n/（r/min）	进给速度 F/（mm/min）	背吃刀量/mm		备注	
						a_e	a_p		
1	铣平面	T01	游标卡尺	250	400	75	2		
2	钻引导孔	T02		2000	100				
3	钻 $\phi24$ 孔	T03		300	60	12	5		
4	铣 $\phi74$ 内轮廓	T04	游标卡尺	2000	900	16	0.5		
5	粗铣十字槽	T05	游标卡尺	4000	1600	12	5.5	粗加工修调进给倍率至 50%，D05=7	
6	精铣十字槽	T05	游标卡尺	4000	1600	1	5.5	加工圆弧 F 值减半 D05=6	
6	清理、去毛刺								
编制		审核		批准		年　月　日		共　页	第　页

表 7.13　件 2 数控加工工艺卡 2

单位名称		产品名称或代号		零件名称		零件图号			
				轮廓零件					
		夹具名称		使用设备		车间			
		机用平口虎钳		XK714D					
工序号	工序内容	刀具号	量具名称及规格	主轴转速 n/（r/min）	进给速度 F/（mm/min）	背吃刀量/mm		备注	
						a_e	a_p		
1	铣平面	T01	游标卡尺	250	400	75	2		
2	粗铣外轮廓	T04	游标卡尺	4000	1600	12	2	粗加工修调进给倍率至 50%，D04=20	
3	精铣外轮廓	T04	游标卡尺	4000	1600	1	5	加工圆弧 F 值减半 D04=12	
4	清理、去毛刺								
5									
编制		审核		批准		年　月　日		共　页	第　页

四、加工程序的编制

结合前述所制定的加工工艺及工艺参数，分别编制 FANUC 0i MC、SINUMERIK 802D 及 HNC-21M 系统的加工程序。

（一）FANUC 0i 系统加工程序

程序段号	件 1 铣十字槽精加工程序	件 2 十字形外轮廓（修改处）精加工程序
	O0006；	O0006；
N10	G17 G21 G40 G49 G80 G94；	
N20	G90 G54 G0 X0 Y0；	G90 G54 G0 X60 Y10；
N30	M03 S4000；	
N40	G43 G00 Z5 H05 M08；	
N50	G01 Z-5.5 F100；	
N60	G41 G01 X8 Y0 D05 F1600；	G42 G01 X8 Y0 D05 F1600；
N70	Y30；	
N80	G03 X-8 R8 F800；	
N90	G01 Y22 F1600；	
N100	G02 X-22 Y8 R14 F800；	
N110	G01 X-30 F1600；	
N120	G03 Y-8 R8 F800；	
N130	G01 X-22 F1600；	
N140	G02 X8 Y-22 R14 F800；	
N150	G01 Y-30 F1600；	
N160	G03 X8 R8 F800；	
N170	G01 Y-22 F1600；	
N180	G02 X22 Y-8 R14 F800；	
N190	G01 X30 F1600；	
N200	G03 Y8 R8 F800；	
N210	G01 X22 F1600；	
N220	G02 X8 Y22 R14 F800；	
N230	G03 X0 Y30 R8；	G01 Y60；
N240	G00 Z100；	
N250	G40 G00 X0 Y0 M09；	
N260	M05；	
N270	M30；	

程序说明：

（1）加工前，设定 D05=7，进行粗加工；并根据粗加工结果，修正 D05，进行精加工。

（2）N60 行可不用修改，加工时设定 D05 为负值即可。

（3）件2注意修正刀补，进行粗精加工，并注意保证配合间隙为 0.03 ~ 0.05。

（4）以上程序为精加工程序，但是件2轮廓外形余量较大，需要进行粗加工，此处即可采用 G10 和宏程序进行实现。

	O0007；	件2铣十字形外轮廓
N10	G17 G21 G40 G49 G80 G94；	
N20	G90 G54 G0 X60 Y10；	
N30	M03 S4000；	粗加工，手工修调主轴转速倍率为 70%，进给倍率至 50%
N40	#1＝－2	深度粗加工分两层，每层 2 mm
N50	G43 G00 Z5 H04 M08；	
N60	G01 Z#1 F100；	
N70	#2＝49；	
N80	G10 L12 P04 R#1；	将#2 变量写入半径补偿 04 号中
N90	M98 P1006；	调用子程序
N100	#2＝#2－12；	
N110	IF[#1GT13] GOTO 80；	
N120	#1＝#1－2；	
N130	IF[#1EQ-4] GOTO 50；	
N140	M00	粗加工结束，测量工件，根据结果适当修正磨耗值
N150	M03 S4000；	精加工，手工修调主轴转速倍率为 100%，进给倍率至 100%
N160	#1＝12；	
N170	G10 L12 P04 R#1；	将#1 变量写入半径补偿 04 号中
N180	M98 P1006	调用子程序
N190	G49 G00 Z100；	
N200	G00 X0 Y0 M09；	
N210	M05；	
N220	M30；	
	O1006；	外轮廓精加工子程序
N60	G42 G01 X8 Y0 D#1 F1600；	
N70	Y30；	
N80	G03 X-8 R8 F800；	
N90	G01 Y22 F1600；	
N100	G02 X-22 Y8 R14 F800；	
N110	G01 X-30 F1600；	
N120	G03 Y-8 R8 F800；	
N130	G01 X-22 F1600；	
N140	G02 X8 Y-22 R14 F800；	

续表

	O1006;	外轮廓精加工子程序
N150	G01 Y−30 F1600;	
N160	G03 X8 R8 F800;	
N170	G01 Y−22 F1600;	
N180	G02 X22 Y−8 R14 F800;	
N190	G01 X30 F1600;	
N200	G03 Y8 R8 F800;	
N210	G01 X22 F1600;	
N220	G02 X8 Y22 R14 F800;	
N230	G01 Y60;	
N240	G00 X60;	
N250	G40 G00 X10;	
N260	M99;	

（二）SINUMERIK 802D 系统加工程序

程序段号	件 1 铣十字槽精加工程序	件 2 十字形外轮廓（修改处）精加工程序
	Task06.MPF	Task06.MPF
N10	G17 G71 G40 G49 G94	
N20	G90 G54 G0 X0 Y0	G90 G54 G0 X60 Y10
N30	M03 S4000	
N40	G00 Z5 M08	
N50	G01 Z−5.5 F100	
N60	G41 G01 X8 Y0 F1600	G42 G01 X8 Y0 D05 F1600
N70	Y30	
N80	G03 X−8 CR=8 F800	
N90	G01 Y22 F1600	
N100	G02 X−22 Y8 CR=14 F800	
N110	G01 X−30 F1600	
N120	G03 Y−8 CR=8 F800	
N130	G01 X−22 F1600	
N140	G02 X8 Y−22 CR=14 F800	
N150	G01 Y−30 F1600	
N160	G03 X8 CR=8 F800	
N170	G01 Y−22 F1600	
N180	G02 X22 Y−8 CR=14 F800	
N190	G01 X30 F1600	
N200	G03 Y8 CR=8 F800	

续表

程序段号	件 1 铣十字槽精加工程序	件 2 十字形外轮廓（修改处）精加工程序
N210	G01 X22 F1600	
N220	G02 X8 Y22 CR=14 F800	
N230	G03 X0 Y30 CR=8	G01 Y60；
N240	G00 Z100；	
N250	G40 G00 X0 Y0 M09	
N260	M05	
N270	M30	

五、零件加工与操作

（一）加工准备

操作使用的工量具及毛坯等按表 7.14 进行准备。

表 7.14　加工准备单

名　　称	数　量	名　　称	数　量
刀具（含刀柄、夹头）	见表 7.12	寻边器	1
量具	见表 7.13	Z 轴设定器	1
机用平口虎钳及扳手	1	等高垫铁	2
百分表及磁力表座	1	锉刀	1
锁刀座及扳手	1	科学计算器	1
毛坯（105 mm×105 mm×25 mm）	1		

（二）程序录入与校验

根据所用数控机床的数控系统录入程序，进行程序校验。

（三）工件加工

（1）采用 T01 号刀具铣削六面，保证长宽高等尺寸。以顶面安装→对刀→铣削底面→翻面，铣削顶面，保证高度 20 mm；同样的办法进行铣削保证长宽各为 100 mm。

（2）采用 T02 号刀具铣削内轮廓。以底面安装→对刀→铣削内轮廓→增加 Z 向刀补值→铣削内轮廓至 5 mm 深。

（3）采用 T03 号刀具铣削外轮廓。以底面安装→对刀→铣削外轮廓→增加 Z 向刀补值→铣削外轮廓至 5 mm 深。

六、零件检测

（一）长度尺寸检测

采用游标卡尺对零件的长宽高等形状尺寸进行检测。

（二）表面质量检测

采用粗糙度比较块进行检测。

【同步训练】

完成图 7.15 所示零件的数控加工工序卡、数控加工刀具卡及加工程序的编制，并操作机床加工出合格的零件。

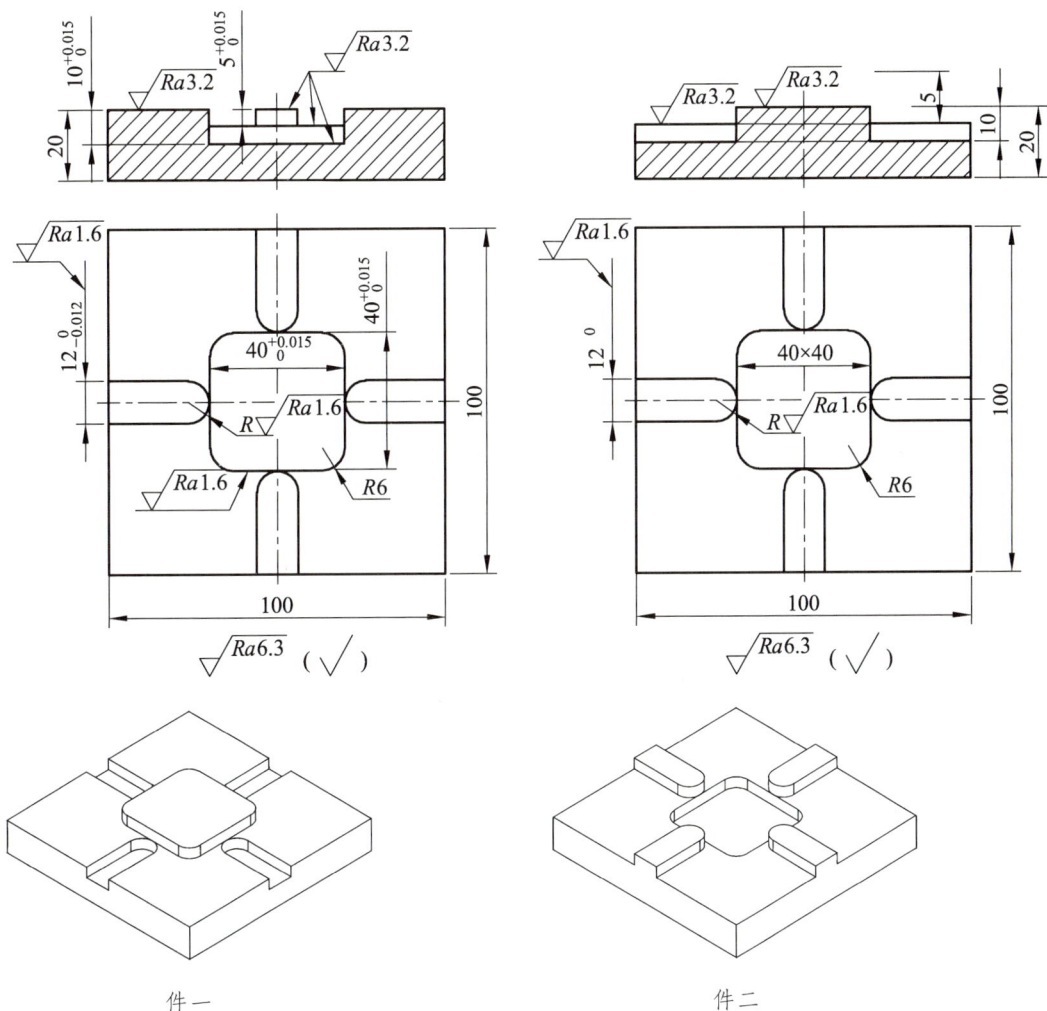

件一

材料：T10A

件二

技术要求

1. 锐边倒钝。

2. 件 2 根据件 1 配作，配合后间隙 0.03～0.05。

3. 未注公差按 GB/T 1804—2000 中 m（中等级）加工和检验。

4. 表面不得有划痕或压痕。

图 7.15　配合件练习

【思政目标】

通过本项目的学习，领会数控铣工/加工中心操作工的国家职业标准（中、高级）。通过精选的理论试题和实操试题的训练，达到相应的国家职业标准的高级水平，为考取相应的职业资格证书奠定良好的基础，培养有专业技能和良好思想政治素质的社会主义建设者和接班人。

一、数控铣工中级理论试题

（一）单项选择题

1. 职业道德是道德的（　　　）。
    A. 主要组成部分　　B. 重要前提　　　　C. 重要组成部分　　　　D. 必要条件

2. 职业道德的基本（　　）是调节职业交往中的矛盾。
    A. 本能　　　　　　B. 技能　　　　　　C. 潜能　　　　　　　　D. 职能

3. 车工在上班时间要求（　　　）。
    A. 文明礼貌　　　　B. 着装整洁　　　　C. 举止文明　　　　　　D. 谈吐得体

4. 质量第一，客户至上是车工的（　　　）。
    A. 职业约定　　　　B. 职业道德　　　　C. 职业准则　　　　　　D. 职业守则

5. 机器或部件在生产过程中，一般要先进行（　　　），画出装配图，然后再根据装配图画出零件图。
    A. 设计　　　　　　B. 规划　　　　　　C. 草图绘制　　　　　　D. 基础图绘制

6. 公差值是（　　　）。
    A. 正值　　　　　　B. 负值　　　　　　C. 零值　　　　　　　　D. 可以是正、负或零

7. （　　　）是指金属材料抵抗局部变形，特别是塑性变形、压痕或划痕的能力。
    A. 强度　　　　　　B. 硬度　　　　　　C. 塑性　　　　　　　　D. 冲击韧性

8. 聚酰胺俗称尼龙或锦纶，强度、韧性、耐磨性、耐蚀性、吸振性、自润滑性、成形性好，摩擦系数小，（　　　）。
    A. 无毒无味　　　　　　　　　　　　B. 有毒无味
    C. 有毒有刺激性气味　　　　　　　　D. 无毒有刺激性气味

9. 由渐开线的性质知道，渐开线的形状取决于（　　　）。
    A. 节圆　　　　　　B. 分度圆　　　　　C. 基圆　　　　　　　　D. 齿顶圆

10. （　　　）一般为液压泵，在液压千斤顶中为手动柱塞泵。

　　A. 动力元件　　　B. 执行元件　　　C. 控制元件　　　D. 辅助元件

11. 下列（　　　）夹具不能旋转。

　　A. 三爪卡盘　　　B. 四爪卡盘　　　C. 分度头　　　D. 活动虎钳

12. 与单一零件的铣削加工比较，配合件的铣削不仅要保证配合件中各零件的加工质量，而且需要保证各零件的装配（　　　）要求。

　　A. 工艺　　　B. 技术　　　C. 原理　　　D. 功能

13. 材料的使用性能中力学性能的主要性能指标是（　　　）。

　　A. 弹性　　　B. 强度　　　C. 伸长率　　　D. 硬度

14. 常见的宏程序调用方法中的非模态代码调用简称（　　　）。

　　A. G66　　　B. G65　　　C. G67　　　D. G68

15. 自动编程中图形交互编程方式和（　　　）编程方式是如今数控编程发展的方向。

　　A. 语言　　　B. 高级　　　C. 会话　　　D. 人工智能

16. 为了使用方便和（　　　）系统功能，数控系统一般都配有与外围设备进行数据传输的 RS-232 标准串行通信口。

　　A. 丰富　　　B. 扩充　　　C. 扩展　　　D. 增加

17. 毛坯件通过找正后划线，可使加工面与不加工面之间保持（　　　）。

　　A. 尺寸的均匀　　　B. 形状变化　　　C. 位置偏移　　　D. 相互垂直

18. 若电流的方向和大小恒定不变，则称其为（　　　）。

　　A. 稳恒电流　　　B. 交变电流　　　C. 集中电路　　　D. 部分电路

19. （　　　）是指采用立法和技术管理措施，保护劳动者在生产劳动过程中的安全健康与劳动能力，促进社会主义现代化建设和发展。

　　A. 安全保护　　　B. 环境保护　　　C. 生产保护　　　D. 劳动保护

20. （　　　）是指人们利用经济、法律技术、行政、教育等手段，限制人类损坏环境质量的活动。

　　A. 安全保护管理　　　　　　B. 环境保护管理

　　C. 劳动保护管理　　　　　　D. 生产保护管理

21. 轴向圆跳动的公差带为与基准轴线同轴的任一（　　　）的测量截面上。

　　A. 直径　　　B. 半径　　　C. 圆周　　　D. 直线

22. （　　　）是指劳动者在法定工作时间或依法签订的劳动合同约定的工作时间内提供了正常工作的前提下，用人单位依法应支付的劳动报酬。

　　A 最低工资　　　B 一般工资　　　C 正常工作　　　D. 最高工资

23. 分度值为 0.002 mm 的 I 型杠杆卡规按测量范围分通常有（　　　）类推六种规格。

　　A. 0~25 mm　　　B. 0~10 mm　　　C. 0~50 mm　　　D. 0~100 mm

24. 杠杆千分尺的示值由指针刻度和套筒刻度同时控制，采用（　　　）时，一般可在指针刻度处于零位时，观察套筒刻度确定工件尺寸。

　　A. 绝对测量法　　　　　　B. 相对测量法

　　C. 绝对和相对测量法　　　　　　D. 测量

25. 可转位铣刀属于（　　）刀具。

　　A. 焊接式　　　　B. 机械夹固式　　　C. 整体式　　　　　D. 镶齿

26. 根据加工条件选用合适的可转位铣刀，能提高切削效率和降低成本。通常在强力间断铣削铸铁、碳钢和易产生加工硬化的材料时，应选用（　　　）。

　　A. 正前角铣刀　　　　　　　　　B. 负前角铣刀

C. 主偏角为 75° 的面铣刀　　　　　D. 主偏角为 55° 的面铣刀

27. （　　）是以镍为主加合金元素的铜合金。

　　A. 黄铜　　　　　B. 灰铜　　　　　C. 白铜　　　　　D. 青铜

28. 通常依据后刀面的磨损尺寸来制定刀具允许磨损的（　　）。

　　A. 最大限度　　　B. 最小限度　　　C. 标准限度　　　D. 时间

29. 高速钢铣刀的切削温度一般控制在（　　　）度以下。

　　A. 600　　　　　B. 500　　　　　C. 900　　　　　D. 800

30. 加工精度的高低是用（　）的大小来表示的。

　　A. 摩擦误差　　　B. 加工误差　　　C. 整理误差　　　D. 密度误差

31. 在磨削加工时砂轮精度（　）则工件表面粗糙度越小。

　　A. 越粗　　　　　B. 越细　　　　　C. 越明显　　　　D. 越大

32. 自定心卡盘的卡爪、小锥齿轮和大锥齿轮属于（　　　）。

　　A. 导向件　　　　B. 其他件　　　　C. 夹紧件　　　　D. 定位件

33. 用机用虎钳装夹薄板工件，工件产生弹性变形的主要原因是夹紧力的（　　　）不合理。

　　A. 作用点　　　　B. 作用方向　　　C. 大小　　　　　D. 安装位置

34. 面积较大，平面精度较高的基准平面定位选用（　　　）作为定位元件。

　　A. 支承钉　　　　B. 可调支承　　　C. 支承板　　　　D. 定位销

35. 调整分度头蜗杆副的啮合间隙时，应（　　　）。

　　A. 微量转动蜗杆同时转动脱落手柄

　　B. 单独转动脱落手柄

　　C. 单独手摇分度手柄

　　D. 微动蜗杆

36. 数控机床进行零件加工，首先须把加工路径和加工条件转换为程序，此种程序即称为（　　　）。

　　A. 宏程序　　　B. 加工程序　　　C. 子程序　　　D. 主程序

37. 只在本程序段有效，以下程序段需要时必须重写的 G 代码称为（　　　）。

　　A. 模态代码　　B. 续效代码　　　C. 非模态代码　　D. 单步执行代码

38. 同结构布局、不同运动方式的数控机床，编程时都假定刀具相对于工件运动，该运动是指（　　）

　　A. 进给运动　　B. 切削主运动　　C. 辅助运动　　　D. 成形运动

39. 数控铣床的机床零点，由制造厂调试时存入机床计算机，该数据一般（　　）。

　　A. 临时调整　　B. 能够改变　　　C. 永久存储　　　D. 暂时存储

40. 2 号莫氏锥柄的麻花钻直径范围为（　　　）。

　　A. 23.02~31.75 mm　　　　　　B. 14~23.02 mm

C. 3~14 mm　　　　　　　　　　　D. 5~10 mm

40. 在铣床上铰孔，铰刀退离工件时应使铣床主轴（　　）。

　　A. 停转　　　　　　　　　　　　B. 正转（顺时针）

　　C. 逆时针反转　　　　　　　　　D. 先停止再反转

41. 铰孔的特点之一是不能纠正（　　）。

　　A. 表面粗糙度　　　　　　　　　B. 尺寸精度

　　C. 形状精度　　　　　　　　　　D. 位置精度

42. 螺纹铣刀铣削螺纹时，螺纹导程靠（　　）实现。

　　A. 机床 Z 轴运动　　　　　　　　B. 机床 Y 轴运动

C. 螺纹铣刀螺距　　　　　　　　　D. 机床 X 轴运动

43. 子程序调用可以嵌套（　　）级。

　　A. 4　　　　　　B. 5　　　　　　C. 3　　　　　　　　D. 2

44. 位置精度较高的孔系加工时，特别要注意孔的加工顺序的安排，主要是考虑（　　）。

　　A. 加工表面质量　　　　　　　　B. 坐标轴的反向间隙

　　C. 刀具寿命　　　　　　　　　　D. 控制振动

45. 用螺纹铣刀铣削内孔螺纹时，切削量应该选择（　　）。

　　A. 由大变小　　　B. 由小变大　　　C. 不变　　　　　　D. 以上均不正确

46. 下列（　　）方法不能提高孔的加工精度。

　　A. 选择大前角刀具　　　　　　　B. 提高加工转速

　　C. 降低进给速度　　　　　　　　D. 增加背吃刀量

47. 加工斜孔时，下列说法错误的是（　　）。

　　A. 先钻中心孔后再加工　　　　　B. 先铣出小平面后加工

　　C. 可以直接加工　　　　　　　　D. 加工刚性较普通孔差

48. 关于深孔加工难点的错误描述是（　　）。

　　A. 深孔冷却条件差　　　　　　　B. 深孔加工刀具冲击韧性差

　　C. 深孔加工的刚性差　　　　　　D. 深孔排屑条件差

49. 在 SINUMERIK 828D 数控系统的孔加工循环指令下，加工断屑钻和排屑钻的区别在（　　）。

　　A. 退刀动作不同　　　　　　　　B. 加工深度不同

　　C. 进刀动作不同　　　　　　　　D. 进给速度不同

50. 主轴在转动时若有一定的径向圆跳动，则工件加工后会产生（　　）的误差。

　　A. 垂直度　　　　B. 同轴度　　　　C. 斜度　　　　　　D. 粗糙度

51. 在铣床上镗孔，下列情况中，是造成孔出现锥度的原因的为（　　）。

　　A. 铣床主轴与进给方向不平行　　B. 刀杆刚性差

　　C. 切削过程中刀具磨损　　　　　D. 切削力过大

52. 在铣床上镗孔时，若刀具伸出过长，产生弹性偏让或刀尖磨损，会使（　　）。

　　A. 孔距超差　　　B. 孔径超差　　　C. 孔轴线歪斜　　　D. 粗糙度变差

53. 表示程序结束运行，光标和屏幕显示自动返回程序的开头处，该指令是（　　）。

　　A. M00　　　　　　B. M01　　　　　　C. M02　　　　　　D. M30

54. 根据球面铣削加工原理，铣刀回转轴线与球面工件轴线的夹角确定球面的（　　）。

    A. 半径尺寸　　　　B. 形状精度　　　　C. 加工位置　　　　D. 直径

55. 用倾斜铣削法加工圆盘凸轮时，实际导程乙与假定导程 P 交的比值（　　）。

    A. 大于 1　　　　　　　　　　　B. 小于或等于 1

    C. 小于 1　　　　　　　　　　　D. 以上均不正确

56. 铣削圆柱凸轮时，进刀、退刀和切深操作均应在（　　）进行。

    A. 上升曲线部分　　　　　　　　B. 下降曲线部分

C. 转换点位置　　　　　　　　　D. 以上均不正确

57. 铣削凸圆弧面时，铣刀中心与回转工作台中心的距离等于（　　）。

    A. 圆弧半径与铣刀半径之差　　　B. 圆弧半径与铣刀半径之和

    C. 圆弧半径与铣刀直径之和　　　D. 圆弧半径与铣刀直径之差

58. 使用成形铣刀铣削成形面时，铣削速度应根据铣刀的（　　）处选择。

    A. 最小直径　　　　B. 最大直径　　　　C. 平均直径　　　　D. 以上均不正确

59. 在通用铣床上铣削模具时，操作工人通常需掌握（　　）的操作技能。

    A. 改制修磨铣刀和手动进给铣削成形面

    B. 检测专用夹具

    C. 制作模型

    D. 以上均不正确

60. 用盘形铣刀铣削螺旋槽时，铣刀旋转平面必须与螺旋槽的切线方向（　　）。

    A. 一致　　　　　B. 相交　　　　　C. 垂直　　　　　D. 平行

61. 立铣刀上刀具轴线与刀具端面齿切削平面的交点称为（　　）。

    A. 刀位点　　　　B. 对刀点　　　　C. 换刀点　　　　D. 退刀点

62. 在变量赋值方法 I 中，引数（自变量）B 对应的变量是　　）。

    A. #22　　　　　B. #2　　　　　C. #110　　　　D. #79

63. 下列关于数控加工圆弧插补用半径编程的叙述，正确的是（　　）。

    A. 若圆弧插补程序段中半径参数的正负符号用错，则会产生报警信号

    B. 不管圆弧所对应的圆心角多大，圆弧插补的半径统一取大于零

    C. 若圆弧插补程序段中出现半径参数小于零，则表示圆心角大于 180°

    D. 当圆弧所对应的圆心角大于 180° 时半径取大于零

64. 铣床操作者应（　　）铣床的调整项目和维护保养方法。

    A. 了解　　　　　B. 掌握　　　　　C. 理解　　　　　D. 分析

65. 刀具交换时，掉刀的原因主要是由于（　）引起的。

    A. 电动机的永久磁体脱落

    B. 松锁刀弹簧压合过紧

    C. 刀具质量过小（一般小于 5 kg）

    D. 机械手转位不准或换刀位置飘移

66. 伺服电动机的检查要在（　　）。

    A. 数控系统断电后，且电极完全冷却下进行

    B. 电极温度不断升高的过程中进行

C. 数控系统已经通电的状态下，且电极温度达到最高的情况下进行

D. 数控系统已经通电的状态下进行

67. 数控铣床日常维护规程是指导操作人员正确维护设备的（　　）规范，每个操作人员必须严格遵守。

A. 标准性　　　　B. 技术性　　　　C. 原则性　　　　D. 章程性

68. X6132 型铣床的进给电动机功率是（　　）kW。

A. 1.5　　　　B. 7.5　　　　C. 5.5　　　　D. 6.5

69. X2010 型龙门铣床的油路中用以调整高压油路压力的是（　　）

A. 压力继电器　　B. 低压安全阀　　C. 减压阀　　D. 以上均不正确

（二）判断题

71. 一个合格的车工只需正确认识到自己的法律地位。（　　）

72. 物体的大小是由长、宽和高三个方向的尺寸所决定的，每一个视图只能反映物体三个方向尺寸中的一个尺寸。（　　）

73. 使用油枪对机床进行日常保养，特别是对零件表面进行油枪注油保养，可防止配合面生锈而影响机床的精度。（　　）

74. 台式钻床最大钻孔直径为 10 mm。（　　）

75. 夹具总图的绘制在夹具结构方案草图画出之后就可着手进行。（　　）

76. 常见可拆卸连接有法兰连接、胀接、黏接、螺纹连接。（　　）

77. 使用计算机与数控机床进行数据传输时做到先开计算机再开数控机床，先关数控机床再关计算机。（　　）

78. 低压断路器又称自动空气开关或自动空气断路器，简称断路器，是低压配电网络和电力拖动系统中常用的一种配电电器。（　　）

79. 安全教育是安全管理的重要内容。（　　）

80. 百分表和千分表按其制造精度，可分为 0 级、1 级和 2 级三种，2 级精度较高。（　　）

81. 1997 年 1 月 1 日起正式施行《中华人民共和国劳动法》。（　　）

82. 检验铣床分度头蜗轮一转的分度误差时，应在分度手柄每转一转，便通过光学分度头读出铣床分度头实际回转角与名义回转角的误差。（　　）

83. 杠杆千分尺的测量压力是由微动测杆处的弹簧控制的。（　　）

84. 精度要求较高的可转位面铣刀应设置调整块，以减小铣刀的轴向圆跳动。（　　）

85. 加工精度较高的角度零件时，分度盘圈孔的完好程度对分度精度影响不大，可忽略不作考虑。（　　）

86. 在确定了工序预测量和工序所能达到的经济精度后，便可计算出工序尺寸及其公差。（　　）

87. 圆弧插补 G02 指令和 G03 指令的顺逆判别方向是：沿着垂直插补平面的坐标轴的负方向向正方向看去，顺时针方向为 G02 指令，逆时针方向为 G03 指令。（　　）

88. 加工几批毛坯尺寸不一致的零件，若被夹紧的部位是毛坯表面，夹具上压板支承钉应采用固定高度，以使夹紧可靠。（　　）

89. 在轴类零件上铣削一无夹角位置要求的敞开式直角沟槽，必须限制工件的五个自由度。

（　　　）

90. 编制数控切削加工程序时一般应选用轴向进刀。（　　　）

91. 对刀器有光电式和指针式之分。（　　　）

92. 加工完成的孔如果呈椭圆，可能是因为夹紧力造成的问题。（　　　）

93. 在计算螺纹大径尺寸时，需要考虑加工变形的因素。（　　　）

94. 加工薄壁孔时，要避免夹紧力处于孔的径向方向。（　　　）

95. 当孔加工循环的结束时，刀具所在的位置称为参考平面。（　　　）

96. 如果使用顺铣方法加工螺纹，对应的是从下到上的顺序加工螺纹。（　　　）

97. 测量孔内径精度之前需要先倒角后去除孔内毛刺后方可测量。（　　　）

98. 零件表面轮廓线由曲线和直线构成，素线是直线的成形面称为直线成形面。（　　　）

99. 铣刀的回转轴线必须通过工件球心。（　　　）

100. 圆盘凸轮的轮廓线由直线、圆弧和螺旋线组成，因此铣削时必须由分度头和工作台做复合进给运动。（　　　）

二、数控铣工中级理论试题卷参考答案

1. C	2. D	3. B	4. D	5. A
6. A	7. B	8. A	9. C	10. A
11. D	12. B	13. B	14. B	15. C
16. C	17. A	18. A	19. D	20. B
21. B	22. A	23. A	24. A	25. B
26. B	27. C	28. A	29. A	30. B
31. B	32. C	33. C	34. C	35. A
36. B	37. C	38. A	39. C	40. B
41. B	42. D	43. A	44. A	45. B
46. A	47. D	48. C	49. B	50. B
51. B	52. C	53. B	54. D	55. C
56. C	57. C	58. A	59. B	60. A
61. A	62. A	63. B	64. C	65. B
66. D	67. A	68. B	69. A	70. B
71. F	72. F	73. F	74. F	75. F
76. F	77. F	78. T	79. T	80. F
81. F	82. T	83. T	84. T	85. F
86. F	87. F	88. F	89. F	90. F
91. T	92. T	93. T	94. T	95. T
96. T	97. T	98. T	99. T	100. F

三、操作技能考核模拟试卷

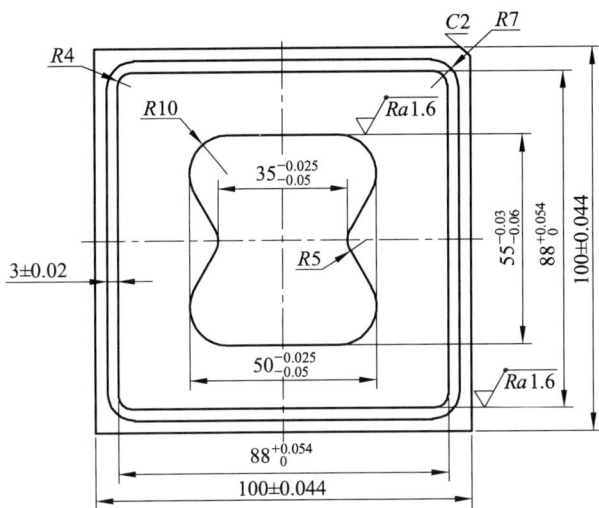
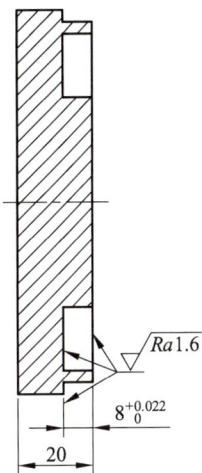

件一

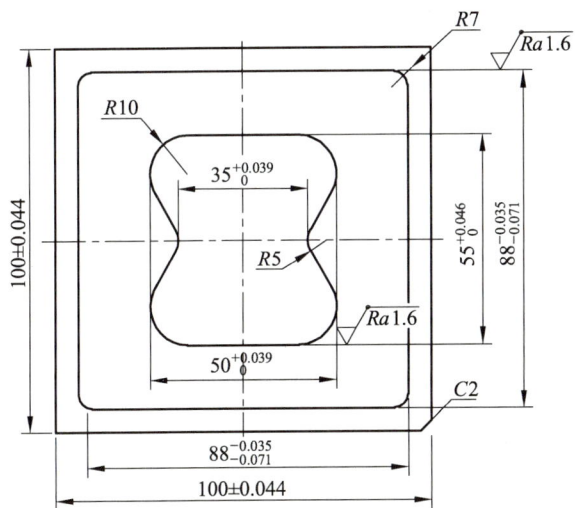
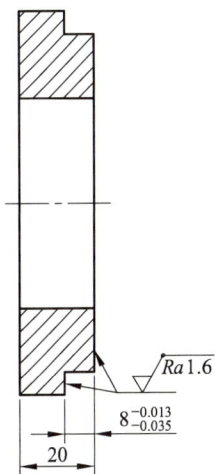

件二

$\sqrt{Ra6.3}$ （ $\sqrt{}$ ）

技术要求：

1. 锐边倒钝；

2. 表面不得有压痕和划伤；

3. 未注公差按 GB 1804-M 加工和检验。

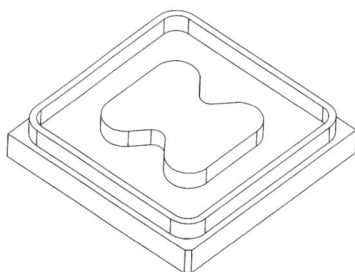
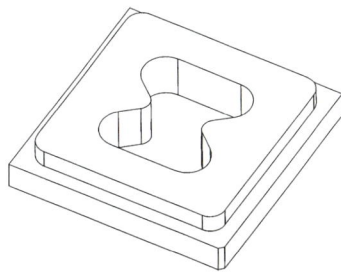

四、评分标准

单位名称					姓名			日 期	
定额时间	180分钟		起始时间			结束时间		总得分	

序号	考核项目		考核内容及要求		配分	评分标准	检测结果	扣分	得分
1	件一	轮廓尺寸	100×100	±0.044	4	每超差 0.01 扣 1 分			
2			高 20		2	每超差 0.01 扣 1 分			
3			倒角 C2		0.5	超过±0.2 无分			
4		凸台	壁厚 3	±0.02	4	每超差 0.01 扣 1 分			
5			R4		2	每+0.01 扣 1 分			
6			R7		2	超过±0.05 扣 1 分			
7			R10		4	每+0.01 扣 1 分			
8			R5		4	每-0.01 扣 1 分			
9			88×88	−0.031 −0.071	5	每超差 0.01 扣 2.5 分			
10			55	−0.03 −0.06	5	每超差 0.01 扣 2.5 分			
11			50	−0.025 −0.05	5	每超差 0.01 扣 2.5 分			
12			35	−0.025 −0.05	5	每超差 0.01 扣 2.5 分			
13			深度 8	+0.022 0	5	每超差 0.01 扣 2.5 分			
14	件二	轮廓尺寸	100×100	±0.044	4	每超差 0.01 扣 2 分			
15			高 20		2	每超差 0.01 扣 2 分			
16			倒角 C2		0.5	超过±0.2 无分			
17		凸台	88×88	−0.031 −0.071	5	每超差 0.01 扣 2.5 分			
18			R4		2	每-0.01 扣 1 分			
19			高度 8	−0.013 −0.035	5	每超差 0.01 扣 2.5 分			
20		型腔	R5		2	每+0.01 扣 1 分			
21			R10		2	每-0.01 扣 1 分			
22			55	+0.039 0	5	每超差 0.01 扣 2.5 分			
23			50	+0.046 0	5	每超差 0.01 扣 2.5 分			
24			35	+0.039 0	5	每超差 0.01 扣 2.5 分			
25	粗糙度（同一轮廓面为1处）		Ra1.6	9 处	4.5	1 处超差扣 0.5 分			
26			Ra3.2	5 处	2.5	1 处超差扣 0.5 分			
27	配合		间隙均匀	0.03～0.05	8	能完全嵌入，间隙每超过 0.01 扣 2 分			
28	其他项目		在完成工作任务的过程中，因操作不当导致事故，酌情扣 5～20 分，情况严重者取消鉴定资格。 因违规操作损坏赛场提供的设备，污染赛场环境等不符合职业规范的行为，视情节扣 5～10 分。 扰乱鉴定秩序，干扰考评员工作，视情节扣 5～10 分，情况严重者取消鉴定资格。						
记录员				监考员			考评员		

附 录

附录 1 数控车床常用 G 代码及功能

G 功能字含义	FANUC 0i－TC	SINUMERIK 802D	HNC-21T
快速进给、定位	G00	G0	G00
直线插补	G01	G1	G01
圆弧插补 CW（顺时针）	G02	G2	G02
圆弧插补 CCW（逆时针）	G03	G3	G03
暂停	G04	G4	G04
英制输入	G20	G70	G20
公制输入	G21	G71	G21
回参考点	G28	G74	G28
由参考点返回	G29		G29
返回固定点		G75	
直径编程	—	G23	G36
半径编程	—	G22	G37
刀具补偿取消	G40	G40	G40
左半径补偿	G41	G41	G41
右半径补偿	G42	G42	G42
设定工件坐标系	G50		G92
设置主轴最大的转速	G50	G26（上限）G25（下限）	—
选择机床坐标系	G53	G53	G53
选择工作坐标系 1~6	G54~59	G54~59	G54~59
精加工复合循环	G70		G70
内外径粗切复合循环	G71		G71
端面粗切削复合循环	G72		G72
闭环车削复合循环	G73	CYCLE95	G73
螺纹切削复合循环	G76	CYCLE97	G76
外圆车削固定循环	G90		G80
端面车削固定循环	G94		G81
螺纹车削固定循环	G92		G82
绝对编程	—	G90	G90
相对编程	—	G91	G91
每分钟进给速度	G98	G94	G94
每转进给速度	G99	G95	G95
恒线速度切削	G96	G96	G96
恒线速度控制取消	G97	G97	G97

附录 2　数控铣床/加工中心常用 G 代码及功能

G 功能字含义	FANUC 0i-MC	SINUMERIK 802D	HNC-21M
快速进给、定位	G00	G0	G00
直线插补	G01	G1	G01
圆弧插补 CW（顺时针）	G02	G2	G02
圆弧插补 CCW（逆时针）	G03	G3	G03
暂停	G04	G4	G04
选择 XY 平面	G17	G17	G17
选择 XZ 平面	G18	G18	G18
选择 YZ 平面	G19	G19	G19
英制输入	G20	G70	G20
公制输入	G21	G71	G21
回参考点	G28	G74	G28
由参考点返回	G29		G29
返回固定点		G75	
刀具补偿取消	G40	G40	G40
左半径补偿	G41	G41	G41
右半径补偿	G42	G42	G42
刀具长度补偿+	G43	G43	G43
刀具长度补偿—	G44	G44	G44
刀具长度补偿取消	G49	G49	G49
取消缩放	G50	SCALE	G50
比例缩放	G51	SCALE	G51
机床坐标系选择	G53	G53	G53
选择工作坐标系 1～6	G54～59	G54～59	G54～59
坐标系旋转	G68	ROT	G68
取消坐标系旋转	G69	ROT	G69
高速深孔钻削循环	G73		G73
左螺旋切削循环	G74		G74
精镗孔循环	G76		G76
取消固定循环	G80		G80
普通钻孔循环	G81	CYCLE81	G81
锪孔钻循环	G82	CYCLE82	G82
深孔钻削循环	G83	CYCLE83	G83
右螺旋切削循环	G84	CYCLE84（刚性）　CYCLE840（柔性）	G84
铰孔循环	G85	CYCLE85	G85
镗孔循环	G86	CYCLE86	G86
反向镗孔循环	G87	CYCLE87	G87
镗孔循环	G88	CYCLE88	G88
镗孔循环	G89	CYCLE89	G89
绝对编程	G90	G90	G90
相对编程	G91	G91	G91
设定工件坐标系	G92		G92
固定循环返回起始点	G98		G98
返回固定循环 R 点	G99		G99

附录 3　标准公差数值（摘自 GB/T 1800.1—2020）

公称尺寸/mm		标准公差等级																		
		IT01	IT0	IT1	IT2	IT3	IT4	IT5	IT6	IT7	IT8	IT9	IT10	IT11	IT12	IT13	IT14	IT15	IT16	IT17	IT18
		标准公差数值																			
大于	至	μm													mm						
—	3	0.3	0.5	0.8	1.2	2	3	4	6	10	14	25	40	60	0.1	0.14	0.25	0.4	0.6	1	1.4
3	6	0.4	0.6	1	1.5	2.5	4	5	8	12	18	30	48	75	0.12	0.18	0.3	0.48	0.75	1.2	1.8
6	10	0.4	0.6	1	1.5	2.5	4	6	9	15	22	36	58	90	0.15	0.22	0.36	0.58	0.9	1.5	2.2
10	18	0.5	0.8	1.2	2	3	5	8	11	18	27	43	70	110	0.18	0.27	0.43	0.7	1.1	1.8	2.7
18	30	0.6	1	1.5	2.5	4	6	9	13	21	33	52	84	130	0.21	0.33	0.52	0.84	1.3	2.1	3.3
30	50	0.6	1	1.5	2.5	4	7	11	16	25	39	62	100	160	0.25	0.39	0.62	1	1.6	2.5	3.9
50	80	0.8	1.2	2	3	5	8	13	19	30	46	74	120	190	0.3	0.46	0.74	1.2	1.9	3	4.6
80	120	1	1.5	2.5	4	6	10	15	22	35	54	87	140	220	0.35	0.54	0.87	1.4	2.2	3.5	5.4
120	180	1.2	2	3.5	5	8	12	18	25	40	63	100	160	250	0.4	0.63	1	1.6	2.5	4	6.3
180	250	2	3	4.5	7	10	14	20	29	46	72	115	185	290	0.46	0.72	1.15	1.85	2.9	4.6	7.2
250	315	2.5	4	6	8	12	16	23	32	52	81	130	210	320	0.52	0.81	1.3	2.1	3.2	5.2	8.1
315	400	3	5	7	9	13	18	25	36	57	89	140	230	360	0.57	0.89	1.4	2.3	3.6	5.7	8.9
400	500	4	6	8	10	15	20	27	40	63	97	155	250	400	0.97	0.97	1.55	2.5	4	6.3	9.7
500	630			9	11	16	22	32	44	70	110	175	280	440	0.7	1.1	1.75	2.8	4.4	7	11
630	800			10	13	18	25	36	50	80	125	200	320	500	0.8	1.25	2	3.2	5	8	12.5
800	1000			11	15	21	28	40	56	90	140	230	360	560	0.9	1.4	2.3	3.6	5.6	9	14
1000	1250			13	18	24	33	48	66	105	165	260	420	660	1.05	1.65	2.6	4.2	6.6	10.5	16.5
1250	1600			15	21	29	39	55	78	125	195	310	500	780	1.25	1.95	3.1	5	7.8	12.5	19.5
1600	2000			18	25	35	46	65	92	150	230	0370	600	920	1.5	2.3	3.7	6	9.2	15	23
2000	2500			22	30	41	55	78	110	175	280	440	700	1100	1.75	2.8	4.4	7	11	17.5	28
2500	3150			26	36	50	68	96	135	210	330	540	860	1350	2.1	3.3	5.4	8.6	13.5	21	33

附录 4 标准莫氏锥度（Morse）表

号数	锥度 C	锥角 2α	外锥大径基本尺寸 D /mm
0	1：19.212	2°58′54″	9.045
1	1：20.047	2°51′26″	12.065
2	1：20.020	2°51′41″	17.78
3	1：19.922	2°52′32″	23.825
4	1：19.254	2°58′31″	31.267
5	1：19.002	3°00′53″	44.399
6	1：19.180	2°59′12″	63.348

注：锥度 C 与圆锥角 α 的关系为：$C = 2 \times tg(\alpha/2)$

参考文献

[1] 杨丁. 数控加工实训教程[M]. 成都：西南交通大学出版社，2014.

[2] 陈德航. 数控机床编程与操作[M]. 成都：西南交通大学出版社，2013.

[3] 顾其俊. 数控机床编程与操作教程[M]. 北京：电子工业出版社，2014.

[4] 张晓红. 数控加工实训与考证[M]. 北京：清华大学出版社，2010.

[5] 龙吉业，等. 数控车工（高级）——数控机床操作与零件加工[M]. 北京：中国劳动社会保障出版社，2012.

[6] 孙连栋. 加工中心（数控铣工）实训[M]. 北京：高等教育出版社，2011.

[7] 岳秋琴. 数控机床编程与操作[M]. 北京：北京理工大学出版社，2010.

[8] 杨琳. 数控车床加工工艺与编程[M]. 北京：中国劳动社会保障出版社，2009.

[9] 罗友兰，等. FANUC 0i 系统数控编程与操作[M]. 北京：化学工业出版社，2004.

[10] 宣振宇. 数控车削加工编程实例[M]. 辽宁：辽宁科学技术出版社，2009.